普通高等教育"十一五"国家级规划教材

21世纪高等学校计算机规划教材

21st Century University Planned Textbooks of Computer Science

JavaScript程序设计基础教程（第2版）

Beginning Web Programming in JavaScript (2nd Edition)

阮文江 编著

U0341528

精品系列

人 民 邮 电 出 版 社

北 京

图书在版编目（CIP）数据

JavaScript程序设计基础教程 / 阮文江编著. -- 2
版. -- 北京 : 人民邮电出版社，2010.8（2019.12重印）
21世纪高等学校计算机规划教材
ISBN 978-7-115-23084-3

Ⅰ. ①J… Ⅱ. ①阮… Ⅲ. ①JAVA语言－程序设计－
高等学校－教材 Ⅳ. ①TP312

中国版本图书馆CIP数据核字(2010)第105557号

内 容 提 要

本书是学习 JavaScript 动态网页编程技术的基础教材，共分 10 章，主要内容包括：Web 技术概述、
HTML/XHTML 制作、层叠样式表（CSS）技术、JavaScript 编程基础、基本流程控制、函数、对象编程、
浏览器对象和 HTML DOM、事件驱动编程和 JavaScript 网页特效等。为便于教学，每章均附有练习题。

本书内容丰富，讲解循序渐进、深入浅出，简明易懂。本书可作为高等院校本、专科各专业 JavaScript
程序设计、动态网页制作、大学计算机基础（编程入门部分）等课程的教材，也可用作电子商务、电子
政务的辅助培训教材。

◆ 编　著　阮文江
　　责任编辑　滑　玉
　　执行编辑　董　楠

◆ 人民邮电出版社出版发行　　北京市丰台区成寿寺路 11 号
　　邮编　100164　　电子邮件　315@ptpress.com.cn
　　网址　http://www.ptpress.com.cn
　　固安县铭成印刷有限公司印刷

◆ 开本：787×1092　1/16
　　印张：18.5　　　　　　　　　2010 年 8 月第 2 版
　　字数：480 千字　　　　　　　2019 年 12 月河北第 16 次印刷

ISBN 978-7-115-23084-3

定价：32.00 元

读者服务热线：(010)81055256　印装质量热线：(010)81055316
反盗版热线：(010)81055315

前　言

　　本书是动态网页编程的入门级教材，适用于 JavaScript 程序设计、动态网页设计等基础课程教学。本书主要面向 Web 技术的初学者，立足于以下特色。

　　● 起点低、面向初学者：本书适用于那些不懂编程、只具备计算机基本使用能力的读者，如高校低年级学生和相应层次的自学者。

　　● 内容全面、实用性强：本书较为全面地介绍了 JavaScript 的基础程序设计技术，并且在选材上侧重实用性技术和案例。

　　● 注重基础性、简单性：作为学习 Web 技术和程序设计技术的入门级教材，本书着重介绍 JavaScript 的基础知识和技术，并且强调简单性，有意淡化或忽略 JavaScript 的复杂技术，只提供短小、实用的程序示例，以培养、增强初学者学习 JavaScript 技术的信心。

　　● 突出引导：本书注重培养读者的自主学习能力，叙述上力求深入浅出、简明易懂、突出引导。特别是强调引导读者善用软件开发工具（如设计工具、调试器、帮助系统等），使读者在掌握基本的 JavaScript 实用技术的基础上，逐步具备进一步学习 JavaScript 高级技术的能力。

　　● 实例丰富、趣味性强：本书几乎为每个知识点设计了典型程序示例，并且结合动态网页技术为读者提供大量有趣的动态网页编程实例，以提高读者学习 JavaScript 编程技术的兴趣。

　　本书的上一版本是 2004 年出版的，出版后受到读者的普遍欢迎。本次改编的目的是为了适应 Web 技术的发展，并解决 2004 版过于简单的问题，主要改进之处在于以下两个方面。

　　● 基于 Web 标准化理念，重编了第 2 章"HTML/XHTML 制作"和第 3 章"层叠样式表（CSS）技术"等章节，并且使用 XHTML 语言编制所有示例的页面代码。

　　● 适当提高本书的难度。也就是增加介绍 JavaScript 自定义对象技术，并且较为系统地介绍 HTML DOM 技术和事件驱动编程技术。

　　为了便于教师和一般读者使用，编者为本书准备了教学辅助材料，包括各章的电子讲稿、例题文件以及习题答案。读者可以在人民邮电出版社教学服务与资源网网站（www.ptpedu.com.cn）的"下载区"中下载这些资料。

　　在本书的编写过程中，得到中山大学计算机科学系公共计算机教研室各位教师和其他相关教师的支持和帮助，在此表示衷心感谢。

　　由于时间紧迫以及 Web 技术发展迅速，书中难免有不足之处，恳请读者批评指正。

　　编者电子邮件地址：pusrwj@mail.sysu.edu.cn

编　者

2010 年 3 月

目　录

第1章 Web 技术概述

本章简要介绍 Web 的基础知识、技术和标准。目前，Web 标准化已得到 Web 业界的广泛认同，成为人们选用 Web 开发技术、工具和浏览器的准则之一。

1.1 Internet 简述

1.1.1 Internet 定义

Internet（中文译名"因特网"，常称为"国际互联网"或"互联网"）是一种以 TCP/IP 连接全球各种计算机的广域网，具有图 1.1 所示的"网际网"结构。其中，与 Internet 相连的任何一台计算机都称为主机。

Internet 提供的基本服务有全球信息网（Web）、电子邮件（E-mail）、文件传输（FTP）、远程登录（Telnet）、网络新闻（NetNews）、电子公告栏（BBS）等服务。

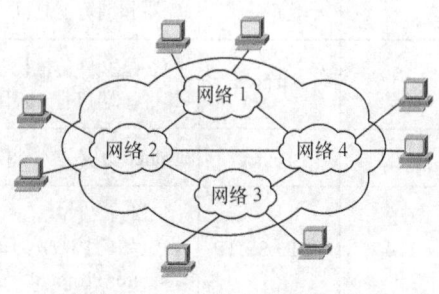

图 1.1　Internet 的"网际网"结构

1.1.2 IP 地址与域名

1. IP 地址

IP 地址是标识 Internet 每台主机的唯一地址，具有固定、规范的格式。IP 地址由 4 个字节组成，书写为带圆点的十进制数形式，即每个字节用一个十进制数（0～255）表示，而各个字节之间由圆点"."分隔，如 202.108.9.16 就是一个标准的 IP 地址。

2. 域名

因 IP 地址不易记忆，故引入域名机制。通过为每台主机建立 IP 地址与域名之间的映射关系，用户可以直接使用域名来访问主机。一台主机的域名由用圆点"."隔开的多级域名序列组成，通常具有如下格式：

四级域名.三级域名.二级域名.顶级域名

例如，域名"www.sysu.edu.cn"表示的主机是隶属中国（cn）教育机构（edu）的中山大学（sysu）的提供 Web 服务的主机。

1.1.3 TCP/IP

TCP/IP 是针对 Internet 开发的一种网络协议标准，其目的在于解决异种计算机网络的通信问题。随着 Internet 的广泛应用，TCP/IP 已成为最常用的网络协议。

TCP/IP 主要包括以下两个子协议。

（1）IP（InternetProtocol，即互联网协议）：其基本任务是在 Internet 中传送 IP 数据包，包括数据包的传送、路由选择和拥塞控制等功能。IP 数据包不仅包含数据，也包含发送主机和接收主机的 IP 地址。

（2）TCP（Transmission Control Protocol，即传输控制协议）：是一种可靠的、基于连接的传输层协议，保证信息能够无差错地传输到目的主机上的应用程序。TCP 包括差错控制、数据包排序和流量控制等功能。

为了区分同一台主机上不同的 Internet 应用程序，TCP 在数据包中增加一个称为端口号的数值（在 0 ~ 65 535 之间）。其中，Internet 的标准服务（如表 1.1 所示）使用小于 1 024 的端口号。例如，80 表示实现 Web 服务的 HTTP 任务，而 21 表示 FTP 任务。

表 1.1 　　　　　　　　　　　　　常用的 TCP 端口号

端口号	协　议	说　　明
80	HTTP	HTTP 是超文本传输协议（HyperText Transfer Protocol）的简称，规定如何在 Web 服务器和浏览器之间传输消息
20,21	FTP	FTP 是文件传输协议（File Transfer Protocol）的简称，规定如何在网络上传送文件。其中，端口号 20 用于传输数据，而 21 用于传输控制信息
23	Telnet	Telnet 协议是一种模拟终端协议，允许将本地计算机连接到远程主机
110,25	POP3,SMTP	用于收、发 E-mail。其中，POP3 是邮局协议第 3 版（Post Office Protcol 3）的简称，规定如何接收电子邮件，使用端口 110；SMTP 是简单邮件传输协议（Simple Mail Transfer Protocol）的简称，规定如何发送和中转电子邮件，使用端口 25
161,162	SNMP	SNMP 是简单网络管理协议（Simple Network Management Protocol）的简称，规定如何在网络设备之间相互传送管理信息
≥1024	自定义	供用户自己定义端口号的用途，没有通用性

1.2　Web 基本知识

1.2.1　Web 定义

WWW 是 World Wide Web（全球广域网）的简称，常称为 Web（万维网）。它是以 HTML 语言和 HTTP 为基础、提供面向 Internet 服务、支持一致用户界面的全球信息网络，具有交互性、动态性和多平台等特性。

在 Web 中，主要包括以下两类主机。

（1）Web 客户机：安装有 Web 浏览器（如 IE）的计算机。

（2）Web 服务器：提供 Web 信息服务的计算机，一般是高性能服务器。

如图 1.2 所示，对 Web 的访问过程大致分为以下 4 步。

图 1.2　Web 访问流程

（1）用户在 Web 客户机上输入网址发出浏览网页的请求（HTTP 请求）。

（2）该请求通过 Internet 从 Web 客户机传输到 Web 服务器。

（3）Web 服务器接收这个请求，据此找到或生成相关网页，然后发送给 Web 客户机。

（4）请求的网页又通过 Internet 传输到 Web 客户机，然后由 Web 浏览器显示。

1.2.2　HTTP

HTTP 是 Web 浏览器和服务器用来交换信息的一种 Internet 应用协议，该协议允许用户使用一个客户端程序（如 Web 浏览器）通过 URL 在 Web 服务器上检索文本、图像、声音等信息。

HTTP 具有以下两个显著特性。

（1）无连接性：是指 Web 服务器对客户机的每次连接只处理一个请求。当服务器每次接收到客户机的请求时，就会建立一个新连接，处理完成后立即断开这次连接。

（2）无状态性：HTTP 不保存事务或状态，后续事务所需的状态信息必须在协议之外完成。

1.2.3　HTML 文档

1. 超文本

超文本（Hypertext）也是普通的文本，但是可以通过标签控制文本的显示格式，也可以嵌入链接、描述声音、图像、视频、动画等多媒体信息，因此超文本也常称为超媒体（Hypermedia）。

2. 超链接

超链接（Hyperlink）是指从一个网页指向另一个目的端的链接，这个目的端通常是另一个网页，也可以是电子邮件地址、其他文档文件（如多媒体文件、Word 文档等）、程序或者当前网页中的其他位置。在浏览器中，超链接通常显示为带下画线的彩色字符串或图片。

3. HTML 语言

HTML 是超文本标记语言（HyperText Markup Language）的简称，用于描述网页。HTML 通过在正文文本中嵌入各种标签，使普通正文文本具有超文本的功能。

4. HTML 文档

HTML 文档常称为网页（WebPage）、页面，是符合 HTML 语言规则的超文本文件，其最常见扩展名是 ".htm" 和 ".html"。

网页是 Web 信息的基本单元，存放在各个 Web 服务器（或称 Web 站点）上。

1.2.4 网站

网站（Web Site）是多个网页的集合，按网站内容可将网站分为以下 4 类。

（1）门户网站：是一种综合性网站，涉及领域非常广泛，包含文学、音乐、影视、体育、新闻和娱乐等多个方面的内容。例如，网易（www.163.com）。

（2）个人网站：是以个人名义创建的网站，其内容、样式、风格等都具有较强个性化。

（3）专业网站：是具有很强专业性的网站，通常只涉及某一个领域，内容专业。例如，太平洋电脑网（www.pconline.com.cn）。

（4）职能网站：是具有专门功能（如政府职能、电子商务、搜索引擎等）的网站，如阿里巴巴（china.alibaba.com）、当当网上商城（home.dangdang.com）等。

访问网站时，把只使用域名（如 http://www.sysu.edu.cn）就可浏览到的第 1 个页面称为该网站的主页（Home Page）或首页。通过主页中的超链接，可以浏览该网站的内部页面（称为内页）。

1.2.5 网址

1. URL

URL 是统一资源定位符（Uniform Resource Locator）的简称，用于唯一确定 Web 资源（如网页、图像、音频、程序等）的位置。URL 也常称为 Web 地址或网址，其一般格式如下。

```
Protocol://Host:Port/Path
```

例如，http://www.sysu.edu.cn/2003/xxgk/xxgk.htm 就是一个典型的 URL 网址。

（1）Protocol：协议名，如 "http://"、"ftp://" 等。当该部分省略时，缺省是 "http://"。

（2）Host：存放资源的主机 IP 地址或域名。

（3）Port：端口号，通常不写。其默认值依赖于特定协议，如 HTTP 默认使用端口 80。

（4）Path：指定资源在服务器中的位置，类似文件路径。

URL 是目前最常用的资源标识格式，但存在缺陷，即由于 URL 强调定位，故当改变资源的存放位置时，也必须相应改变其 URL。

2. URN

URN 是统一资源名（Uniform Resource Name）的简称，用于为 Web 资源给出一个唯一名称。与 URL 不同，URN 与地址无关。由于 URN 不依赖于资源的存放位置，能够弥补 URL 的缺点，因此 URN 将逐渐流行。

3. URI

URI 是统一资源标识符（Uniform Resource Identifier）的简称，用于唯一标识 Web 中的资源。URI 是 URL 和 URN 的统称，即任何一个 URL、URN 都称为 URI 标识符。

1.3 Web 浏览器与 Web 服务器

1.3.1 Web 浏览器

1. Web 浏览器定义

Web 浏览器（Browser）是一种显示网页、并允许用户与网页互动的 Web 客户端程序，这些网页既可以来自 Web 服务器，也可以是本地网页文件。

目前，常用的浏览器有 IE、Firefox、Opera、Safari、Maxthon 和 Mosaic[1]等。使用这些浏览器的最基本方法是输入网址、单击超链接以及单击工具栏中的"后退"或"前进"按钮。

2. IE 浏览器

Windows Internet Explorer（简称 IE）是微软推出的、目前使用最广泛的 Web 浏览器，其最大特点是 IE 捆绑于 Windows 操作系统，易于 Windows 用户使用。IE 的最早正式版 1.0 发布于 1995 年 8 月，至 2009 年 3 月微软已推出最新版本 IE8.0。

由于 IE8.0 之前的版本 IE6.0（2001 年 8 月）和 IE7.0（2006 年 11 月）对 Web 标准支持不完善，特别是 IE6.0 安全性较差、易受网络攻击，因此微软强烈建议用户使用 IE8.0 或其后续版本。

从外观上来看，IE8.0 与 IE6.0 的最大区别是 IE8.0 默认采用选项卡式浏览，从而可以在单个浏览器窗口中同时打开多个网页。如图 1.3 所示，在"选项卡"栏中，单击"新选项卡"按钮可以打开新的空白选项卡，单击选项卡可切换当前选项卡，而单击当前选项卡中的"关闭"按钮则可关闭选项卡。操作时，注意地址栏中的网址将与当前选项卡保持一致。

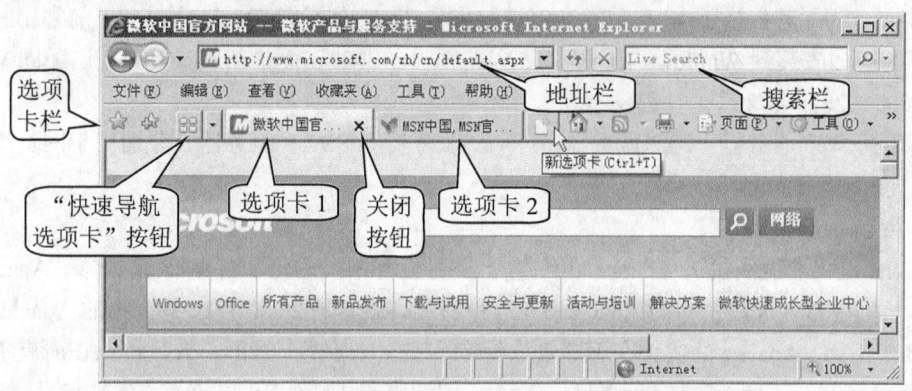

图 1.3　在 IE8.0 中使用多个选项卡同时打开多个页面

用户也可以改变 IE8.0 的选项卡操作特性，方法是：通过执行菜单"工具"→"Internet 选项"命令打开"Internet 选项"对话框，然后单击其"常规"选项卡中"选项卡"部分的"设置"按钮，打开"选项卡浏览设置"对话框。此时，若清除"启用选项卡式浏览"复选框，则将关闭选项卡式浏览，从而使 IE8.0 的操作外观与 IE6.0 类似。

3. Firefox 浏览器

Mozilla Firefox（常称为 Firefox，火狐）是由 Mozilla 基金会[2]与开源团体共同开发的 Web 浏览器。其第一个正式版 Firefox1.0 发布于 2004 年 11 月，目前常用的 Firefox3.X 始于 2008 年 6 月。近年来，Firefox 发展迅猛，已成为普及度仅次于 IE 的浏览器。

与 IE 相比，Firefox 具有跨平台（支持 Windows、Linux、MacOSX、OS/2 等操作系统）、支持的 Web 标准更全面和安全性更强等特色。

目前，Firefox 和 IE（7.0 与 8.0）的操作界面和功能已非常相似，主要不同只是有关术语而已。对于熟悉 IE 的读者，可以在 Firefox 中使用菜单"帮助"→"致 InternetExplorer 用户"命令打开

---

[1] 1993 年，美国伊利诺斯大学的 NCSA 组织发布 Mosaic 浏览器，使之成为 Web 发展初期最具代表性的浏览器。

[2] Mozilla 基金会是为支持和领导开源的 Mozilla 项目而于 2003 年 7 月设立的一个非营利组织，其主要项目是 Firefox 浏览器和 Thunderbird 电子邮件客户端程序。Mozilla 基金会源于网景公司，而网景公司推出了 20 世纪 90 年代非常流行的 Netscape Navigator（导航者）浏览器。

"致 IE 用户"页面，从中查知有关术语在这两种浏览器中的差异，如 IE 术语"选项卡式浏览"等同于 Firefox 术语"标签式浏览"。

1.3.2 Web 服务器程序

1. Web 服务器程序定义

Web 服务器程序是指在 Web 服务器主机上运行的、提供 Web 信息服务的程序，常简称为 Web 服务器。由于 Web 服务器使用 HTTP 与 Web 浏览器进行信息交流，因此 Web 服务器也称为 HTTP 服务器。

目前，最著名的 Web 服务器是微软的 IIS 和免费的 Apache。它们都支持 ASP、PHP 和 JSP 等主流动态网站技术，但相对来说，Apache 支持的开发语言更多，而 IIS 则偏重于支持 ASP。

2. IIS

IIS（Internet Information Server，互联网信息服务器）是微软推出的、基于 Windows 系统的 Web 服务器产品。其最早版本 IIS1.0（1995 年）配置于 Windows NT 3.51 系统，目前常用的 IIS 6.0（2003 年）可以安装到 Windows XP 和 Windows Server 2003，而最新版本 IIS7.0 已随同 Windows Server 2008（2008 年 2 月）一起发布。

IIS 包括 Web 服务器、FTP 服务器、NNTP 服务器和 SMTP 服务器，分别用于网页浏览、文件传输、新闻服务和邮件传输。

3. Apache

Apache 是由非盈利机构 Apache 软件基金会[1]开发和维护的跨平台 Web 服务器。Apache 始于 Apache 小组 1995 年 4 月发布的 Apache 0.6.2，目前最高版本是 2008 年 12 月推出的 Apache 2.2.11。

与 IIS 相比，Apache 的优势在于高效、稳定、安全、免费、开源，并且可以在所有主流操作系统（如 Windows、Unix、Linux 等）上运行，因此 Apache 比 IIS 更流行；但缺点是 Apache 没有为管理员提供图形操作界面，较难使用。

1.4 动态网页及相关技术

动态网页有两种含义，一种是客户端动态网页，另一种是服务器端动态网页。

1.4.1 客户端动态网页

客户端动态网页称为动态 HTML（Dynamic HTML，简称 DHTML），是一种即使在网页下载到浏览器以后仍然能够随时变换的网页。例如，当鼠标移至文章段落中，段落能够变成蓝色，或者网页标题能够滑过电脑屏幕，等等。反之，没有动态效果的网页称为（客户端）静态网页。

DHTML 有 3 个主要特征，即动态样式、动态内容和动态定位。动态样式是指改变网页的外部显示特征，动态内容是指更换显示在页面上的文本或图像，而动态定位是指移动页面上的文本、图像等页面元素。

DHTML 是一种通过各种技术的综合发展而得以实现的概念，这些技术包括脚本语言（如常

---

[1] Apache 软件基金会（即 Apache Software Foundation，简称 ASF）创建于 1999 年，是专门为支持 Apache 开源项目而建立的非盈利性组织，其主要成果有 Apache HTTP Server、Ant、iBATIS、Jakarta、Logging、Maven、Struts、Tomcat 和 Tapestry 等。

用的 JavaScript、VBScript）、DOM 和 CSS 等。

1.4.2 服务器端动态网页

基于 Web 服务器角度，动态网页是指采用动态网站技术实时动态生成的网页，而其他直接发送给浏览器的网页则称为静态网页。动态网站是指支持网页动态生成的网站，否则称为静态网站。

目前，常用的动态网站技术有 ASP、PHP、JSP 等。这几种技术都具有在 HTML 代码中混合某种程序代码、并由脚本语言引擎解释执行的能力。

1. ASP

目前，ASP（Active Server Pages，活动服务器页面）分为传统 ASP 和 ASP.NET，但术语 ASP 通常是指传统 ASP。

传统 ASP 是微软 1996 年 11 月推出的服务器端脚本编写和运行环境，使用它可以创建和运行动态页面和 Web 应用程序。ASP 页面主要运行于 IIS，可以嵌入 VBScript、JScript 等脚本程序，其文件扩展名是.asp。

ASP.NET 是微软在 2001 年推出的基于.NET 框架的新型动态网站开发技术。与传统 ASP 相比，ASP.NET 具有编译执行、代码分离（即将 HTML 代码与服务器端程序分离）和支持新型编程语言（即支持 C#、J#和 VB.NET，放弃支持 VBScript）等特点，并且 ASP.NET 页面文件扩展名是.aspx。

尽管 ASP.NET 功能强大，但对于初学者而言，传统 ASP 仍然是学习动态网站开发技术的简捷工具。

2. PHP

PHP（Hypertext Preprocessor，超文本预处理器）是一种跨平台的服务器端 HTML 嵌入式脚本语言，其语法类似 C、Java 和 Perl 语言。PHP 具有开源、免费、简单、易扩展等特点，可用于编写 PHP 动态网页。PHP 页面文件的默认扩展名是.php。

PHP 最早由 Rasmus Lerdorf 于 1995 年 6 月推出，目前流行的是始自 2004 年 7 月发布的 PHP5.X。

3. JSP

JSP（Java Server Pages，Java 服务器页面）是由 Sun Microsystems 公司倡导、许多公司参与一起建立的基于 Java Servlet 和 Java 体系的服务器端动态网页技术标准，具有简单易用、完全面向对象、跨平台和安全可靠等特点。与 ASP 类似，JSP 在 HTML 中嵌入 Java 程序段，从而形成 JSP 动态网页文件（*.jsp）。

JSP 的最早正式规范 JSP1.0 于 1999 年 9 月推出，目前流行的是始自 2003 年发布的 JSP2.X 规范。

1.5 Web 标准化

1.5.1 Web 标准

Web 标准是指由 W3C[1]、ECMA[2]等标准化组织制订的一系列 Web 技术规范总称，主要包括

---

[1] W3C 是万维网组织（World WideWebConsortium）的缩写，由 Web 发明者 Tim Berners-Lee 领导，成立于 1994 年，网址是 http://www.w3.org/。其主要工作是研究和制定开放的 Web 规范，以便提高 Web 相关产品的互用性。

[2] ECMA 是欧洲计算机制造协会（European Computer Manufacturer's Association）的简称，创建于 1961 年，网址是 http://www.ecma-international.org/。其主要工作是致力于信息和通信领域的标准化。

结构标准、表现标准和行为标准 3 部分（如表 1.2 所示），分别用于规范网页的内容结构、表现格式和动态行为。

表 1.2　　　　　　　　　　　　　　　目前常用的 Web 标准

类别	标　准	说　明
结构标准	HTML	HTML 是网页的基本描述语言，常用版本是 HTML4.0（1998 年 4 月）
	XML	XML 是可扩展标记语言（eXtensible Markup Language）的缩写，常用版本是 XML1.0（1998 年 2 月）
	XHTML	XHTML 是可扩展超文本标记语言（eXtensible HyperText Markup Language）的缩写，是符合 XML 规范的 HTML。其常用版本是等同于 HTML4.01 的 XHTML1.0（2000 年 1 月）
表现标准	CSS	CSS 是层叠样式表（Cascading Style Sheets）的缩写，目前版本有 CSS 1.0（1996 年 12 月）、CSS 2.0（1998 年 5 月）和 CSS 3.0（2004 年 4 月）。其中，CSS 2.1 最常用
行为标准	DOM	DOM 是文档对象模型（Document Object Model）的缩写，目前版本有 DOM1.0（1998 年 10 月）、DOM2.0（2000 年 11 月）和 DOM3.0（2004 年 4 月）
	ECMAScript	ECMAScript 是 ECMA 制定的标准脚本语言，目前常用版本是 ECMAScriptv3（1999 年 12 月）。而 JavaScript 和 JScript 是对 ECMAScript 标准的实现和扩展，这几个术语常统称为 JavaScript

要了解这些规范的详细说明，读者可以访问 http://www.w3.org，或者使用搜索工具（如 http://www.baidu.com）按 "XHTML 手册"、"CSS 手册"、"JavaScript 手册" 或 "DOM 手册" 等关键字搜索下载由 Web 技术专业人士整理的参考手册。

此外，通过访问 http://validator.w3.org 网站，读者可以使用 W3C 提供的工具验证所编写的网页是否符合 Web 规范。

1.5.2　制作符合 Web 标准的网页

从网页制作的角度来看，Web 标准化是指在制作网页时遵循 Web 规范并采用相关理念。目前，制作标准化网页的一般方法如下。

（1）采用 XHTML+ CSS + JavaScript 技术，以实现网页结构、表现和行为的分离。即明确区分定义网页结构、表现和行为的 HTML、CSS 和 JavaScript 代码，甚至放入不同的文件。

（2）正确使用 HTML 标签，即编写结构化的、有语义的 HTML。例如，网页的主标题使用<h1>标签，子标题则使用<h2>至<h6>之一，段落用<p>标签，强调的文字应当用<em>而不是<i>，等等。此外，合理使用<div>、<span>标签及相关 id 和 class 属性，从而有语义地扩展 HTML 的块级标签和行内标签。

（3）使用 CSS 处理网页的外观。

（4）依靠 JavaScript 去增强而不是替代网站的特征。例如，没有必要使用 JavaScript 去实现那些易于只由 CSS 实现的特殊效果。

制作符合 Web 标准的网页及网站有如下好处。

（1）对于网站浏览者而言，能够提高网站的易用性。不仅能够加快网页显示速度，也能够使网站被更多的用户（包括失明、视弱、色盲等残障人士）与设备（包括屏幕阅读机、手持设备、搜索机器人、打印机、电冰箱等）所访问。

（2）对于网站所有者而言，能够简化代码，提高向后兼容性，从而降低网站建设、维护成本。

1.6　网页制作工具

目前，常用的网页制作工具有 FrontPage 和 Dreamweaver。它们都提供了一个可用于创建、设计和编辑 Web 站点及其相应页面的"所见即所得"的制作环境。

1.6.1　网页制作方式

网页制作的本质是编写网页的 HTML 代码。不过，读者没有必要直接编写网页的全部 HTML 代码，而是可以使用专业网页制作工具自动生成。

根据是否直接编写 HTML 代码，网页制作可分为以下两种方式。

（1）HTML 方式：使用纯文本编辑器（如"记事本"）直接编写页面的 HTML 代码。

（2）可视化方式：使用可视化制作工具和环境（如 FrontPage、Dreamweaver），以"所见即所得"的直观方式设计页面内容，制作工具将自动生成相应的 HTML 代码。

以上两种网页制作方式各有优劣。显然，HTML 方式要求读者对 HTML 语言比较熟悉，需要掌握大量的 HTML 标签，制作效率低；而可视化方式不要求读者熟记大量的 HTML 标签，制作效率高。不过，可视化方式不能灵活处理页面中的 HTML 代码，并且设计的直观页面最终要根据固定模式转换成 HTML 代码，因此可能产生冗余代码；而 HTML 方式却能够灵活、精确地控制 HTML 代码，制作简洁的页面。

在网页制作过程中，读者要灵活地交替使用 HTML 方式和可视化方式，以达到事半功倍的效果。也就是说，先用可视化方式设计页面布局和内容，然后用 HTML 方式检查、修改自动生成的 HTML 代码。

1.6.2　FrontPage 2003 与 SharePoint Designer 2007

FrontPage 是微软推出的著名入门级网页制作工具，最高版本是 FrontPage 2003。2006 年 12 月，微软宣布停止提供 FrontPage 软件，取而代之的是以下两款更加专业的网页设计工具。

（1）Expression Web：是一种功能齐全的专业化网页设计工具，可用于创建基于 Web 标准的精美网站，并支持设计 ASP.NET 和 PHP 动态页面。目前常用版本是 2008 年 7 月发布的 ExpressionWeb2.0。

（2）SharePoint Designer 2007：与 ExpressionWeb 类似，但功能更多，且侧重支持设计 SharePoint[1] 网站。

这两种工具的外观都类似 FrontPage，都可视为 FrontPage2003 的升级版本，但通常只将 SharePoint Designer 2007 视为 FrontPage 2003 的后续版本。

在 Windows XP 中安装了 SharePoint Designer 2007 之后，选择"开始"菜单的"所有程序"→ "Microsoft Office"→"Microsoft Office SharePoint Designer 2007"命令，可启动 SharePoint Designer 2007，如图 1.4 所示。

---

[1] SharePoint 是微软的一种协作软件技术。使用 SharePoint 产品（如 SharePoint Server 2007 和 SharePoint Designer 2007）可快速定制出满足不同行业、不同需求的在线、协作办公系统。

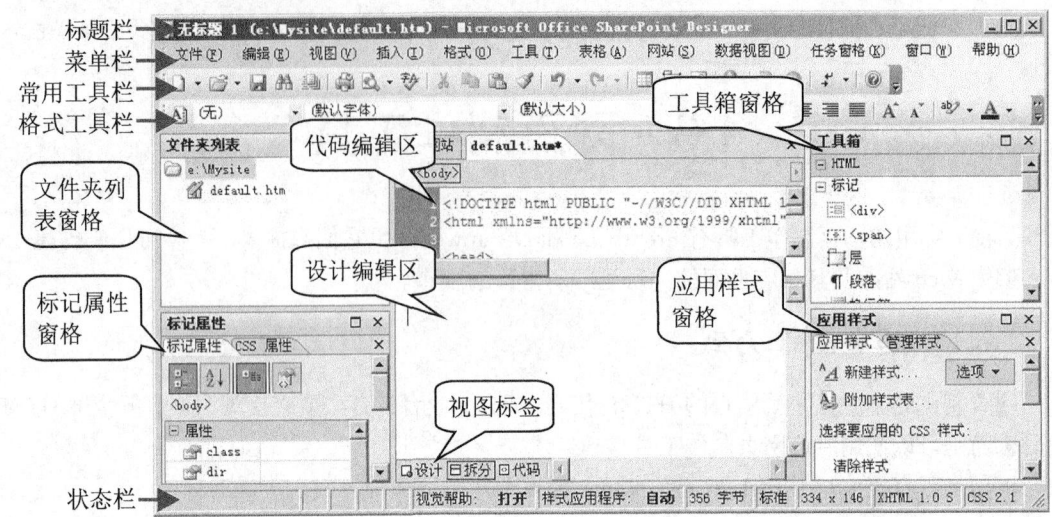

图 1.4　SharePoint Designer 2007 窗口

（1）菜单栏：提供 SharePoint Designer 2007 的所有功能。其中，单击"帮助"菜单的有关命令，可查看该软件的详细使用方法；而使用"视图"菜单的"工具栏"子菜单中的相关命令可以控制是否显示相应工具栏。

（2）常用工具栏：提供新建、打开、保存、预览、复制、粘贴等常用菜单命令。

（3）格式工具栏：主要应用于页面的格式化操作，包括字体、字型、对齐方式等。

（4）视图标签：单击视图标签的 3 个按钮，可以切换网页编辑区的 3 种视图——设计、拆分和代码（注：在"拆分"视图下，先在"设计"编辑区中设计显示效果，然后察看"代码"编辑区中自动生成的 HTML 代码，是一种学习 HTML 语言的好方法）。

（5）状态栏：主要显示当前编辑页面的状态，如页面大小、HTML 语言版本等。

（6）文件夹列表、工具箱和应用样式等窗格：这些任务窗格为页面设计提供特定的支持功能。在"任务窗格"菜单中，使用相应的开关命令可控制是否显示这些窗格，而使用该菜单的"重设工作区布局"命令可恢复默认工作区布局。

（7）标记属性窗格：为当前页面元素列出或设置可用的 HTML 属性。其所列属性将根据当前页面元素的不同而有所差异。

1.6.3　Dreamweaver CS4

Dreamweaver[1]是 Adobe 公司推出的集网页制作和网站管理于一身的专业网页制作工具，它与 Flash、Fireworks 一起被人们称作网页制作三剑客。目前最新版本是 2008 年 9 月发布的 Dreamweaver CS4，而 2005 年 9 月发布的 Dreamweaver 8.0 仍然被广泛使用。

与微软的 FrontPage/SharePoint Designer 相比，Dreamweaver 更注重对多种 Web 开发技术的支持。例如，对于动态网页技术，除 ASP.NET 和 PHP 之外，Dreamweaver 还支持设计 JSP 和传统 ASP 动态页面。

在 Windows XP 中安装了 Dreamweaver CS4 之后，选择"开始"菜单的"所有程序"→"Adobe Dreamweaver CS4"命令，可启动 Dreamweaver CS4，如图 1.5 所示。

---

[1] Dreamweaver 原来是 Macromedia 公司的产品，该公司于 2005 年 12 月被 Adobe 公司完全收购。

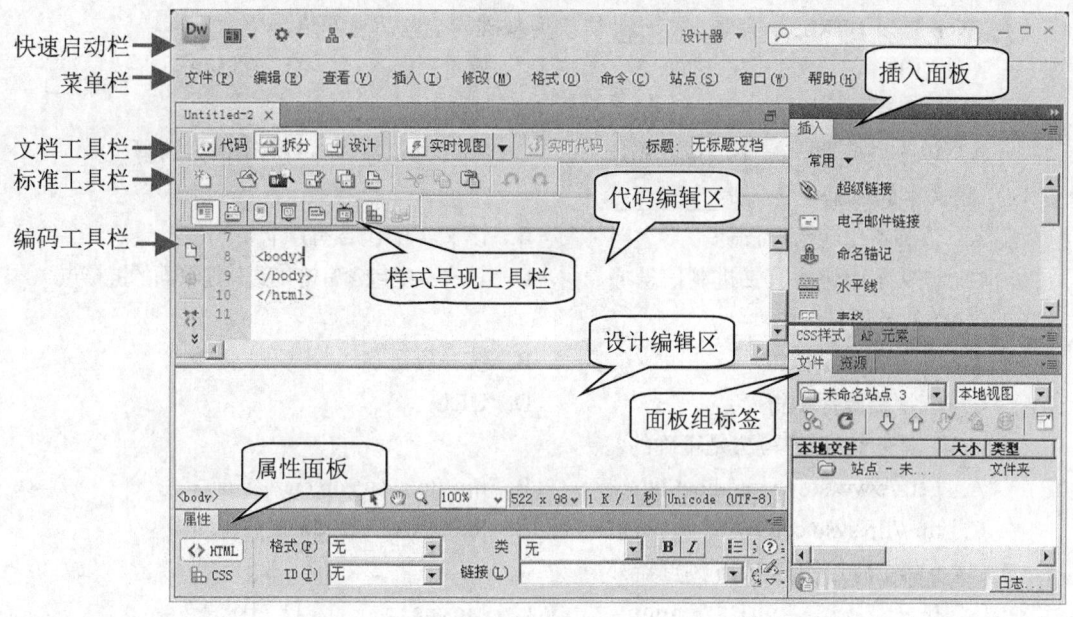

快速启动栏
菜单栏
文档工具栏
标准工具栏
编码工具栏
代码编辑区
样式呈现工具栏
设计编辑区
面板组标签
插入面板
属性面板

图 1.5　Dreamweaver CS4 窗口

（1）菜单栏：提供 Dreamweaver 的绝大多数功能。其中，单击"帮助"菜单的"Dreamweaver 帮助"命令，可查看 Dreamweaver 的详细使用方法。

（2）"文档"工具栏：主要用于切换编辑模式（即代码、拆分和设计）、预览等操作。选择菜单"查看"→"工具栏"级联菜单命令可控制 Dreamweaver 工作界面是否显示相关工具栏。

（3）"属性"面板：用于查看和设置所选网页元素的各种属性。网页元素不同，"属性"面板所显示的内容也有所不同。

（4）"插入"面板：提供与"插入"菜单类似的操作命令，以便于用户快速插入网页元素。单击该面板上的按钮"常用▼"，并从弹出菜单中选择"常用"、"布局"、"表单"、"文本"等命令之一，可切换显示相应的可插入对象。

（5）面板组：通常位于编辑窗口右侧，是浮动面板的集合，通过单击面板组的面板标签可展开相应面板。若需显示其他面板，可选择"窗口"菜单中的相应命令。若面板位置过于凌乱，可选择"窗口"菜单的"工作区布局"子菜单中的相关命令，使工作区恢复默认窗口布局。

习　　题

一、单选题

（1）Internet 是_____。

　　A. 对等网　　　　　B. 局域网　　　　　C. 城域网　　　　　D. 国际互联网

（2）Web 是一种建立在 Internet 网络基础上的应用系统，它采用客户机/服务器模型，使用_____在服务器和客户端之间传输数据。

　　A. FTP　　　　　　B. Telnet　　　　　C. E-mail　　　　　D. HTTP

（3）HTTP 服务的默认端口号是_____。

　　A. 20　　　　　　　B. 21　　　　　　　C. 25　　　　　　　D. 80

（4）Web 是以 HTML 语言和_____协议为基础的全球信息网络。

    A. HTTP   B. FTP   C. POP3   D. SNMP

（5）HTML 是一种标记语言，它由_____解释执行。

    A. Web 服务器   B. 操作系统   C. Web 浏览器   D. 不需要解释

（6）超文本的最基本含义是_____。

    A. 该文本中包含有图像   B. 该文本中包含有声音

    C. 该文本中包含有二进制信息   D. 该文本中包含有链接到其他页面的链接点

（7）URI 的意思是_____。

    A. 统一资源定位符   B. 统一资源名

    C. 统一资源标识符   D. URL

（8）以下哪个 URL 的写法是正确的？

    A. get://www.soft.com/about.htm   B. ftp:/ftp.sysu.edu.cn

    C. ftp://ftp.sysu.edu.cn   D. http:www.zsu.edu.cn

（9）以下哪个程序不是 Web 浏览器？

    A. IE   B. Firefox   C. Mosaic   D. IIS

（10）以下哪个程序不是 Web 服务器程序？

    A. IIS 6.0   B. IIS 7.0   C. Apache   D. WPS

（11）以下哪种技术不是服务器端动态网页技术？

    A. DOM   B. ASP   C. PHP   D. JSP

（12）目前的 Web 标准不包括_____。

    A. 网页结构标准   B. 网页表现标准

    C. 网页行为标准   D. 服务器端动态网页

（13）以下哪种制作方法不符合 Web 标准？

    A. 制作网页时将实现网页结构、表现和行为的代码分离

    B. 编写结构化的、有语义的 HTML 代码

    C. 使用 CSS 处理网页的外观

    D. 网页的任何动态效果都采用 JavaScript 编程实现

（14）在正常情况下，不能使用以下哪种工具制作网页？

    A. FrontPage   B. SharePoint Designer 2007

    C. Dreamweaver   D. Word

（15）下列不属于 Adobe（或 Macromedia 公司）的产品是_____。

    A. SharePoint Designer   B. Dreamweaver

    C. Flash   D. Fireworks

二、综合题

（1）使用搜索工具（如 http://www.baidu.com）搜索下载由 Web 技术专业人士整理的 XHTML、CSS、JavaScript、DOM 等技术手册，并初步掌握这些手册的使用方法。

（2）在自己的电脑或学校机房电脑的虚拟机环境（如 VM VirtualBox）下安装以下软件。

① 安装 IE 和 Firefox 这两款浏览器的最新版本，并学会使用。

② 安装 SharePoint Designer 2007 软件，并学会其"帮助"菜单的基本使用方法。

③ 安装 Dreamweaver CS4 软件，并学会其"帮助"菜单的基本使用方法。

第2章
HTML/XHTML 制作

本章基于 HTML 语言介绍标准化 Web 页面的基本制作技术，也就是在 HTML 文档中使用语义化标签标记标题、段落、文字、图像、超链接和列表等页面元素。

在学习 HTML 语言的过程中，没有必要死记 HTML 代码。读者要善于利用现有的专业化网页制作工具，根据制作意图，先在制作工具的可视化环境下设计页面，然后查看自动生成的 HTML 代码，就能够逐渐熟悉、掌握 HTML 语言。

2.1 基 本 概 念

2.1.1 XML 与 XHTML

1. XML

与 HTML 类似，XML 也是标记语言，但与 HTML 固定标签不同，XML 允许自定义、扩展标签。XML 具有以下两大用途。

（1）XML 用作 Internet 中跨平台的数据表示语言。XML 强调数据的结构和含义，不关心数据的显示格式。

（2）XML 用作元语言，可以定义其他语言。例如，已成为 W3C 规范的 XHTML 和 MathML 就是用 XML 定义的。

2. XHTML

XHTML 是符合 XML 规范的 HTML。目前常用的 XHTML1.0 有以下 3 种风格。

（1）XHTML1.0 Strict（严格型）：严格遵循 XHTML 规范。

（2）XHTML1.0 Transitional（过渡型）：允许使用一些只用于旧浏览器的标签和属性。

（3）XHTML1.0 Frameset（框架型）：允许使用框架。

由于 XHTML1.0 等同于 HTML4.01，因此常将术语 "XHTML" 等同于 "HTML"。正因如此，若非特殊说明，本书不严格区分 XHTML 和 HTML 这两个术语。

2.1.2 HTML 标签

1. HTML 元素

HTML 元素（Element）（也称页面元素，简称元素）是 HTML 文档的基本组成单元，每个 HTML 元素通过 HTML 标签来定义。

2. HTML 标签

HTML 标签（Tag）是 HTML 语言的核心概念，用于定义 HTML 元素。HTML 标签的基本格式是用一对尖括号（<>）标注小写的标签名，如<p>、</p>、
。根据标签名是否必须成对出现，将 HTML 标签的书写格式分为以下两类。

（1）双标签。其标签名必须成对出现，具有以下形式：

<标签名>相应内容</标签名>

例如，以下代码定义了一个 1 级标题元素：

<h1>XHTML 入门</h1>

双标签包括起始标签和结束标签，分别放在它起作用的内容两边。结束标签与起始标签基本相同，只是结束标签在"<"号后面多了一个斜杠"/"。

（2）单标签。其标签名只需出现一次，就能完整表达意思，具有以下形式：

<标签名/>

例如，使用单标签
定义一个起换行作用的页面元素。注意，在单标签名之后要加上一个空格和斜杠"/"。

3. HTML 属性

HTML 标签可以包含属性（Attribute），以提供页面元素的附加信息。其形式是：

<标签名 属性名 1="值 1"属性名 2="值 2" ...属性名 n="值 n">

标签可以有多个属性，且各属性之间无先后次序，用空格分隔；每个属性由属性名、等号（=）和属性值组成，且每个属性值必须用双引号括起来。例如：

```
<img src="http://www.w3.org/Icons/w3c_main" alt="W3C 网站徽标"/>
```

<img>是图像标签，使用属性 src 指定图像位置，使用属性 alt 表示图像的简短描述。

2.1.3　使用专业工具制作 HTML 页面

尽管 W3C 规范对标准化 HTML 文档的制作要求很严格，但读者可以借助专业化网页制作工具（如 SharePoint Designer 2007、Dreamweaver CS4 等）方便地编写出符合 Web 规范的 HTML 代码。

例 2.1　使用 SharePoint Designer 2007 制作符合 XHTML 规范的第 1 个页面。启动 SharePoint Designer 2007 后，按如下步骤操作。

（1）关闭当前网站。若"文件"菜单的"关闭网站"命令有效，则执行该命令关闭当前打开的网站（注：在 SharePoint Designer 中，新建的网页一般都会自动添加到当前打开的网站中，而本例只需创建一个单独保存的网页）。

（2）将新建网页的文档类型设置为"XHTML1.0 Strict"。选择菜单"工具"→"网页编辑器选项"命令，然后在打开的"网页编辑器选项"对话框中的"创作"选项卡中将"文档类型声明"下拉列表当前选项指定为"XHTML1.0 Strict"，如图 2.1 所示。

（3）新建空白 HTML 页面。选择菜单"文件"→"新建"→"网页"命令，然后在打开的"新建"对话框的"网页"选项卡中将新建网页类型指定为"常规"类中的"HTML"页面类型，如图 2.2 所示。

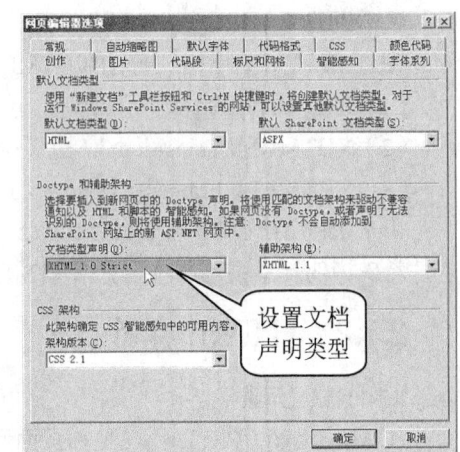

图 2.1　设置 SharePoint Designer 的创作风格

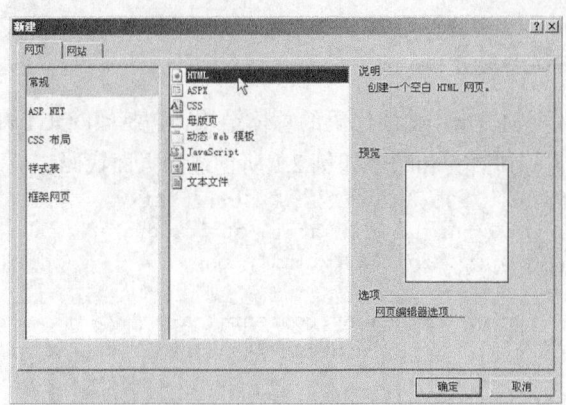

图 2.2　指定新建网页类型

（4）设置页面标题。使用菜单"格式"→"属性"命令打开"网页属性"对话框，然后在"常规"选项卡的"标题"文本框中输入文字"网页制作入门"，如图 2.3 所示。

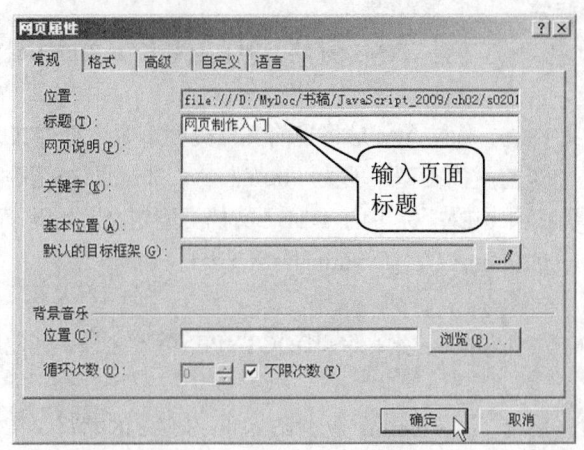

图 2.3　设置页面标题

（5）为页面体输入一段文字。在"设计"视图编辑区输入一段文字，如图 2.4 所示。

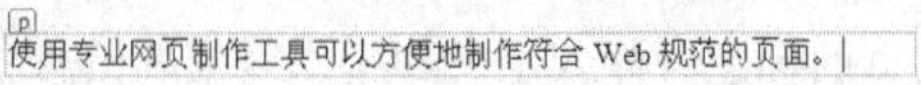

使用专业网页制作工具可以方便地制作符合 Web 规范的页面。

图 2.4　在"设计"编辑区输入一段文字

（6）保存页面。使用菜单"文件"→"保存"命令，将当前编辑页面以文件名 s0201.htm 保存到某个文件夹（如 E:\）中。

（7）预览页面。使用菜单"文件"→"在浏览器中预览"命令，从其级联菜单中选择一种浏览器预览方式，效果如图 2.5 所示。

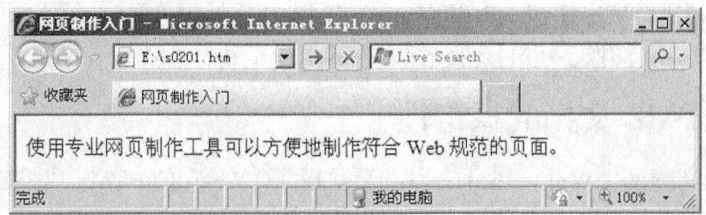

图 2.5　在 IE 8.0 中预览页面

2.1.4 基本结构标签

基本结构标签用于定义 HTML 文档代码的总体结构，包括<!DOCTYPE>、<html>、<head>、<title>和<body> 5 个标签，其嵌套和顺序如例 2.1 所创建的页面代码。

```
<!DOCTYPEHTMLPUBLIC "-//W3C//DTDXHTML1.0 Strict//EN"
  "http://www.w3.org/TR/xhtml1/DTD/xhtml1-strict.dtd">
<HTMLxmlns="http://www.w3.org/1999/xhtml">
<head>
<meta http-equiv="Content-Language" content="zh-cn" />
<meta http-equiv="Content-Type" content="text/html; charset=utf-8" />
<title>网页制作入门</title>
</head>
<body>
<p>使用专业网页制作工具可以方便地制作符合 Web 规范的页面。</p>
</body>
</html>
```

1. <!DOCTYPE>标签

<! DOCTYPE>标签实际上不是 HTML 标签，但它必须位于文档的最前面，用于声明当前文档的类型和遵循的规范。

例 2.1 所示的<!DOCTYPE>标签含义是将当前文档类型声明为符合 XHTML1.0 Strict 规范[1]的 HTML 文档。也就是，将当前文档类型声明为"html"，该"html"类型等价于一种由公共标识符"-//W3C//DTDXHTML1.0 Strict//EN"标识的 DTD（文档类型定义）类型，而定义这种类型的 DTD 文件是 http://www.w3.org/TR/xhtml1/DTD/xhtml1-strict.dtd。

2. <html>标签

<html>标签是 HTML 文档的根元素，除<!DOCTYPE>标签之外，其他所有页面元素都包含在 html 元素内。

<html>标签的 xmlns 属性（注：xmlns 是 XMLNameSpace 的缩写）指定文档命名空间，目前该属性值固定为"http://www.w3.org/1999/xhtml"。

3. <head>标签

<head>标签位于<html>标签对之间，在<body>标签之前，用于标记页面头元素。页面头包含 HTML 文档的头部信息，如页面标题、样式定义和脚本等控制信息。通常，浏览器不显示页面头信息。

4. <title>标签

<title>标签位于<head>标签对之间，用于标记页面标题，显示在浏览器的标题栏中。在设计页面时，读者有必要为页面指定能够反映页面主题的简短标题。

5. <body>标签

<body>标签位于结束标签</head>和</html>之间，用于标记页面体元素。页面体是 HTML 文档的主体，包含文本、图像、超链接等一般可视的页面元素。

2.1.5 HTML 文档的良构性

HTML 文档的良构性（Well-formedness）主要是指网页文档中的 HTML 代码必须符合以下要求。

---

[1] 若非特殊说明，本书所有 HTML 文档示例都声明为"XHTML 1.0 Strict"类型。

（1）所有标签都必须正确地书写为双标签或单标签格式，不能出现不匹配的起始标签或结束标签。

（2）所有 HTML 元素必须正确嵌套，例如 body 元素不能出现在 head 元素内。

（3）标签名和属性名中的字母必须写成小写字母，例如<body>不能写为<BODY>。

（4）若要为标签指定属性，则必须明确使用"属性名="属性值""格式，并且必须为属性值加引号。

尽管良构性对编写 HTML 代码很严格，但借助专业制作工具，读者能够非常方便地制作出满足良构性要求的 HTML 页面。

2.2　文　档　分　段

2.2.1　标题

HTML 语言提供 6 级标题标签，依次是<h1>、<h2>、……、<h6>。默认情况下，这些标题的显示效果将依次变小，即<h1>最大，<h6>最小。

使用这些标题，可以标记 HTML 文档的层次结构。

（1）在页面中，通常只能出现 1 个一级标题并且与 title 元素保持一致。

（2）若页面内容比较多，可以分成多节，则可以为每节内容指定二级标题；若某节需要进一步分成小节，则可以使用三级标题；依次类推，使用更小标题。但对于多数文档，最好不要超出三级标题，分级太多通常反映文档结构有问题。

例 2.2　制作一个含有 1 级标题的页面,保存到文件 s0202.htm 中。在 SharePoint Designer 2007 中，主要操作如下。

（1）创建一个空白网页，然后在"设计"视图编辑区中输入以下 2 行文字（注：每行文字以回车键结束）："XML 简介"和"XML 是可扩展..."。

（2）将输入点移到第 1 行，然后在"格式"工具栏的"样式"下拉列表中选择样式"标题 1"（如图 2.6 所示），SharePoint Designer 将自动为该段文字使用<h1>标签，设置为一级标题。

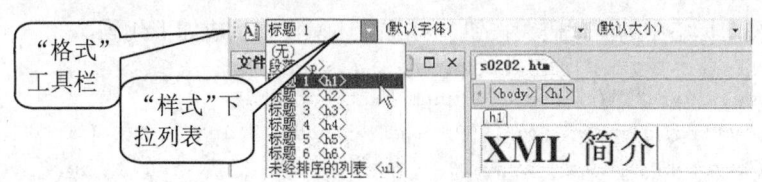

图 2.6　设置一级标题

（3）单击视图标签中的"代码"按钮，可见上述操作将生成如下代码[1]。

```
<!DOCTYPEhtmlPUBLIC "-//W3C//DTDXHTML1.0 Strict//EN"
"http://www.w3.org/TR/xhtml1/DTD/xhtml1-strict.dtd">
<htmlxmlns="http://www.w3.org/1999/xhtml"><head><title>XML 简介</title></head><body>
```

---

[1]　由于浏览器在解释 HTML 代码时会忽略标签之间的空格、换行符和制表符等空白字符，因此，读者可以在 HTML 代码中任意删除、增加这些空白字符。

```
<h1>XML 简介</h1>
<p>XML 是可扩展...</p>
</body></html>
```

2.2.2 水平线

使用单标签<hr/>可以为页面绘制一条水平线，常用于分隔同一页面的标题与正文或者分隔同一页面的多个章节。

例 2.3 如图 2.7 所示，制作一个含有两级标题的页面，并使用水平线分隔这几个章节，最后将结果保存到文件 s0203.htm 中。在 SharePoint Designer 2007 中，主要操作如下。

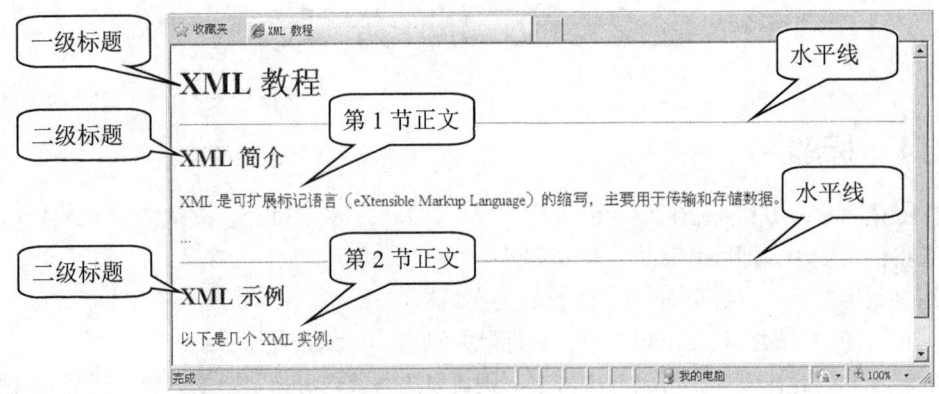

图 2.7 使用水平线分隔多节内容

（1）创建一个空白网页，然后在"设计"视图编辑区中建立以下 3 个标题。

① 第 1 个标题"XML 教程"，设置为一级标题。

② 第 2 个标题"XML 简介"，设置为二级标题。也可为该标题输入一些正文。

③ 第 3 个标题"XML 示例"，设置为二级标题。也可为该标题输入一些正文。

（2）将输入点移到第 1 个二级标题"XML 简介"的行首，然后使用菜单"插入"→"HTML"→"水平线"命令，SharePoint Designer 将自动在该标题之前插入一条水平线。以同样方法也在第 2 个二级标题前插入一条水平线。

（3）单击视图标签中的"代码"按钮，可见上述操作将生成如下代码。

```
<!DOCTYPEhtmlPUBLIC "-//W3C//DTDXHTML1.0 Strict//EN"
"http://www.w3.org/TR/xhtml1/DTD/xhtml1-strict.dtd">
<htmlxmlns="http://www.w3.org/1999/xhtml"><head><title>XML 教程</title></head><body>
<h1>XML 教程</h1>
<hr/>
<h2>XML 简介</h2>
<p>XML 是可扩展标记语言（eXtensible Markup Language）的缩写，主要用于传输和存储数据。</p>
<p>...</p>
<hr/>
<h2>XML 示例</h2>
<p>以下是几个 XML 实例：</p>
<p>例 1、例 2、例 3...</p>
</body></html>
```

2.2.3 段落

段落标签用于标记文档中的正文。最常用的段落标签是<p>标签，用于标记普通正文段落，如前例所示。HTML 也提供其他段落标签以标记特殊的正文，如表 2.1 所示。

表 2.1　　　　　　　　　　　　　　其他段落标签

段 落 标 签	说　　　　明
<address>	地址标签，表示地址，如住址、邮件地址等，通常显示为斜体
<blockquote>	块引用标签，表示引用文本，通常两边缩排、行间距比普通段落较小。该标签的常用属性是 cite 属性，用于指定引用来源的 URL 位置
<pre>	预定义格式标签，表示程序代码之类的信息，通常用定宽字体，字间和行间有足够的间隔。<pre>标签可以标记预格式化的文本，即浏览器会显示该标签对之间的空白字符（如空格、换行符）。反之，浏览器通常忽略在非 pre 元素内的空白字符

例 2.4　如图 2.8 所示，制作一个含有块引用段落的页面，最后将结果保存到文件 s0204.htm 中。在 SharePoint Designer 2007 中，主要操作如下。

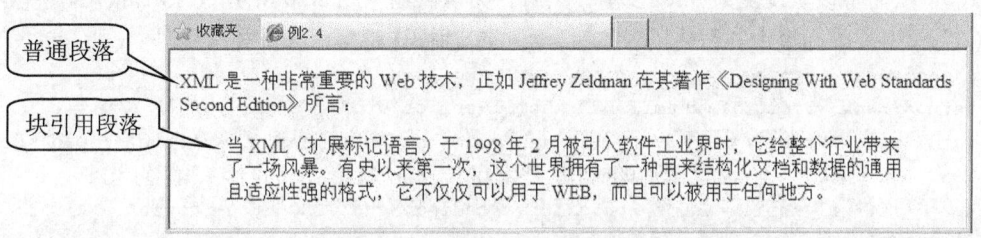

图 2.8　一个含有块引用段落的页面

（1）创建一个空白网页，然后在"设计"视图编辑区中输入两段普通<p>段落文本。

（2）将输入点移到第 2 段，先从"格式"工具栏的"样式"下拉列表中选择样式"块引用"，从而将第 2 段设置为<blockquote>段落；然后，在编辑区左下侧的"标记属性"窗格中，将该标签的 cite 属性设置为"http://www.happycog.com/publish/dwws"，如图 2.9 所示。

图 2.9　为块引用段落设置 cite 属性

（3）单击视图标签中的"代码"按钮，可见上述操作将生成如下类似代码。

```
<!DOCTYPEhtmlPUBLIC "-//W3C//DTDXHTML1.0 Strict//EN"
"http://www.w3.org/TR/xhtml1/DTD/xhtml1-strict.dtd">
<htmlxmlns="http://www.w3.org/1999/xhtml"><head><title>例 2.4</title></head><body>
<p>XML 是一种非常重要的 Web 技术，…</p>
<blockquote cite="http://www.happycog.com/publish/dwws/">当 XML（扩展标记语言）于 1998 年 2 月
被引入软件工业界时，…</blockquote>
```

```
</body></html>
```

例 2.5　如图 2.10 所示，制作一个含有<pre>段落的页面，最后将结果保存到文件 s0205.htm 中。在 SharePoint Designer 2007 中，主要操作如下。

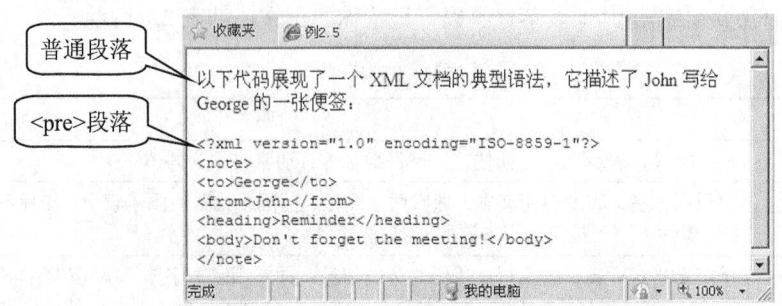

图 2.10　一个含有<pre>段落的页面

（1）创建一个空白网页，然后在"设计"视图编辑区中输入第 1 段普通文本。

（2）按回车创建新的空白<p>段落，再从"格式"工具栏的"样式"下拉列表中选择样式"预设格式"，从而将该段设置为<pre>段落，然后，为该段输入图 2.10 所示的 XML 代码。

（3）单击视图标签中的"代码"按钮，可见上述操作将生成如下类似代码。

```
<!DOCTYPEhtmlPUBLIC "-//W3C//DTDXhtml1.0 Strict//EN"
"http://www.w3.org/TR/xhtml1/DTD/xhtml1-strict.dtd">
<htmlxmlns="http://www.w3.org/1999/xhtml"><head><title>例 2.5</title></head><body>
<p>以下代码展现了一个 XML 文档的典型语法，它描述了 John 写给 George 的一张便签：</p>
<pre>&lt;?xmlversion=&quot;1.0&quot; encoding=&quot;ISO-8859-1&quot;?&gt;
&lt;note&gt;
&lt;to&gt;George&lt;/to&gt;
&lt;from&gt;John&lt;/from&gt;
&lt;heading&gt;Reminder&lt;/heading&gt;
&lt;body&gt;Don&#39;t forget the meeting!&lt;/body&gt;
&lt;/note&gt;</pre>
</body></html>
```

说明

在上述 HTML 代码中，"<"、"""、">"等是 HTML 转义字符，分别表示小于符号"<"、双引号"""和大于符号">"。HTML 转义字符也称为字符实体，起始于"&"、结束于";"、中间为转义字符名或字符编号（如"'"表示单引号"'"），用于表示 HTML 语言的特殊符号，如"<"、">"等。对于这些转义字符，读者没有必要直接输入，而是可以由制作工具自动转换而来。例如，先在设计视图下输入符号"<"，然后切换到代码视图可看到自动生成的转义字符"<"。

2.2.4　强制分行

有时需要在段落中的特定位置强制分行，而不想另起新段。例如，一首诗词应当书写成几个短行，但要属于同一段落。利用单标签
可以在指定位置分行，但不分段。

例 2.6　以下 HTML 代码显示一首诗"静夜思"，其浏览效果如图 2.11 所示。

```
<!DOCTYPEhtmlPUBLIC "-//W3C//DTDXHTML1.0 Strict//EN"
"http://www.w3.org/TR/xhtml1/DTD/xhtml1-strict.dtd">
<htmlxmlns="http://www.w3.org/1999/xhtml"><head><title>例 2.6 强制分行</title></head><body>
```

```
<!--若要对以下诗文进行对齐、字体颜色、大小等格式设置，则必须使用CSS技术-->
<p>静夜思</p>
<p>(唐诗)</p>
<p>床前明月光，疑是地上霜<br/>
举头望明月，低头思故乡</p>
</body></html>
```

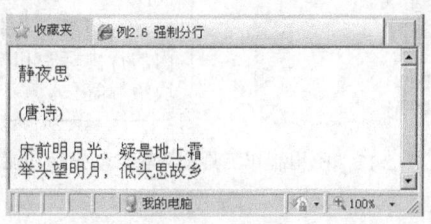

图 2.11　在诗文中指定分行

（1）在 SharePoint Designer 的"设计"视图下，先将输入点移到要分行的位置，再按下组合键 Shift+Enter，就可自动生成单标签
。

（2）<!--...-->是 HTML 语言的注释标签，用于为 HTML 代码给出文字说明。若没有其他特殊标签（如<style>），浏览器会忽略注释标签中的内容。

2.3　标记行内元素

2.3.1　块级元素与行内元素

1.　可视页面元素分类

根据是否独立成段，可以将可视的页面元素分为以下两类。

（1）块级元素（Block element）：是指可以表示一个完整段落的页面元素，如各级标题、p 段落、pre 段落、水平线等。块级元素显示为页面的一个矩形区域，并且在默认情况下块级元素的后续元素必须另起一行显示。

（2）行内元素（Inline element，或称内联元素）：是指可以出现在段落中的页面元素，如普通文本、图像等页面元素。在默认情况下，在同一段落中的相邻行内元素可以显示在同一行中。

2.　页面元素的嵌套关系

在 HTML 文档中，块级元素可以包含行内元素或其他块级元素；行内元素可以包含文本或其他行内元素，但是行内元素不能包含块级元素，并且只能出现在块级元素内。

借助制作工具的"智能感知"机制，读者可以正确处理 HTML 标签之间的嵌套关系。如图 2.12 所示，在 SharePoint Designer 的"代码"视图中，操作如下。

（1）如（A）图所示，先将输入点移至<body>标签之后，然后输入小于号"<"，工具将自动显示一个可嵌入<body>标签对之间的顶层块级标签列表，从中可以选择一个块级标签。

（2）如（B）图所示，先将输入点移至<p>标签之后，然后输入小于号"<"，工具将自动显示一个可嵌入<p>标签对之间的行内标签列表。

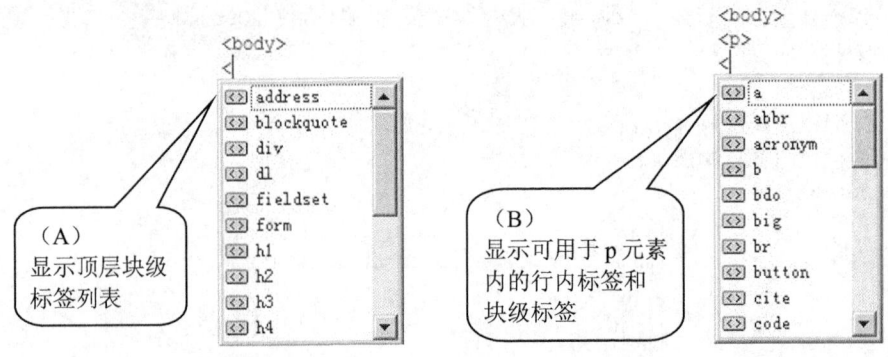

图 2.12   使用制作工具的标签自动提示功能

3. 行内元素分类

HTML 语言提供了大量行内元素标签，大致分为短语、计算机代码和字符格式化 3 类。

这些行内元素标签都有确切的语义（如表示短语、代码等），并且一些标签也具有特殊的默认显示格式（如加粗、斜体等）。在选择使用哪一种行内元素标签时，读者应当依据页面元素的语义而不是格式。

2.3.2   标记短语

短语类标签包括<acronym>、<abbr>、<dfn>、<q>、<cite>、<em>、<strong>、<del>和<ins>等标签，如表 2.2 所示。使用这些标签，可以将一个或多个连续单词标记为缩写、术语定义、引用、强调、插入和删除等具有特定含义的短语。

表 2.2 　　　　　　　　　　　　　用于标记短语的行内元素标签

标　　签	说　　明
<acronym>	首字母缩写标签，用于标记只取首字母的缩写。例如，DTD 是 Document Type Definition 的缩写，则可以标记为<acronym title="Document Type Definition">DTD</acronym>。当浏览时，把鼠标移至该缩写，标准的浏览器将显示由 title 属性指定的文本
<abbr>	简称标签，用于标记任意缩写。例如，Web 是 World WideWeb 的简称，可以标记为<abbr title="World Wide Web">Web</abbr>
<dfn>	术语定义标签，用于标记术语在文档中的第 1 次出现，通常显示为斜体。例如，对于第 1 次出现的术语 XSL，可以标记为<dfn title="扩展样式表语言">XSL</dfn>
<q>	短引用标签，与<blockquote>类似，但用于标记短的引文，显示时常自动添加双引号。例如，<cite>爱因斯坦</cite>说：<q>成功 = 艰苦的劳动 + 正确的方法 + 少谈空话</q>
<cite>	引用来源标签，用于标记引用的出处或来源，通常显示为斜体
<em>	强调标签，用于标记强调的文本，通常显示为斜体。例如，<em>使用工具自动生成 HTML 代码</em>
<strong>	更强调标签，用于标记语气更为强烈的强调文本，通常显示为粗体。例如，<strong>正确使用语义化的 HTML 标签</strong>
<del>	删除标签，用于标记被删除的文本，显示时通常带删除线。例如，<del>标记</del>
<ins>	插入标签，用于标记被插入的文本，显示时通常加下画线。例如，<ins datetime="20090606">标签</ins>。<ins>与<del>标签一般配合使用，以描述文档的更新和修订。这两个标签都有 datetime 属性，可指定更新时间

在 SharePoint Designer 中,通过"字体"对话框可以设置一些指定类别的行内元素。例如,先选中文字,然后选择菜单"格式"→"属性"命令可打开"字体"对话框(如图 2.13 所示),再勾选"效果"区中的某个复选框,如"引文"复选框。若不能自动生成所需标签,则只能手工输入。

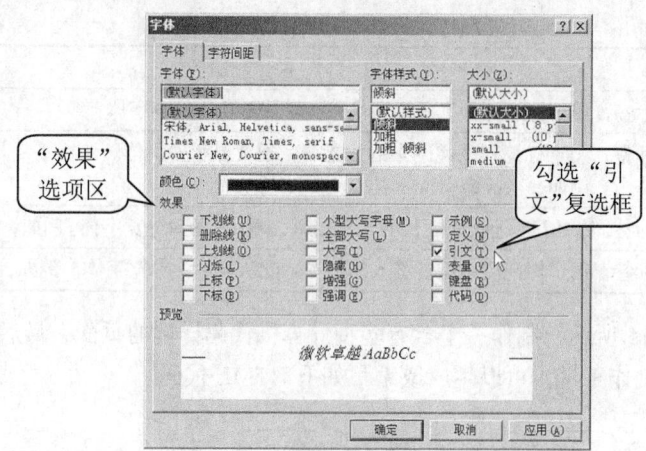

图 2.13 使用"字体"对话框标记行内元素

例 2.7 如图 2.14 所示,制作一个含有多种短语样例的页面,最后将结果保存到文件 s0207.htm 中。使用制作工具,可以生成或编写如下 HTML 代码。

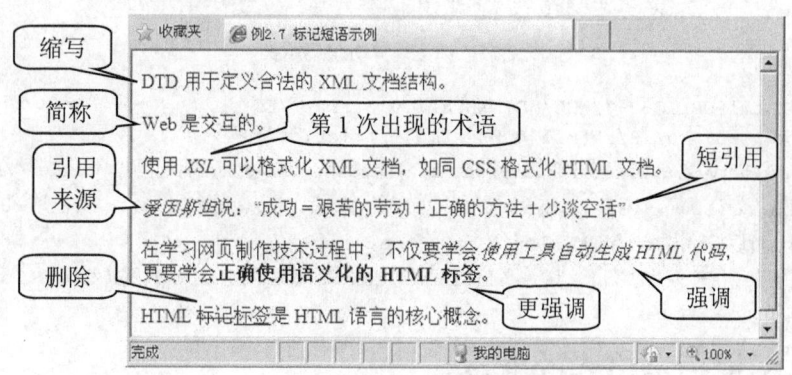

图 2.14 标记短语示例

```
<!DOCTYPEhtmlPUBLIC "-//W3C//DTDXHTML1.0 Strict//EN"
"http://www.w3.org/TR/xhtml1/DTD/xhtml1-strict.dtd">
<htmlxmlns="http://www.w3.org/1999/xhtml"><head><title>例2.7</title></head><body>
<p><acronym title="Document Type Definition">DTD</acronym>用于定义合法的 XML 文档结构。</p>
<p><abbr title="World Wide Web">Web</abbr>是交互的。</p>
<p>使用<dfn title="扩展样式表语言(EXtensible Stylesheet Language)">XSL</dfn>可以格式化
XML 文档,如同 CSS 格式化 HTML 文档。</p>
<p><cite>爱因斯坦</cite>说:<q>成功=艰苦的劳动+正确的方法+少谈空话</q></p>
<p>在学习网页制作技术过程中,不仅要学会<em>使用工具自动生成 HTML 代码</em>,更要学会<strong>正确
使用语义化的 HTML 标签</strong>。</p>
<p>HTML<del>标记</del><ins datetime="20090606">标签</ins>是 HTML 语言的核心概念。</p>
</body></html>
```

2.3.3　标记计算机代码

计算机代码类标签包括<code>、<var>、<samp>和<kbd>等标签，如表 2.3 所示。使用这些标签，可以在文档中标记计算机程序的源代码、变量、输出，以及键盘文本。

表2.3　　　　　　　　　　　　用于标记计算机代码的行内元素标签

标　签	说　明
<code>	代码标签，用于标记计算机源程序代码，默认显示为等宽字体
<var>	变量标签，用于标记程序代码中的变量名，通常显示为斜体。该标签常与<code>和<pre>标签一起使用。例如，<code><var>x</var>=2*100;</code>
<samp>	示例标签，常用于标记程序运行的输出结果，默认显示为等宽字体。例如，<samp>x=200</samp>
<kbd>	键盘标签，用于标记要用键盘键入的文本，默认显示为等宽字体。例如，<kbd>KWWL</kbd>

　　例 2.8　如图 2.15 所示，制作一个含有多种计算机代码样例的页面，最后将结果保存到文件 s0208.htm 中。使用制作工具，可以生成或编写如下 HTML 代码。

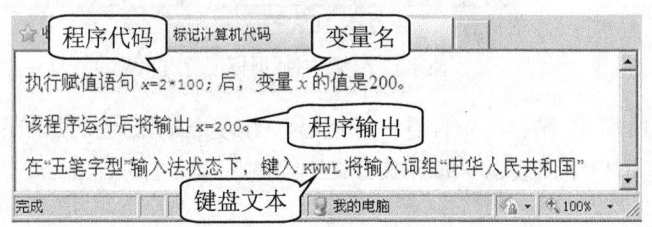

图 2.15　标记计算机代码示例

```
<!DOCTYPEhtmlPUBLIC "-//W3C//DTDXHTML1.0 Strict//EN"
"http://www.w3.org/TR/xhtml1/DTD/xhtml1-strict.dtd">
<htmlxmlns="http://www.w3.org/1999/xhtml"><head><title>例2.8标记代码</title></head><body>
<p>执行赋值语句<code><var>x</var>=2*100;</code>后，变量<var>x</var>的值是 200。</p>
<p>该程序运行后将输出<samp>x=200</samp>。</p>
<p>在"五笔字型"输入法状态下，键入<kbd>KWWL</kbd>将输入词组"中华人民共和国"</p>
</body></html>
```

2.3.4　标记指定格式的文本

字符格式化类标签包括<b>、<i>、<big>、<small>、<tt>、<sup>、<sub>和<bdo>等标签，如表 2.4 所示。使用这些标签，可以明确将文本的显示格式指定为粗体、斜体、字体增大、字体缩小、上标、下标等特殊显示效果。

必须注意的是，这些标签的语义就是标记特定的显示格式。显然不能使用 CSS 改变这些标签的固有显示格式，例如，不能将上标的显示格式改变为下标。

表2.4　　　　　　　　　　　　用于标记文本格式的行内元素标签

标　签	说　明
<b>	粗体标签，用于标记需要粗体显示的文本。如：<b>加粗文字</b>
<i>	斜体标签，用于标记需要倾斜显示的文本。如：<i>倾斜文字</i>
<big>	大字标签，用于标记需要比周围文字大一号显示的文本。如：<big>较大文字</big>

续表

标　签	说　明
\<small\>	小字标签，用于标记需要比周围文字小一号显示的文本。如：\<small\>较小文字\</small\>
\<tt\>	打字机字体标签，用于标记需要呈现为等宽的打字机字体效果的文本。如：\<tt\>打字机字体\</tt\>
\<sup\>	上标标签，常用于标记脚注、公式中的指数部分。如：X\<sup\>2\</sup\>
\<sub\>	下标标签，常用于标记数学等式、科学符号和化学公式中的下标。如：X\<sub\>2\</sub\>
\<bdo\>	文本方向标签，用于标记需要明确指定文本显示方向的文本。可以为该标签的 dir 属性指定值"ltr"（由左至右）或 "rtl"（由右至左）。如：\<bdo dir="rtl"\>hello\</bdo\>

例 2.9　如图 2.16 所示，制作一个含有多种字符格式化元素样例的页面，最后将结果保存到文件 s0209.htm 中。使用制作工具，可以生成或编写如下 HTML 代码。

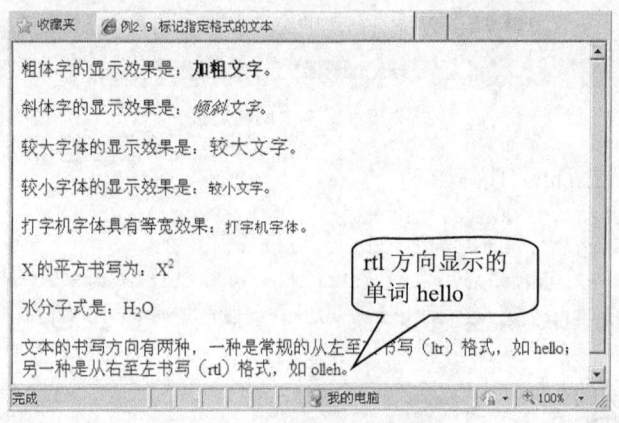

图 2.16　标记指定格式的文本

```
<!DOCTYPEhtmlPUBLIC "-//W3C//DTDXHTML1.0 Strict//EN"
"http://www.w3.org/TR/xhtml1/DTD/xhtml1-strict.dtd">
<htmlxmlns="http://www.w3.org/1999/xhtml"><head><title>例2.9</title></head><body>
<p>粗体字的显示效果是: <b>加粗文字</b>。</p>
<p>斜体字的显示效果是: <i>倾斜文字</i>。</p>
<p>较大字体的显示效果是: <big>较大文字</big>。</p>
<p>较小字体的显示效果是: <small>较小文字</small>。</p>
<p>打字机字体具有等宽效果: <tt>打字机字体</tt>。</p>
<p>X 的平方书写为: X<sup>2</sup></p>
<p>水分子式是: H<sub>2</sub>O</p>
<p>文本的书写方向有两种，一种是常规的从左至右书写（ltr）格式，如<bdo dir="ltr">hello</bdo>;
另一种是从右至左书写（rtl）格式，如<bdo dir="rtl">hello</bdo>。</p>
</body></html>
```

2.4　建立超链接

超链接标签的基本形式是:

```
<a href="URL">…</a>
```

其中，href 属性指定的 URL 用于标识 Web 上文件的位置，该地址可能指向某个 HTML 文档，也可能指向文档引用的其他元素，如图像、小程序、脚本和其他类型的文件。

在 SharePoint Designer 中，自动生成超链接标签的方法是：先选中要建立超链接的文字或图像，然后选择菜单"插入"→"超链接"命令。

2.4.1 文本链接

链接的文本允许在一个单词或短语上单击从而显示另一个页面，文本链接通常显示为带下画线的彩色字符串。

例 2.10 制作一个如图 2.17 所示的页面，其中文字"千禧年"是一个到页面 year2k.htm 的超链接（注：该例所涉及的两个文件应当存放在同一个文件夹中）。

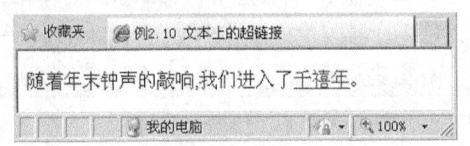

图 2.17 文本上的超链接

本例页面文档 S0210.htm 代码如下。

```
<!DOCTYPEhtmlPUBLIC "-//W3C//DTDXHTML1.0 Strict//EN"
"http://www.w3.org/TR/xhtml1/DTD/xhtml1-strict.dtd">
<htmlxmlns="http://www.w3.org/1999/xhtml"><head><title>例2.10</title></head><body>
<p>随着年末钟声的敲响,我们进入了<a href="year2k.htm">千禧年</a>。</p>
</body></html>
```

2.4.2 图像链接

链接的图像也允许在一个图像上单击而显示另一个页面。为了链接一个图像，要输入和链接文本类似的代码，代替可单击文本的是插入一个访问者可单击的图像。

在 HTML 文档中，使用单标签<img/>标记图像。该标签的 src 属性指定存放图像文件的 URL，而 alt 属性指定图像的简短描述文本。当浏览器不能显示由 src 属性指定的图像时，将在图像位置显示由 alt 指定的替代文本。

在 SharePoint Designer 中，使用菜单"插入"→"图片"命令，可在页面中插入图像。

例 2.11 制作一个如图 2.18 所示的页面，其中图像是一个到页面 year2k.htm 的超链接。

图 2.18 图像上的超链接

本例页面文档 S0211.htm 代码如下。

```
<!DOCTYPEhtmlPUBLIC "-//W3C//DTDXHTML1.0 Strict//EN"
"http://www.w3.org/TR/xhtml1/DTD/xhtml1-strict.dtd">
<htmlxmlns="http://www.w3.org/1999/xhtml"><head><title>例2.11</title></head><body>
<p>随着年末钟声的敲响,我们进入了<img alt="千禧年" src="Y2k.GIF" width="33" height="36"/>。</p>
</body></html>
```

2.4.3 锚点链接

1. 定义锚点

超链接对象除了可以链接到另一个 HTML 文档外，也可以通过使用锚点（anchor）链接到 HTML 文档的特定位置。要链接到锚点，必须先定义锚点（或称书签），形式如下：

```
<a name="location">这里是一个锚点</a>
```

锚点起始和结束标签之间的文本会显示，但与超链接不同的是，它不突出显示，也没有特殊的可视指示符。

在 SharePoint Designer 中，自动生成锚点标签的方法是：先选中要使之成为锚点的文字，然后使用菜单"插入"→"书签"命令，在出现的"书签"对话框中为这个锚点取一个锚点名（如 my_anchor），可为<a>标签给出 name 属性值。

2. 链接锚点

有了锚点后，就可以链接它。如（注意锚点名前加上符号"#"）：

```
<a href="#location">链接锚点 location</a>
```

在 SharePoint Designer 中，建立锚点链接的方法是：当为某个文字或图像指定超链接时，在"插入超链接"对话框的"地址"文本框中输入带 # 号的锚点名（如#my_anchor），可将<a>标签的 href 属性值设置为"#my_anchor"。

例 2.12　以下文档 S0212.htm 中的超链接展示了锚点的作用。浏览该页面时，将浏览器窗口缩小到只显示 3 行（如图 2.19 所示），然后单击其中的超链接可展示该例的锚点链接效果。

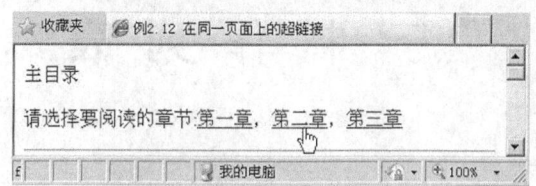

图 2.19　使用锚点在同一页面中进行跳转

```
<!DOCTYPEhtmlPUBLIC "-//W3C//DTDXHTML1.0 Strict//EN"
"http://www.w3.org/TR/xhtml1/DTD/xhtml1-strict.dtd">
<htmlxmlns="http://www.w3.org/1999/xhtml"><head><title>例2.12</title></head><body>
<p><a name="main">主目录</a></p>
<p>请选择要阅读的章节:<a href="#ch1">第一章</a>,<a href="#ch2">第二章</a>,<a href="#ch3">
第三章</a></p>
<hr/>
<p><a name="ch1">第一章</a></p>
<p>本章简介 JavaScript. </p>
<p><a href="#main">回到主目录</a>. </p>
<hr/>
<p><a name="ch2">第二章</a></p>
<p>本章简介 HTML. </p>
<p><a href="#main">回到主目录</a>. </p>
<hr/>
<p><a name="ch3">第三章</a></p>
<p>本章介绍 JavaScript 数据类型. </p>
<p><a href="#main">回到主目录</a>. </p>
</body></html>
```

2.4.4　URL 的多种形式

在链接中，既可以使用绝对 URL（包括协议名、主机名），也可以使用相对 URL（不包括协议名、主机名），另外也可以使用锚点。表 2.5 归纳了链接中各种形式的 URL。

表 2.5 不同文档位置的 URL

位　置	链 接 示 例
同一文档中（特定位置）	\<a href="#location"\>
同一文件夹的不同文档	\<a href="services.htm"\>
同一文件夹的不同文档（特定位置）	\<a href="services.htm#location"\>
子文件夹的不同文档	\<a href="info/services.htm"\>
子文件夹的不同文档（特定位置）	\<a href="info/services.htm#location"\>
同一服务器的不同文档	\<a href="/info/services.htm"\>
同一服务器的不同文档（特定位置）	\<a href="/info/services.htm#location"\>
不同服务器的不同文档	\<a href="http://www.macro.com/info/services.htm"\>
不同服务器的不同文档（特定位置）	\<a href="http://www. macro.com/info/services.htm#location"\>

2.5　制　作　列　表

2.5.1　常规列表

常规列表分为以下两种。

（1）有序列表：也称编号列表，列出的项目之间有次序关系，如先后、等级、大小或方向等次序关系。

（2）无序列表：也称项目符号列表，列出的项目之间无次序关系。

在 HTML 文档中，使用表 2.6 所列的标签标记列表和列表项目。

表 2.6 常规列表及其项目标签

标　签	说　明
\<ol\>	有序列表标签，用于标记有序列表。默认情况下，每项依次编号为 1、2、3、……
\<ul\>	无序列表标签，用于标记无序列表。默认情况下，每项的项目符号是实心圆
\<li\>	列表项目标签，用于标记列表中的项目

在 SharePoint Designer 中，创建列表的一般方法是：先将输入点移至要生成列表的位置，然后从"格式"工具栏的"样式"下拉列表中选择样式"未经排序的列表\<ul\>"、"经过排序的列表\<ol\>"或"定义列表\<dl\>"之一，再依次输入每个列表项目。

例 2.13　制作一个如图 2.20 所示的页面，该页面代码展示了无序列表和有序列表的基本制作方法。

本例页面文档 S0213.htm 代码如下。

```
<!DOCTYPEhtmlPUBLIC "-//W3C//DTDXHTML1.0 Strict//EN"
"http://www.w3.org/TR/xhtml1/DTD/xhtml1-strict.dtd">
<htmlxmlns="http://www.w3.org/1999/xhtml"><head><title>例 2.13</title></head><body>
<p>中山大学有以下 4 个校区：</p>
```

```
<ul>
    <li>南校区</li>
    <li>北校区</li>
    <li>东校区</li>
    <li>珠海校区</li>
</ul>
<p>中山大学能够授予以下 4 个级别的学位：</p>
<ol>
    <li>学士</li>
    <li>硕士</li>
    <li>博士</li>
    <li>博士后</li>
</ol>
</body></html>
```

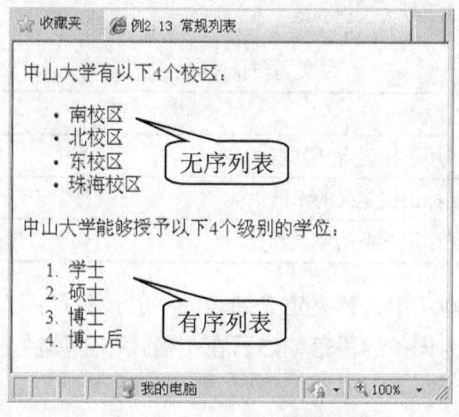

图 2.20   常规列表示例

2.5.2   列表嵌套

在列表项<li>标签对之间也允许嵌入列表标签，从而可以在 HTML 文档中标记具有嵌套结构的列表。也就是，在一个列表中，其列表项也可以包含一个内嵌列表。

例 2.14   制作一个如图 2.21 所示的页面，该页面展示了嵌套列表的基本使用方法。

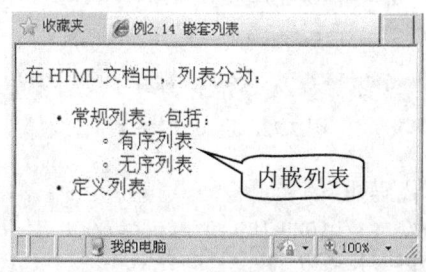

图 2.21   列表嵌套示例

本例页面文档 S0214.htm 代码如下。

```
<!DOCTYPEhtmlPUBLIC "-//W3C//DTDXHTML1.0 Strict//EN"
"http://www.w3.org/TR/xhtml1/DTD/xhtml1-strict.dtd">
```

```
<htmlxmlns="http://www.w3.org/1999/xhtml"><head><title>例2.14</title></head><body>
<p>在 HTML 文档中，列表分为：</p>
<ul>
    <li>常规列表，包括：<ul>
        <li>有序列表</li>
        <li>无序列表</li>
    </ul>
    </li>
    <li>定义列表</li>
</ul>
</body></html>
```

2.5.3　定义列表

定义列表是一种特殊列表，用于提供两级信息，即定义列表的每个项目有词条和定义两个部分。建立定义列表要使用表 2.7 所示的标签。

表 2.7　　　　　　　　　　　　　定义列表及其项目标签

标　　签	说　　明
\<dl>	定义列表标签，用于标记定义列表
\<dt>	词条标签，用于标记被定义的术语
\<dd>	定义标签，用于标记词条的定义部分

在 SharePoint Designer 2007 中，建立定义列表的一般步骤是：

（1）先选中某个要设置为词条的段落，然后在"格式"工具栏上的"样式"下拉列表中选择样式"定义的术语"。

（2）再选中后续段落，选择"样式"下拉列表中的"定义"样式，可将该段设置为词条的定义部分，从而构成定义列表中的一个列表项。

（3）依次对后续段落进行类似操作，就可生成包含多个词条定义的定义列表。

例 2.15　制作一个如图 2.22 所示的页面，该页列出 HTML 和 IE 这两个术语的定义。

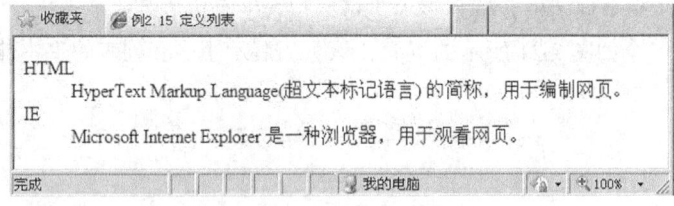

图 2.22　定义列表示例

本例页面文档 S0215.htm 代码如下。

```
<!DOCTYPEhtmlPUBLIC "-//W3C//DTDXHTML1.0 Strict//EN"
"http://www.w3.org/TR/xhtml1/DTD/xhtml1-strict.dtd">
<htmlxmlns="http://www.w3.org/1999/xhtml"><head><title>例2.15</title></head><body>
<dl>
    <dt>HTML</dt>
    <dd>HyperText Markup Language(超文本标记语言)的简称，用于编制网页。</dd>
    <dt>IE</dt>
```

```
    <dd>Microsoft InternetExplorer 是一种浏览器，用于观看网页。</dd>
</dl>
</body></html>
```

2.6　制　作　表　单

2.6.1　定义表单

页面中的表单允许访问者填写信息，提交（submit）后，表单信息就从客户端浏览器传送到服务器；经过服务器上的 ASP 或 CGI 等程序处理后，再将用户所需信息传送回客户端的浏览器上，这样网页就具有了交互性。

HTML 使用<form>标签定义表单，其常用属性有 action、method 等，如表 2.8 所示。

表 2.8　　　　　　　　　　　　　常用<form>属性

属　　性	说　　明
action	指定 URL。当提交表单时，向该 URL 指定的服务器端程序发送表单数据
method	指定表单数据的发送方法。分为以下两种： ● POST。浏览器分两步来发送数据。第 1 步，浏览器根据 actionURL 与服务器建立连接；第 2 步，建立连接之后，浏览器按分段传输方式将表单数据发送给服务器。该方法适用于发送大量表单数据，并且安全性较高 ● GET。浏览器直接将表单数据附在表单的 actionURL 之后，发送给服务器。该方法适用于发送少量的且安全性要求不高的表单数据
name	指定表单的名称
enctype	指定表单数据的编码类型。默认为"application/x-www-form-urlencoded"，即在发送到服务器之前，所有字符都会进行编码（空格转换为"+" 加号，特殊符号转换为 ASCII HEX 值）

在表单中，可以放置文本输入框、复选框、单选按钮、提交按钮、复位按钮等表单控件（或称表单元素、表单域、表单字段等）。此外，也可以放置其他页面元素，如普通段落、列表等。

在 SharePoint Designer 2007 中，设计表单的一般方法是使用鼠标将"工具箱"窗格中的表单控件（如图 2.23 所示）直接拖放到编辑区中。

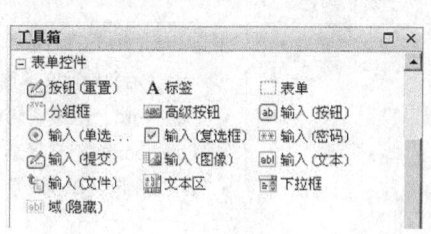

图 2.23　　"工具箱"窗格中的表单控件

例 2.16　制作一个如图 2.24 所示的页面，该页有一个登录表单。

图 2.24　登录表单示例

本例页面文档 S0216.htm 代码如下。

```
<!DOCTYPEhtmlPUBLIC "-//W3C//DTDXHTML1.0 Strict//EN"
"http://www.w3.org/TR/xhtml1/DTD/xhtml1-strict.dtd">
<htmlxmlns="http://www.w3.org/1999/xhtml"><head><title>例2.16</title></head><body>
<form method="post" action="">
    <fieldset name="Group1" style="width: 364px">
    <legend>用户名与密码</legend>
    <p>用户: <input name="Username" type="text" size="30"/></p>
    <p>密码: <input name="UserPassword" type="password" size="30"/></p>
    </fieldset>
    <p><input name="Submit1" type="submit" value="登录"/></p>
</form>
</body></html>
```

（1）本例没有为<from>标签的 action 属性指定一个 URL，故单击"登录"按钮没有效果。

（2）fieldset 元素称为分组框，用于对表单控件进行分组。读者可以使用 CSS 技术（注：详见第 3 章）设置分组框的显示外观，如边框大小等。此外，使用 legend 元素可以为分组框指定标题。

2.6.2　定义表单控件

1．输入域

最常用的表单控件是由<input>标签定义的输入域。如表 2.9 所示，通过为<input>标签指定 type 属性，可以定义单行文本输入框、复选框、单选按钮、按钮等输入域。

表 2.9　　　　　　　　　　　　　　常用<input>属性

属　　　性	说　　　明
type	指定 input 元素的类型，取值下列值之一。 ● text。定义单行文本输入框，默认宽度为 20 个字符。常与 size 和 maxlength 属性配合使用。 ● password。定义密码输入框。当用户输入密码时，输入框内显示黑点"·"。 ● checkbox。定义复选框。常与 checked 属性配合使用。 ● radio。定义单选按钮。相关的 name 属性指定组名，属于同组的多个单选按钮同时只能选中一个。 ● file。定义文件上传输入域。该输入域包含一个文本输入框，用来输入文件名；还有一个按钮，用来打开文件选择对话框以便图形化选择文件。 ● hidden。定义隐藏的文本输入域，在页面中不显示。 ● button。定义可单击按钮。要使这个按钮有效，必须为它指定脚本程序。 ● reset。定义重置按钮。单击该按钮时，将表单各输入域恢复为默认值。 ● submit。定义提交按钮。单击该按钮时，将把表单信息提交给服务器
name	指定 input 元素的名称。只有设置了 name 属性的表单字段数据才能传送给服务器
value	为 input 元素设定值。对于不同类型的输入域，value 属性的含义也不同。 ● 当 type="button", "reset", "submit" 时，指定按钮上的显示文本。 ● 当 type="text", "password", "hidden" 时，定义输入域的初始值。 ● 当 type="checkbox", "radio" 时，设定与输入域相关联的值

续表

属　　性	说　　明
size	指定输入域的宽度
maxlength	指定输入域的最大字符数
checked	该属性只有一个值 "checked"，将 input 元素设置为"选中"。该属性与\<input type="checkbox"\>或\<input type="radio"\>配合使用
readonly	该属性只有一个值 "readonly"，将输入域设置为只读
disabled	该属性只有一个值 "disabled"，将输入域设置为禁用

2. 其他表单控件

除\<input\>标签之外，也可以使用表 2.10 所列的标签定义其他表单控件。

表 2.10　　　　　　　　　　　　　其他表单控件标签

标　　签	说　　明
\<textarea\>	定义多行文本输入框，或称文本区。可以通过 cols 和 rows 属性设置文本框的可见列数和行数。此外，也可以指定其 name、readonly 和 disabled 属性
\<button\>	定义高级按钮。可以指定 type（注：值为"button"、"reset"或 "submit"之一）、name、value 和 disabled 等属性。 与普通按钮\<input type="button"\>相比，\<button\>按钮的特殊之处在于：高级按钮上的显示内容是\<button\>与\</button\>标签之间的 HTML 代码描述的内容，如文本、图像等
\<select\>	定义列表框，可以指定 name、multiple、size 和 disabled 等属性。 ● 根据 size 属性，将列表框分为下拉列表框（默认，size="1"）和普通列表框（size>1），即 size 属性指定列表框中可见选项的数目。 ● 根据 multiple 属性将列表框分为单选列表框（默认，不指定 multiple 属性）和多选列表框（multiple ="multiple"，可以选择多个选项）

例 2.17　设计一个如图 2.25 所示的典型用户调查表页面。

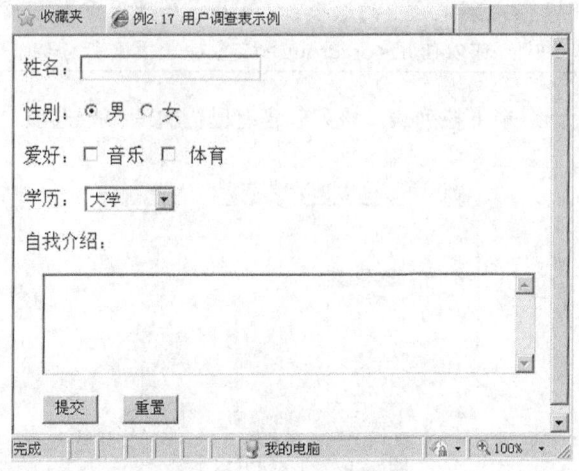

图 2.25　用户调查表页面

本例页面文档 S0217.htm 代码如下。

```
<!DOCTYPEhtmlPUBLIC "-//W3C//DTDXHTML1.0 Strict//EN"
```

```
"http://www.w3.org/TR/xhtml1/DTD/xhtml1-strict.dtd">
<htmlxmlns="http://www.w3.org/1999/xhtml"><head><title>例 2.17</title></head><body>
<form method="post" action="">
    <p>姓名: <input name="username" type="text" size="20"/></p>
    <p>性别: <input name="gender" id="male" type="radio" checked="checked" value="Male"/>
        <label for="male">男</label> 
<input name="gender" id="female" type="radio" value="Female"/>
        <label for="female">女</label></p>
    <p>爱好: <input name="music" id="music" type="checkbox" value="on"/>
        <label for="music">音乐</label> 
<input name="sports" id="sports" type="checkbox" value="on" style="width: 20px"/>
        <label for="sports">体育</label></p>
    <p>学历:
<select name="edu_level">
<option>小学</option>
<option>中学</option>
<option selected="selected">大学</option>
<option>大学以上</option>
</select></p>
    <p>自我介绍: </p>
    <p> <textarea name="remark" cols="50" rows="5"></textarea></p>
    <p> <input name="Submit1" type="submit" value="提交"/>   
        <input name="Reset1" type="reset" value="重置"/></p>
</form></body></html>
```

（1）<label>标签用于定义标注。其 for 属性应当指定为相关表单控件的 id 属性值，从而当用鼠标单击标注时，浏览器就自动将焦点转到与该标注相关的表单控件上。例如，本例页面中，当单击标注"女"时，自动选中其 id 属性为"female"的单选按钮。

（2）在<select>下拉列表中，使用<option>标签定义每个列表选项。<option>标签的 selected 属性用于指定预先选中的选项，而 value 属性用于指定选项的相关值。当下拉列表的选项比较多时，可以使用<optgroup>标签对选项进行分组（如例 2.18 所示）。

例 2.18 为表单设计一个下拉列表。该列表含有已分组的多个选项，如图 2.26 所示。

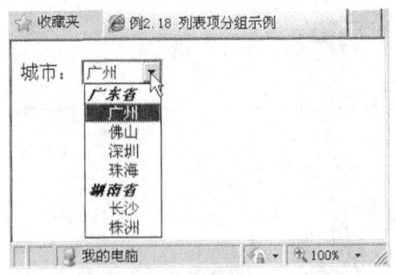

图 2.26 列表项分组示例

本例页面文档 S0218.htm 代码如下。

```
<!DOCTYPEhtmlPUBLIC "-//W3C//DTDXHTML1.0 Strict//EN"
"http://www.w3.org/TR/xhtml1/DTD/xhtml1-strict.dtd">
```

```
<htmlxmlns="http://www.w3.org/1999/xhtml"><head><title>例2.18</title></head><body>
<form method="post" action=""><p> 城市:
<select>
  <optgroup label="广东省">
    <option value ="广州">广州</option>
    <option value ="佛山">佛山</option>
    <option value ="深圳">深圳</option>
    <option value ="珠海">珠海</option>
  </optgroup>
  <optgroup label="湖南省">
    <option value ="长沙">长沙</option>
    <option value ="株洲">株洲</option>
  </optgroup>
</select>
</p></form></body></html>
```

　　<optgroup>标签的 label 属性用于为选项组给定组标注。

2.7　添加多媒体

　　使用对象标签<object>可以为页面添加音频、视频、动画等多媒体信息。如表 2.11 所示，<object>标签使用 classid 属性指定可运行于页面的程序对象（在 Windows 中，这种对象称为 ActiveX 对象或 ActiveX 控件），而参数标签<param>只能出现在<object>标签对之间，能够为程序对象提供执行参数，如多媒体文件的 URL 位置。

表 2.11　　　　　　　　　　　　　　　　标记多媒体信息

标　签	说　明
<object classid="clsid:6BF52A52-394A-11D3-B153-00C04F79FAA6" >	object 元素开始，指定程序对象
<param name="URL" value="歌曲样例.mp3"/>	标记第 1 个参数 URL
<param name="rate" value="1"/>	标记第 2 个参数 rate
…	…
<param name="enableErrorDialogs" value="0"/>	标记第 n 个参数
</object>	object 元素结束

　　对象标签<object>的使用方法比较复杂，读者应当使用制作工具插入并配置所需要的对象。
　　例 2.19　制作一个含有"Windows Media Player"媒体播放器控件的页面。在 SharePoint Designer 2007 中，主要操作如下。
　　（1）使用菜单"插入"→"Web 组件"命令，打开"插入 Web 组件"对话框。如图 2.27 所示，先选中"高级控件"类型中的"ActiveX 控件"，再单击"下一步"按钮，然后在"选择一个控件"列表框中选择"Windows Media Player"控件。最后，单击"完成"按钮即可为页面添加所选控件。

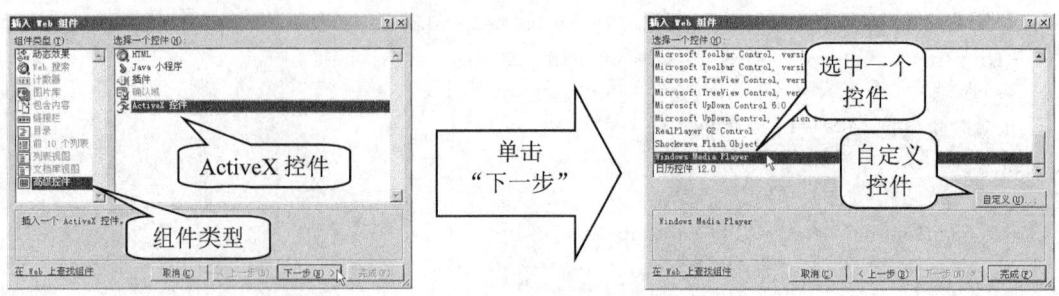

图 2.27　"插入 Web 组件"对话框

（2）若在"选择一个控件"列表框中找不到所需控件，则可以单击"自定义"按钮，打开"自定义 ActiveX 控件列表"对话框（如图 2.28 所示）。然后，从"控件名称"列表框中勾选所需控件，如"Windows Media Player"复选项（注：若需插入 Flash 动画，则勾选"Shockwave Flash Object"复选项）。

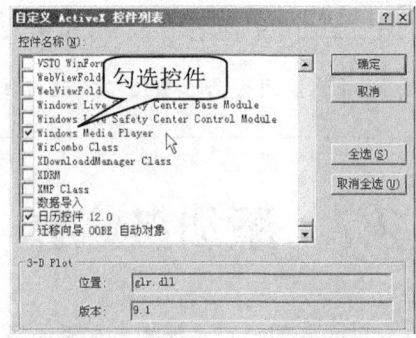

图 2.28　"自定义 ActiveX 控件列表"对话框

（3）在页面中，"Windows Media Player"控件的默认外观如图 2.29 所示。双击该控件可显示 "Windows Media Player 属性"对话框，从中可设置相关参数，如媒体文件 URL。

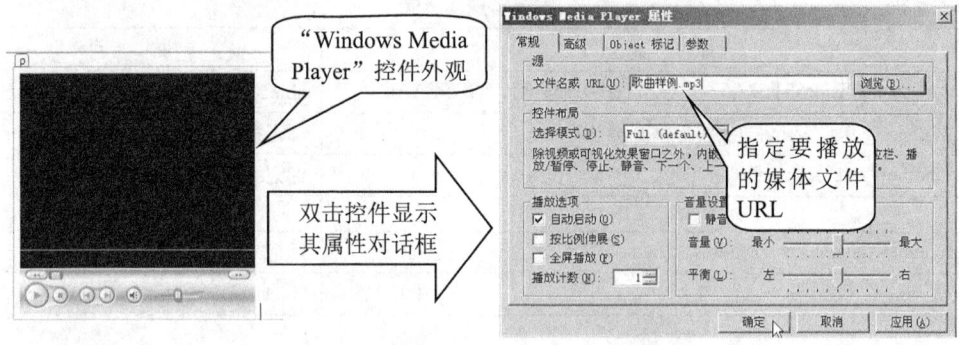

图 2.29　设置"Windows Media Player"属性

2.8　通用属性

每个 HTML 标签都有属性。在 SharePoint Designer 2007 中，查看一个 HTML 标签拥有哪些属性的方法是：先将输入点移到某个标签内，然后查看在编辑区左下侧的"标记属性"窗格中列出的属性（如图 2.30 所示）。

HTML 属性分为以下两类。

（1）特殊属性：是指只能适用于特定标签的属性。

（2）通用属性：是指可用于几乎所有 HTML 标签的属性。这类属性又分为核心属性和语言属性。

1. 核心属性

除 base、head、html、meta、param、script、style 和 title 元素之外，所有 HTML 标签有表 2.12 所示的核心属性（Core Attributes）。

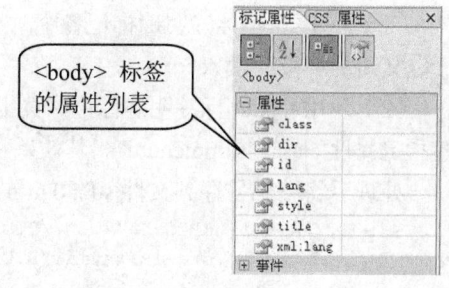

图 2.30　查看/修改元素的属性

表 2.12　　　　　　　　　　　　　　　　　HTML 核心属性

属　　性	说　　明
class	为元素指定类名。通常使用 class 属性对页面元素进行分类，即为多个相关元素指定相同类名，从而可以基于类（按组）格式化网页。注意，class 属性值也可以包含多个类名（用空格分隔）
id	为元素指定 ID 标识符。属性 id 有助于在 CSS 应用和脚本程序中标识、访问指定元素。注：对于表单和表单控件元素而言，id 属性与 name 属性类似，若需要同时设置，则一般设置相同的值
style	为元素指定 style 属性，可以直接为元素给出样式定义，即内嵌样式定义
title	为页面元素指定提示文本。当浏览时，把鼠标移至含有 title 属性的元素，鼠标下方将出现一个小提示框，显示该属性指定的文本

2. 语言属性

除 base、br、frame、frameset、hr、iframe、param 和 script 元素之外，所有 HTML 标签有表 2.13 所示的语言属性（Language Attributes）。

表 2.13　　　　　　　　　　　　　　　　　HTML 语言属性

属　　性	说　　明
dir	为页面元素指定文本显示方向。dir 属性可以指定为" ltr"（由左至右）或" rtl"（由右至左）
lang	为页面元素指定语言代码

2.9　扩展 HTML 标签

在 HTML 语言中，HTML 标签是固定的，即不允许自定义标签。不过，通过使用表 2.14 所示的块级标签<div>和行内标签<span>，并适当使用其 class 或 id 属性，读者可以定义新的块级元素和行内元素，以达到扩展 HTML 标签的效果。

表 2.14　　　　　　　　　　　　　　　　　<div>和<span>标签

标　　签	说　　明
<div>	分区标签，用于标记文档中相对独立的区或节（division/section）。<div>是块级标签，在<div>标签对之间可以包含任何块级元素和行内元素
<span>	范围标签，用于标记不适合使用其他行内标签标记的、具有特殊含义的行内元素。<span>是行内标签，在<span>标签对之间可以包含任何行内元素。<span>标签也常用于将连续几个行内元素标记为一个组合式行内元素

例 2.20 对本章例 2.3 所生成的 HTML 代码进行以下两方面修改。

（1）使用<div>标签明确标记各个章节，并且为该标签指定属性 class="section"。其效果相当于定义新的块级元素 section。

（2）使用<span>标签明确标记该页出现的样例编号"例 1"、"例 2"和"例 3"，并且为该标签指定属性 class="samplenum"。其效果相当于定义新的行内元素 samplenum。

处理后将结果另存到文件 s0220.htm 中，代码如下。

```
<!DOCTYPEhtmlPUBLIC "-//W3C//DTDXHTML1.0 Strict//EN"
"http://www.w3.org/TR/xhtml1/DTD/xhtml1-strict.dtd">
<htmlxmlns="http://www.w3.org/1999/xhtml"><head><title>XML 教程</title></head><body>
<h1>XML 教程</h1><hr/>
<div class="section">
<h2>XML 简介</h2>
<p>XML 是可扩展标记语言（eXtensible Markup Language）的缩写，主要用于传输和存储数据。</p>
<p>...</p>
</div>
<hr/>
<div class="section">
<h2>XML 示例</h2><p>以下是几个 XML 实例：</p>
<p>
<span class="samplenum">例 1</span>、<span class="samplenum">例 2</span>、
<span class="samplenum">例 3</span>
、...</p>
</div>
</body></html>
```

尽管本例页面与例 2.3 的显示结果完全相同，但本例 HTML 代码更有语义，更符合 Web 规范的理念（即"编写结构化的、有语义的 HTML"），从而能够使用 CSS 技术对该页面进行更加灵活的格式设置。

2.10 <meta>标签

<meta>标签位于<head>标签对之间，用于标注可被浏览器、搜索引擎或制作工具使用的元信息。元信息用名称/值对表示，分为 http-equiv 型和 name 型两类元信息。<meta>标签有如表 2.15 所示的常用属性。

表 2.15　　　　　　　　　　　　　　meta 元素的常用属性

属　　性	说　　明
content	该属性提供名称/值对中的值，可以是任何有效的字符串
http-equiv	该属性为 http-equiv 型名称/值对提供名称，其常用值是 content-type、expires、refresh 和 set-cookie 等。服务器在发送实际的文档之前，先向浏览器发送 http-equiv 型元信息
name	该属性为 name 型名称/值对提供名称，其常用值是 author、description、keywords、generator、revised 和 others 等

以下给出一些 meta 元素的例子。

（1）指定文档类型是 text/html（即 HTML 型的文本文档），按 utf-8 编码。

```
<meta http-equiv="Content-Type" content="text/html; charset=utf-8"/>
```

（2）使浏览器在显示当前页面 5 秒后，自动显示页面 http://www.sysu.edu.cn。

```
<meta http-equiv="refresh" content="5;url=http://www.sysu.edu.cn"/>
```

（3）告知浏览器，当前页面在 GMT 时间 2009 年 12 月 9 日零点之后过期，不再使用该页面的缓存版本，要重新从服务器下载该页面。

```
<meta http-equiv="expires " content="Tue,09 Dec 2009 00:00:00 GMT"/>
```

（4）告知搜索引擎，本页面的关键字是 HTML、meta 和 JavaScript。

```
<meta name="keywords" content="HTML,meta,JavaScript"/>
```

（5）告知搜索引擎本页面的描述内容。

```
<meta name="description" content="这是 meta 元素的范例页面"/>
```

2.11 配置 Web 服务器

Web 服务器是放置网页，并为访问者提供连接服务的计算机。这样的服务器可以是 ISP（Internet 服务提供商）提供的计算机，也可以是自己的电脑。

通过安装 Web 服务器软件，可以将一台电脑配置为 Web 服务器。本节介绍如何在 Windows XP 平台上建立和配置 Web 站点。

2.11.1 安装 IIS

Microsoft InternetInformation Server（简称 IIS）是 Microsoft 公司推出的 Windows 平台的 Web 服务器，支持 Web 服务、FTP 服务、SMTP 服务等功能。

在默认情况下，Windows XP 不安装 IIS，可以通过以下步骤安装它。

（1）执行"控制面板"中的程序"添加或删除程序"。

（2）在"添加或删除程序"窗口左窗格中单击"添加/删除 Windows 组件"命令条，打开"Windows 组件向导"窗口，如图 2.31 左图所示。在该窗口中选中"Internet 信息服务(IIS)"选项，然后单击下一步，就可根据提示在本机完成 IIS 的安装。

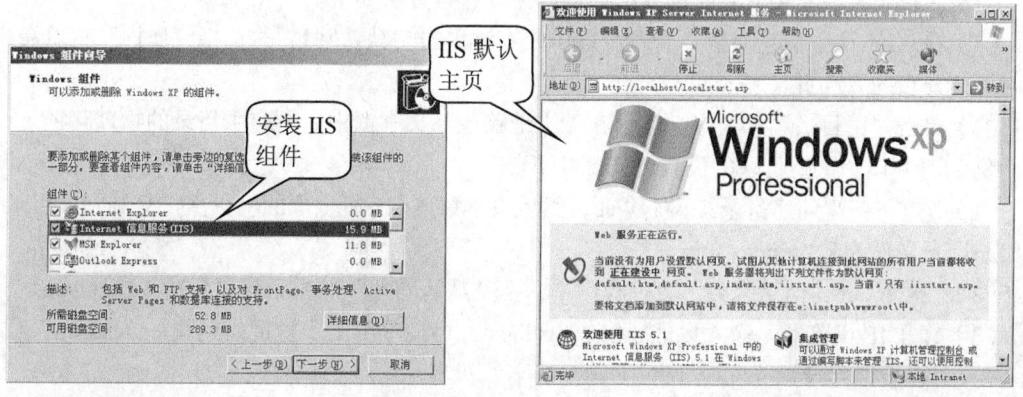

图 2.31 安装 IIS

（3）打开 IE 浏览器，在地址栏中输入 localhost，就可看到如图 2.31 右图所示页面（注：如果这台电脑已连网，那么可在连网的另一台电脑的浏览器地址栏中直接输入这台电脑的 IP 地址，也可看到相同的页面），说明已在本机成功安装了 IIS，即这台电脑已成为了一台 Web 服务器。

2.11.2　配置 Web 站点

IIS 的维护工具是"Internet 信息服务"管理程序，通过打开"控制面板"中的程序组"管理工具"，然后执行快捷方式"Internet 信息服务"，就可打开"Internet 信息服务"管理程序窗口。在这个窗口的左窗格依次单击节点"(本地计算机)"→"网站"→"默认网站"，就可看到本机默认 Web 站点的文件结构（如图 2.32 所示），在此可对本机的 Web 站点进行配置。

图 2.32　"Internet 信息服务"管理程序窗口

1. 创建网站

网站（也称站点）通常包含多个网页文件，为了便于管理，这些网页文件通常放入同一个文件夹或其子文件夹中。因此，从网站开发的角度来说，创建站点就是创建一个文件夹，然后将有关文件放入这个文件夹中。

2. 设置主目录

每个 Web 站点需要有一个主目录。主目录是发布页面的中心位置，它被映射到站点的域名或服务器名。例如，如果站点的 Internet 域名是 www.microsoft.com，主目录是 C:\Website\Microsoft，那么浏览器使用 http://www.microsoft.com 就可访问主目录中的文件。

默认主目录是在安装 IIS 时创建的，可以更改它，方法如下。

（1）在"Internet 信息服务"管理程序中，右键单击"默认网站"，选择"属性"菜单命令，此时可打开它的属性页。

（2）单击"主目录"选项卡，然后在"本地路径"文本框中，指定主目录的物理路径。

例 2.21　试一试主目录的设置，步骤如下。

（1）先在 E: 盘创建目录 E:\MyWeb，然后将本章例 2.1 所生成的网页文件复制到该目录中，并将该网页文件改名为 index.htm。

（2）在"Internet 信息服务"管理程序中，把"默认网站"的主目录设置为 E:\MyWeb。

（3）打开 IE 浏览器，输入地址 http://localhost，可浏览第 1 步生成的网页 index.htm。

3. 创建虚拟目录

要从不包含在主目录内的其他目录中发布页面，需要创建虚拟目录。虚拟目录是不包含在主目录中的目录，但是它可以显示在客户浏览器中，仿佛它就在主目录中。

要创建虚拟目录，按以下步骤操作。

（1）在"Internet 信息服务"管理程序中，选择要往其中添加目录的 Web 站点或目录。

（2）选择菜单"操作"→"新建"→"虚拟目录…"命令。

（3）根据"虚拟目录创建向导"提示，完成有关设置。

例 2.22　试一试建立虚拟目录，步骤如下。

（1）先在 E: 盘创建目录 E:\MyOtherWeb，然后将本章例 2.2 所生成的网页文件复制到该目录中，并将该网页文件改名为 Default.htm。

（2）通过"Internet 信息服务"管理程序，在"默认网站"目录下创建一个虚拟目录 OtherWeb，并把该目录映射到物理目录 E:\MyOtherWeb。

（3）打开 IE 浏览器，输入地址 http://localhost/OtherWeb/，可浏览第 1 步生成的网页 Default.htm。

4. 设置默认文档

默认文档是指当访问者没有在其 URL 请求中指定文件名时，服务器将向访问者提供的文档。例如，在浏览器的地址栏中键入 http://www.microsoft.com/，就可访问 Microsoft 的主页。这是因为 Web 服务器用默认文档（Microsoft 主页）响应所有没有包括文件名的请求。另外，对于含子目录的 URL 的处理情况也一样。

最常用的默认文档名是 index.htm 和 Default.htm，也可以是其他文件名。要设置默认文档，按以下步骤操作。

（1）在"Internet 信息服务"管理程序中，右键单击"默认网站"或其中的目录名，选择"属性"菜单命令，此时可打开它的属性页。

（2）单击"文档"选项卡，然后选中"启用默认文档"并指定默认文档名。

例 2.23　试一试设置默认文档，步骤如下。

（1）建立一个空目录 E:\Test，然后把本章例 2.3 制作的网页 s0203.htm 复制到这个目录中。

（2）通过"Internet 信息服务"管理程序，在"默认网站"目录下创建一个虚拟目录 Test，并把该目录映射到物理目录 E:\Test。

（3）打开 IE 浏览器，输入地址 http://localhost/Test/，但浏览不到正常网页。

（4）再通过"Internet 信息服务"管理程序，把虚拟目录 Test 的默认文档设置为只有一个文档名 s0203.htm。

（5）在 IE 浏览器中，再输入地址 http://localhost/Test/，则可浏览到页面 s0203.htm。

习　题

一、判断题

（1）XHTML 是符合 XML 规范的 HTML。

（2）HTML 文档的所有标签都是成对出现的，如<h1>…</h1>。

（3）使用专业化的网页制作工具能够提高 HTML 文档的制作效率。

（4）在 HTML 文档中，可以将< title>元素嵌于<body>标签对之间。

（5）HTML 文档的良构性要求必须以小写字母书写标签名和属性名。

（6）在 HTML 文档中，只能使用<p>标签标记段落。

（7）在符合 XHTML1.0 Strict 规范的 HTML 文档中，允许使用<FONT>标签。

（8）在 HTML 文档中，使用\<hr\>和\<br\>标记的元素都是行内元素。

（9）在 HTML 文档中，\<acronym\>和\<abbr\>标签的含义相同。

（10）在 HTML 文档中，\<q\>和\<cite\>标签通常配合使用，以描述引文和引用的来源。

（11）在 HTML 文档中，\<ins\>和\<del\>标签通常配合使用，以描述文档的更新和修正。

（12）在 HTML 文档中，超链接能够链接其他文档中的特定位置。

（13）在符合 XHTML1.0 Strict 规范的 HTML 文档中，允许为\<a\>标签指定 target 属性。

（14）在 HTML 语言中，定义列表（dl）是无序列表（ul）的一种。

（15）在 HTML 文档中，允许为无序列表（ul）的某个列表项（li）嵌入定义列表（dl）。

（16）在\<form\>\</form\>标签对之间，不允许出现\<p\>、\<ul\>等非表单域元素。

（17）在\<form\>\</form\>标签对之间，既可以使用标签\<input type="button"\>，也可以使用标签\<button\>定义按钮。

（18）在符合 XHTML1.0 Strict 规范的 HTML 文档中，允许使用\<embed\>标签为页面添加音频、视频、动画等多媒体信息。

（19）HTML 语言的通用属性也包括 name 属性。

（20）在 HTML 文档中不允许自定义标签，但通过为\<div\>和\<span\>标签设置适当的 class 或 id 属性，可以实现扩展 HTML 标签的效果。

（21）默认情况下，浏览器将向用户显示 HTML 文档中用\<meta\>标记的信息。

（22）在设计 HTML 文档时必须安装 Web 服务器。

二、单选题

（1）XHTML1.0 规范不包括以下哪种风格？

    A. XHTML1.0 Strict   B. XHTML1.0 Transitional

    C. XHTML1.0 Frameset   D. XHTML1.0 Free

（2）在 HTML 中，用来表示页面标题的标签对是_____。

    A. \<caption\>\</caption\>   B. \<head\>\</head\>

    C. \<title\>\</title\>   D. \<header\>\</header\>

（3）以下哪项不是 HTML 文档的良构性要求？

    A. 不能出现不匹配的起始标签或结束标签

    B. 所有 HTML 元素必须正确嵌套

    C. 标签名和属性名必须写成大写字母形式

    D. 为标签指定属性时，必须为属性值加引号

（4）在 HTML 文档中，表示水平线的标签书写格式是_____。

    A. \<line\>\</line\>   B. \<hr/\>   C. \<br/\>   D. \<row\>\</row\>

（5）在 HTML 中，以下哪种标签不能表示一个段落？

    A. \<code\>   B. \<address\>   C. \<blockquote\>   D. \<pre\>

（6）在 HTML 文档中，以下哪种元素不是一个行内元素？

    A. \<abbr\>   B. \<pre\>   C. \<q\>   D. \<ins\>

（7）在 HTML 文档中，默认情况下不显示为等宽字体的行内元素是_____。

    A. \<code\>   B. \<var\>   C. \<samp\>   D. \<kbd\>

（8）在 HTML 文档中，标记超链接的基本形式是_____。

    A. \<a link="URL"\>…\</a\>   B. \<a href= "URL"\>…\</a\>

C.　<aURL="URL">…</a>　　　　　　D.　<a http="URL">…</a>

（9）在 HTML 文档中，若有名为 "tail" 的锚点，则建立至该锚点的超链接形式是＿＿＿＿。

A.　<a name="tail">至页尾</a>　　　　B.　<a href=" tail">至页尾</a>

C.　<a href="#tail">至页尾</a>　　　　D.　<a href="self#tail">至页尾</a>

（10）在 HTML 文档中，使用以下哪种标签标记定义列表？

A.　<ol>　　　　B.　<ul >　　　　C.　<dl >　　　　D.　<list>

（11）在 HTML 文档中，若要定义密码输入框，则可以使用标签＿＿＿＿。

A.　<password>　　　　　　　　　B.　<input type="password">

C.　<text type="password">　　　　D.　<textarea type="password">

（12）在 HTML 文档中，通常要为以下哪种按钮编写脚本程序？

A.　<input type="submit" value="提交"/>

B.　<input type="reset" value="重置"/>

C.　<input type="button" value="校验"/>

D.　<button type="submit">提交</button>

（13）在 HTML 文档中，若需要插入 Flash 动画，则必须使用以下哪种标签？

A.　<flash>　　　B.　<animation>　　　C.　<object>　　　D.　<img>

（14）在 HTML 语言中，以下哪个属性不是通用属性？

A.　<class>　　　B.　<title>　　　C.　<href>　　　D.　<style>

（15）当使用 HTML 编排一篇论文时，可以使用以下＿＿＿＿标签标记论文中的节。

A.　<section class="new">…</section>　　B.　<chapter class="new">…</chapter >

C.　<div class="section">…</div>　　　D.　<span class="section">…</span>

（16）标签 "<meta http-equiv="refresh" content="5;url=http://www.sysu.edu.cn"/>" 是指：＿＿＿＿

A.　该标签无任何意思

B.　该元信息只被制作工具解释

C.　使浏览器在显示当前页面 5 秒后，自动显示页面 http://www.sysu.edu.cn

D.　使浏览器连续 5 次显示页面 http://www.sysu.edu.cn

（17）通常，对 Web 服务器的配置工作不包括以下哪项任务？

A.　设计网页　　　B.　设置主目录　　　C.　设置虚拟目录　　　D.　设置默认文档

三、综合题

（1）制作一个如图 2.33 所示的含有 h1、h2、hr、p 元素的页面，要求编制的 HTML 代码符合 XHTML1.0 Strict 规范（注：若非特殊说明，以下各题都有这项要求），保存到文件 ex020301.htm。

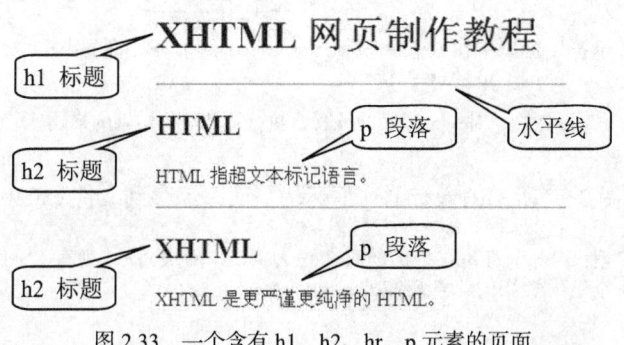

图 2.33　一个含有 h1、h2、hr、p 元素的页面

（2）制作一个页面文档 ex020302.htm，该页面显示一段文字“目前，CPU 的两大生产厂家是 Intel 和 AMD 公司”。要求恰当地使用行内标签<acronym>或<abbr>标记这段文字中的缩写 CPU、Intel 和 AMD，并且当鼠标指向这些缩写时显示其全称，即：

① 指向“CPU”时，显示“Central Processing Unit，中央处理器”；

② 指向“Intel”时，显示“Intel Corporation，英特尔公司”；

③ 指向“AMD”时，显示“Advanced Micro Devices，高级微型设备公司（简称超微公司）”。

（3）制作一个如图 2.34 所示的页面文档 ex020303.htm。它显示一段含有引文及其引用来源的文字。要求使用<cite>标签标记引文来源“www.thecounter.com”，并用<q>标签标记被引用的文字，以及使用<q>的 cite 属性指定该引文所在的页面地址“http://www.thecounter.com/stats/2009/March/browser.php”。

引文来源　　自动用双引号标注的引文

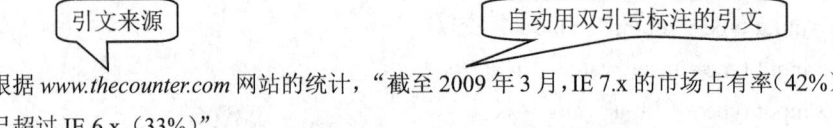

根据 *www.thecounter.com* 网站的统计，“截至 2009 年 3 月，IE 7.x 的市场占有率(42%)，已超过 IE 6.x（33%）”。

图 2.34　一段含有引文及其引用来源的文字

（4）制作一个如图 2.35 所示的页面文档 ex020304.htm。它显示一段含有修订的文字。要求使用<del>标签标记要删除的文字，使用<ins>标签标记要插入的文字。

删除的文字　　插入的文字

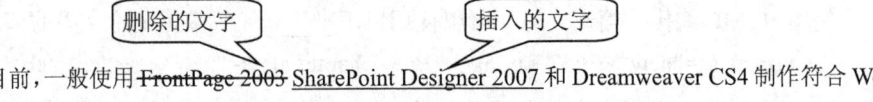

目前，一般使用~~FrontPage 2003~~ SharePoint Designer 2007 和 Dreamweaver CS4 制作符合 Web 标准的页面。

图 2.35　一段含有修订的文字

（5）制作一个如图 2.36 所示的页面文档 ex020305.htm。它是对一个程序的编写、执行及其运行结果的描述。要求使用<pre>标签标记程序代码，使用<kbd>标签标记键入的命令，使用<samp>标签标记程序的运行结果，并且使用<var>标签标记变量名 sum。

先在“记事本”程序中输入以下程序，并保存到文件 c:\test.js 中。

程序代码

```
Var i,sum=0;
for(i=1;i<=100;i++)
{
  sum += i;
}
Wscript.Echo("1+2+3+…+100=",sum);
```

键入的命令　　运行结果

然后，在“命令提示符”窗口中输入命令 `cscript c:\test.js`，将输出：`1+2+3+…+100=5050`。易知，该程序执行后，变量 *sum* 的值是 5050。

图 2.36　对一个程序的编写、执行及其运行结果的描述

（6）制作一个如图 2.37 所示的含有上、下标的页面，保存到文件 ex020306.htm。

勾股定理：若一个直角三角形的直角边为 A、B，斜边为 C，则有 $A^2+B^2=C^2$。

氢气在空气中燃烧的化学反应式：$2H_2+O_2=2H_2O$

图 2.37　一个含有上、下标的页面

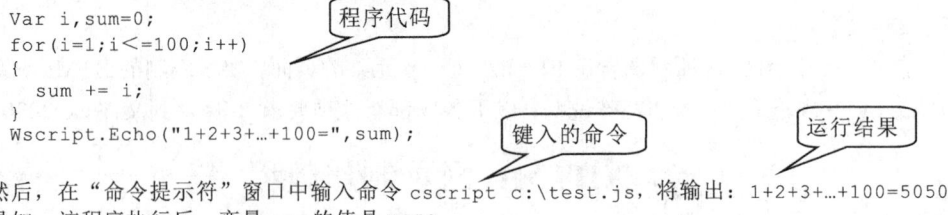

（7）制作一个页面文档 ex020307.htm。该页面只显示一个文本超链接"中大主页"。当浏览器显示这个页面时，若在 10 秒内单击超链接，则将显示页面 http://www.sysu.edu.cn/，否则自动显示页面 http://www.w3.org/。

（8）制作一个 HTML 文档，保存到文件 ex020308.htm。该页面显示如下。

> 第一行
> …（其他正文部分）…
> 至第一行

其中，文字"第一行"被指定为名为"first_line"的锚点，而文字"至第一行"有一个指向这个锚点（即 first_line）的超链接。

（9）制作一个如图 2.38 所示的页面文档 ex020309.htm。该页面包含一个 2 级嵌套列表。

在 HTML 文档结构中，html 是根元素，只能有以下两个子元素：

1. head 元素。提供页面头信息，又可以包含以下子元素：
    ◦ meta 元素
    ◦ title 元素
    ◦ style 元素
    ◦ script 元素
    ◦ …
2. body 元素。提供页面体信息，又可以包含以下块级子元素：
    ◦ h1、h2、…、h6 标题元素
    ◦ p、pre、blockquote 等段落元素
    ◦ div 块级元素
    ◦ …

图 2.38 包含一个 2 级嵌套列表的页面

（10）制作一个如图 2.39 所示的页面文档 ex020310.htm，该页面包含一个超链接列表，分别链接读者完成的本章各个综合题页面。注意，对本题页面的链接采用锚点链接。

（11）配置 Web 服务器。依次完成以下两项任务。

① 在自己的电脑或学校机房电脑的虚拟机环境（如 VM Virtual Box）下安装 IIS，并将其默认站点的主目录设置到一个空目录中，如 E:\MyWebRoot。

② 在已安装 IIS 的电脑中，进行有关设置，达到以下效果：在 IE 浏览器地址栏中输入 http://localhost/ch2，可以显示综合题 10 的页面。

以下是我完成的综合题页面：

1. 综合题1页面
2. 综合题2页面
3. 综合题3页面
4. 综合题4页面
5. 综合题5页面
6. 综合题6页面
7. 综合题7页面
8. 综合题8页面
9. 综合题9页面
10. 综合题10页面

图 2.39 综合题页面目录

第3章
层叠样式表技术

层叠样式表（CSS）技术是格式化 Web 页面的标准技术。本章前 5 节介绍使用 CSS 样式格式化网页的基本方法，后 6 节介绍 CSS 的基本布局技术。

3.1 CSS 简介

CSS（Cascading Style Sheets，层叠样式表，或称级联样式表），是一种格式化网页的标准技术。使用 CSS 技术格式化网页是制作标准化 Web 页面的基本方法之一，可以实现网页结构和表现的分离，从而提高网页开发的效率，并降低网站的维护成本。

CSS 技术的基本使用方法是定义 CSS 样式，以控制指定页面元素的显示格式。CSS 样式可以作用于一个元素，也可以作用于具有指定 HTML 标签的所有元素，另外也可以作用于具有指定 class 属性或 id 属性的元素。

例 3.1 制作一个含有多个普通段落的页面，并使用 CSS 技术将所有文字显示为"倾斜"。为快速认识 CSS，本例在 SharePoint Designer 2007 环境下制作，具体制作步骤如下。

（1）在 SharePoint Designer 2007 环境下制作一个含有 2 个<p>段落的普通页面。

（2）使用菜单"格式"→"新建样式"命令，打开"新建样式"对话框。如图 3.1 所示，先

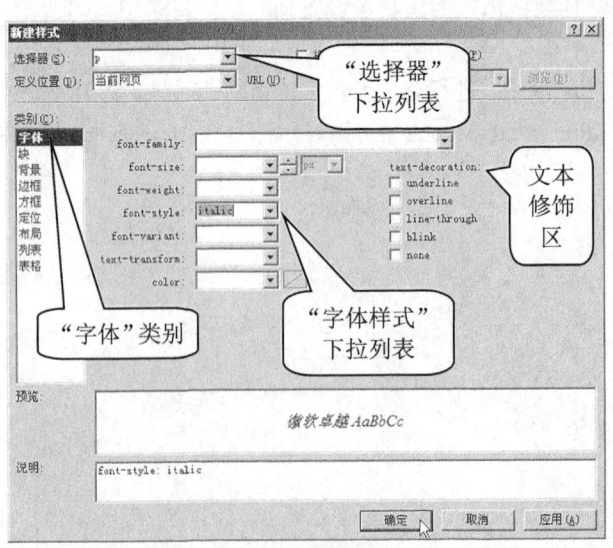

图 3.1 "新建样式"对话框

从"选择器"下拉列表中选择"p"标签,然后从"font-style"(字体样式)下拉列表中选择"italic"(倾斜),最后单击"确定"按钮。

(3)保存页面,预览效果如图 3.2 所示。

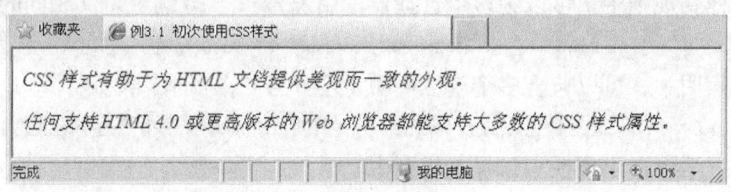

图 3.2　普通段落文字倾斜

(4)导致本例普通<p>段落文字倾斜的原因在于:其<head>标签对之间出现了样式标签<style>,它定义了在该页面起作用的 CSS 样式,将<p>段落字体样式设置为"倾斜"。该页面文件 s0301.htm 代码如下:

```
<!DOCTYPE html PUBLIC "-//W3C//DTD XHTML 1.0 Strict//EN"
"http://www.w3.org/TR/xhtml1/DTD/xhtml1-strict.dtd">
<html xmlns="http://www.w3.org/1999/xhtml"><head><title>例 3.1 初次使用 CSS 样式</title>
<style type="text/css">
p {
    font-style: italic; /* 使文字倾斜 */
}
</style>
</head><body>
<p>CSS 样式有助于为 HTML 文档提供美观而一致的外观。</p>
<p>任何支持 HTML 4.0 或更高版本的 Web 浏览器都能支持大多数的 CSS 样式属性。</p>
</body></html>
```

(5)在 SharePoint Designer 2007 中,若要修改已定义的 CSS 样式,则先用右键单击编辑区右下侧"管理样式"窗格的选择器(见图 3.3),然后从弹出的快捷菜单中选择"修改样式"命令,可打开"修改样式"对话框,该对话框与"新建样式"对话框几乎一样。

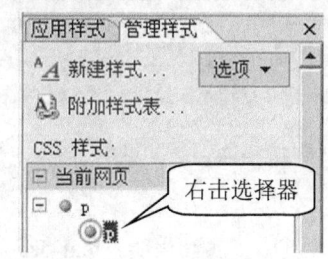

图 3.3　"管理样式"窗格

3.2　定 义 样 式

3.2.1　样式定义格式

样式定义通常由一些样式规则组成,而每条样式规则的基本格式如下:

```
selector {property:value; …}
```

也就是,每条样式规则分为选择器(selector,或称选择符)和样式声明两部分。样式声明包含在一对大括号"{}"内,由一系列用分号";"分隔的属性声明组成;而属性声明又由用冒号":"分隔的属性名(property)和属性值(value)构成。例如:

```
p {color:red}  /* 将普通 p 段落文字显示为红色 */
```

在定义样式时，注意以下几点。

（1）在样式定义中，"/*……*/" 是 CSS 注释。

（2）在一条样式规则中，可以为多个选择器（用逗号 ","分隔）定义相同的样式，如：

```
h1,h2,h3 { color:red }  /* 将 h1,h2,h3 标题文字显示为红色 */
```

（3）在样式声明中，可以包含多个属性声明（用分号 ";"分隔），如：

```
h2 { font-size: small; color:blue }  /* 将 h2 标题文字指定为小的蓝色字 */
```

（4）一个选择器可以出现在多条样式规则中。

3.2.2 基本选择器

在样式规则中，最常用的选择器是 HTML 标签选择器、类选择器和 ID 选择器。

1. HTML 标签选择器

HTML 标签是最典型的选择器，为 HTML 标签定义的样式将改变它的默认显示格式。

例 3.2 制作一个如图 3.4 所示的页面，该页面中的文本超链接没有下画线。

该例的制作方法与例 3.1 类似，主要不同在于：在"新建样式"对话框的"选择器"下拉列表中选择"a"标签，然后勾选"text-decoration"（文本修饰）区中的"none"复选框。本例页面文档 s0302.htm 代码如下。

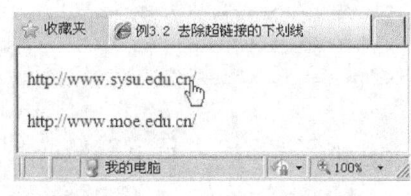

图 3.4　没有下画线的文本超链接

```html
<!DOCTYPE html PUBLIC "-//W3C//DTD XHTML 1.0 Strict//EN"
"http://www.w3.org/TR/xhtml1/DTD/xhtml1-strict.dtd">
<html xmlns="http://www.w3.org/1999/xhtml"><head><title>例 3.2 去除超链接的下画线</title>
<style type="text/css">
    a{text-decoration: none; /* 去除超链接的下画线 */}
</style>
</head><body>
<p><a href="http://www.sysu.edu.cn/">http://www.sysu.edu.cn/</a></p>
<p><a href="http://www.moe.edu.cn/">http://www.moe.edu.cn/</a></p>
</body></html>
```

其中，属性声明"text-decoration: none"指定文本没有修饰，当然也就没有下画线了。

2. 类选择器

若一个选择器的形式是一个点号和一个类名，则称为类选择器，即：

```
.classname { property:value;…}
```

例如，可以定义一个类样式：

```
.university_name { font-style: italic; font-weight: bold; }
```

从而使所有将其 class 属性指定为"university_name"的页面元素都具有该类样式指定的显示格式。

例 3.3 制作一个如图 3.5 所示的页面，该页使用类选择器控制页面中所有大学名称的显示格式为"倾斜、加粗"。

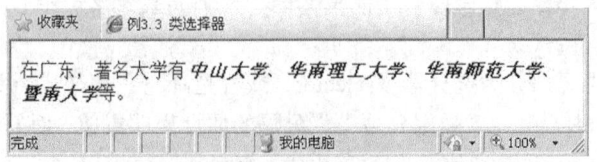

图 3.5　类选择器使同类页面元素具有相同的显示外观

该例的制作方法与例 3.1 类似，主要不同在于：在"新建样式"对话框的"选择器"组合框中直接输入类选择器".university_name"。本例页面文档 s0303.htm 代码如下。

```
<!DOCTYPE html PUBLIC "-//W3C//DTD XHTML 1.0 Strict//EN"
"http://www.w3.org/TR/xhtml1/DTD/xhtml1-strict.dtd">
<html xmlns="http://www.w3.org/1999/xhtml"><head><title>例3.3 类选择器</title>
<style type="text/css">
.university_name { font-style: italic; font-weight: bold; }  /* 文字倾斜、加粗 */
</style>
</head><body>
<p>在广东, 著名大学有<span class="university_name">中山大学</span>、<span class="university_name">华南理工大学</span>、<span class="university_name">华南师范大学</span>、<span class="university_name">暨南大学</span>等。</p>
</body></html>
```

3. ID 选择器

若一个选择器的形式是一个井号（#）和一个 ID 标识符，则称为 ID 选择器，即：

```
#IDname { property:value;…}
```

例如，可以为其 id 属性为"css_name"的页面元素定义一个 ID 样式：

```
#css_name { font-style:italic; font-weight:bold }
```

例 3.4   制作一个如图 3.6 所示的页面，该页使用 ID 选择器控制页面首次出现的术语"级联样式表（CSS）"显示为"倾斜、加粗、大字体"。

图 3.6   使用 ID 选择器指定页面元素的显示格式

该例的制作方法与例 3.3 类似，主要不同在于：在"新建样式"对话框的"选择器"组合框中直接输入 ID 选择器"#css_name"。本例页面文档 s0304.htm 代码如下。

```
<!DOCTYPE html PUBLIC "-//W3C//DTD XHTML 1.0 Strict//EN"
"http://www.w3.org/TR/xhtml1/DTD/xhtml1-strict.dtd">
<html xmlns="http://www.w3.org/1999/xhtml"><head><title>例3.4 ID 选择器</title>
<style type="text/css">
#css_name { font-style: italic; font-weight: bold; font-size: large; }
</style>
</head><body>
<p><dfn id="css_name">级联样式表(CSS)</dfn>包含应用于 HTML 文档中元素的样式定义。CSS 样式定义元素的显示方式以及在页中放置元素的位置。</p>
</body></html>
```

3.3 使用样式

在页面中，使用 CSS 样式的方式有 3 种：嵌入样式表、链接外部样式表和内嵌样式。其中，链接外部样式表是对 CSS 样式的标准使用方法，以实现网页结构和表现的完全分离。

3.3.1 嵌入样式表

如同前例，使用<style>元素把 CSS 样式定义在 HTML 文档的<head>元素内，这就是嵌入样式表。在嵌入样式表中定义的 CSS 样式作用于当前页面的有关元素。在学习、交流 CSS 样式过程中，常使用嵌入样式表。

例 3.5 制作一个如图 3.7 所示的页面。其中，所有大学名称的显示样式为"加粗"，并且所有超链接没有下画线。

图 3.7 使用嵌入样式表控制页面元素的显示外观

本例页面文档 s0305.htm 代码如下。

```
<!DOCTYPE html PUBLIC "-//W3C//DTD XHTML 1.0 Strict//EN"
"http://www.w3.org/TR/xhtml1/DTD/xhtml1-strict.dtd">
<html xmlns="http://www.w3.org/1999/xhtml"><head><title>例 3.5 嵌入样式表</title>
<style type="text/css">
.university_name { font-weight: bold; }
a { text-decoration: none; }
</style>
</head><body>
<p><span class="university_name">中山大学</span>的主页地址是
<a href="http://www.sysu.edu.cn">http://www.sysu.edu.cn</a>。</p>
<p><span class="university_name">清华大学</span>的主页地址是
<a href="http://www.tsinghua.edu.cn">http://www.tsinghua.edu.cn</a>。</p>
</body></html>
```

3.3.2 链接外部样式表

可以把 CSS 样式定义写入一个以.css 为扩展名的文本文件中，如 mystyle.css，这就是外部样式表。如果一个 HTML 文档要使用外部样式表中的样式，则可以在其<head>元素内加入以下类似代码：

```
<link rel="stylesheet" type="text/css" href="mystyle.css" />
```

这样，这个页面就链接了指定的外部样式表 mystyle.css，其中的样式将作用于这个页面，如同嵌入样式表。

链接外部样式表的好处在于：一个外部样式表可以控制多个页面的显示外观，从而确保这些页面外观的一致性。而且，如果决定更改样式，只需在外部样式表中作一次更改，该更改就会反映到所有与这个样式表文件相链接的页面上。

例 3.6 设计多个页面，要求这些页面中所有大学名称的显示样式为"加粗"，并且所有超链接没有下画线。

步骤 1：创建外部样式表文件 s0306.css，编制如下内容：

```
.university_name { font-weight: bold; }
a { text-decoration: none; }
```

操作方法：可以直接复制例 3.5 中<style>标签对之间的内容，但不要<style>标签。

步骤 2：制作一个链接了样式表文件 s0306.css 的页面 s0306a.htm，代码如下。

```
<!DOCTYPE html PUBLIC "-//W3C//DTD XHTML 1.0 Strict//EN"
"http://www.w3.org/TR/xhtml1/DTD/xhtml1-strict.dtd">
<html xmlns="http://www.w3.org/1999/xhtml"><head><title>例 3.6 链接外部样式表(A)</title>
<link rel="stylesheet" type="text/css" href="s0306.css" />
</head><body>
<p><span class="university_name">中山大学</span>的主页地址是
<a href="http://www.sysu.edu.cn">http://www.sysu.edu.cn</a>。</p>
<p><span class="university_name">清华大学</span>的主页地址是
<a href="http://www.tsinghua.edu.cn">http://www.tsinghua.edu.cn</a>。</p>
</body></html>
```

操作方法：在 SharePoint Designer 2007 中，先将例 3.5 文件另存为 s0306a.htm，然后删除 s0306a.htm 文件中的<style>元素，再执行菜单 "格式" → "CSS 样式" → "附加样式表" 命令，打开 "附加样式表" 对话框，从中指定步骤 1 生成的样式文件 s0306.css。不难验证，页面 s0306a.htm 与例 3.5 页面的显示效果完全相同。

步骤 3：制作另一个链接了样式表文件 s0306.css 的页面 s0306b.htm，代码如下。

```
<!DOCTYPE html PUBLIC "-//W3C//DTD XHTML 1.0 Strict//EN"
"http://www.w3.org/TR/xhtml1/DTD/xhtml1-strict.dtd">
<html xmlns="http://www.w3.org/1999/xhtml"><head><title>例 3.6 链接外部样式表(B)</title>
<link rel="stylesheet" type="text/css" href="s0306.css" />
</head><body>
<p><span class="university_name">中山大学</span>有以下几个校区：</p>
<ul>
  <li><a href="http://www.sysu.edu.cn/">南校区</a></li>
  <li><a href="http://www.gzsums.edu.cn/">北校区</a></li>
  <li><a href="http://zhuhai.sysu.edu.cn/">珠海校区</a></li>
  <li><a href="http://east.sysu.edu.cn/">东校区</a></li>
</ul>
</body></html>
```

该页面的显示效果如图 3.8 所示。

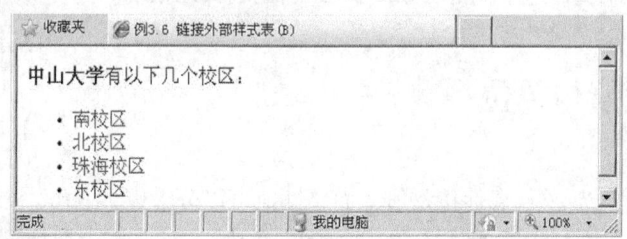

图 3.8　使用 CSS 文件控制另一个页面的显示外观

3.3.3　内嵌样式

内嵌样式（或称内联样式、局部样式）是指直接使用 HTML 标签的 style 属性定义的样式，该样式只作用于这个元素。例如：

```
<p style="font-size:large;color:red">Hello</p>
```

例 3.7　制作一个如图 3.9 所示的页面。要求使用内嵌样式设置大学名称的显示样式为 "加粗"，并且超链接没有下画线。

图 3.9　使用内嵌样式直接控制页面元素的外观

本例页面文档 s0307.htm 代码如下。

```
<!DOCTYPE html PUBLIC "-//W3C//DTD XHTML 1.0 Strict//EN"
"http://www.w3.org/TR/xhtml1/DTD/xhtml1-strict.dtd">
<html xmlns="http://www.w3.org/1999/xhtml"><head><title>例 3.7</title></head><body>
<p>欢迎访问<span style="font-weight: bold">中山大学</span>的主页
<a style="text-decoration: none" href="http://www.sysu.edu.cn">
                                  http://www.sysu.edu.cn</a>。</p>
</body></html>
```

由于使用内嵌样式的页面不利于维护和移植，因此，应当避免使用内嵌样式。

3.4　CSS 基本格式化属性

在定义 CSS 样式时，可以使用大量的 CSS 属性，这些属性大致分为以下两类。

（1）基本格式化属性：包括字体属性、文本属性、背景属性等。

（2）布局性属性：包括框属性、定位属性、布局属性、列表属性、表格属性等。

在 SharePoint Designer 2007 中，通过打开"新建样式"或"修改样式"对话框，然后选择其"类别"列表中的某个属性类别（如"字体"、"块"、"背景"、"边框"等），读者就能够方便地设置不同类别的 CSS 属性。此外，在代码视图下，先将输入点移至某条样式规则，然后使用编辑区左下侧的"CSS 属性"窗格修改当前样式，如图 3.10 所示。

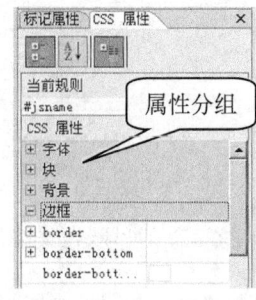

图 3.10　查看/修改样式属性

3.4.1　属性值与单位

1.　属性值分类

样式定义的实质是为 CSS 属性指定值，而属性值可以分为以下 3 类。

（1）单词。例如，在属性声明"font-style: italic;"中，单词 italic 就是属性值。若属性值有多个单词，则有必要用双引号或单引号括起来，如"font-family: "Times New Roman";"或"font-family: 'Times New Roman';"。

（2）数字值。数字值通常带有单位，如属性声明"font-size:12px;"。

（3）颜色值。如"color: red;"。

2.　数字值单位

数字值用于定义各种元素的长度（包括高度、宽度、粗细等），可以使用表 3.1 所列的绝对单位或相对单位。

表 3.1　　　　　　　　　　　　　　　　　长度单位

单　位	绝对/相对	说　明
Cm	绝对	厘米
In	绝对	英寸，1 英寸 = 2.54 厘米
Mm	绝对	毫米
pt	绝对	磅（或点），1 磅= 1/72 英寸
pc	绝对	Pica（12 点活字），1pc = 12 磅
px	相对	像素，即计算机屏幕上的一个点
em	相对	当前字体中 m 字母的宽度
ex	相对	当前字体中 x 字母的高度
%	相对	百分比。例如："p {font-size:150%;}"表示 p 段落文字的大小为标准字体的 1.5 倍

3. 颜色值

可以使用表 3.2 所列的任何一种方式为 CSS 属性（如前景色、背景色）指定颜色值。

表 3.2　　　　　　　　　　　　　指定颜色值的方式

方　式	说　明
颜色名	使用 16 种标准颜色名（aqua 或 cyan、black、blue、fuchsia 或 magenta、gray、green、lime、maroon、navy、olive、purple、red、silver、teal、white、yellow）
#RRGGBB	使用 3 个两位十六进制数 RR、GG、BB 分别表示颜色中的红、绿、蓝含量，每个分量取值范围为 00～FF。例如，红色可以用#FF0000 表示。如果每个分量各自在两位上的数字都相同，那么该颜色也可缩写为#RGB。例如：#FF8800 可以缩写为#F80
rgb(r, g, b)	使用十进制数表示颜色的红、绿、蓝含量，其中 r、g 和 b 都是 0～255 的十进制数
rgb(r%, g%, b%)	使用百分比表示颜色的红、绿、蓝含量。例如，rgb(50%, 0, 50%) 相当于 rgb(128, 0, 128)

对于任何一种颜色#RRGGBB，若 3 个分量 RR、GG、BB 都是十六进制数 33 的倍数（即 00、33、66、99、CC 和 FF），那么这种颜色就称为 Web 安全色，如#003366、#FF9900、#CC0033 等，共有 6×6×6=216 种安全色。使用安全色的好处是，安全色在不同设备、不同浏览器上的显示效果相同，不失真。

3.4.2　字体属性

字体属性用于控制文本中的字体格式，如文字的字体、大小、粗细、颜色、修饰等。CSS 的常用字体属性如表 3.3 所示。

表 3.3　　　　　　　　　　　　　字体属性

CSS 属性	说　明
font-family	指定要使用的字体系列，取值是字体名称。由于系统可能没有安装指定的字体，因此可以指定多种字体（用逗号分隔），构成字体系列，如：<p style="font-family: 宋体, Arial, Helvetica, sans-serif;">JavaScript 语言</p>，其含义是：对于要显示的文字，先使用"宋体"，若不成功则使用"Arial"，若再不成功则使用"Helvetica"，依此类推
font-size	指定字体大小。取值为长度值，或依次增大的 x-small、small、medium（默认值）、large 和 x-large，或相对值 smaller（较小）、larger（较大）等。如：<p style= "font-size:48pt">-JavaScript</p>

续表

CSS 属性	说　　明
font-style	指定字形，取值为 normal（默认值）、italic 或 oblique。italic 和 oblique 表示斜体字形。如：<p style="font-style:italic">JavaScript</p>
font-weight	指定字体的粗细值，取值为 normal（默认值）、bold、bolder（更粗）、lighter（更细），或者 100、200、300、…、900。数值 100 至 900，对应从最细到最粗。normal 相当于 400，bold 相当于 700。如：<p style="font-weight:bold">JavaScript</p>
font-variant	指定字体变体，取值为 small-caps 或 normal（默认值）。small-caps 表示小体大写，即文本中所有小写字母看上去与大写字母一样，不过尺寸要比标准的大写字母要小一些。如：<p style="font-variant:small-caps">JavaScript</p>
font	使用 font 属性可以一次设置上面的各种字体属性（属性之间用空格分隔）。设置时，各字体属性可以省略，但如果包括相应属性，则必须按以下顺序出现：font-weight、font-variant、font-style、font-size、line-height 和 font-family。如：<p style="font:italic small-caps bold 36pt 'Times New Roman'">JavaScript</p>。 此外，该属性也可以设置为 caption、icon、menu、message-box、small-caption 和 status-bar 等表示特殊元素字体格式的值
text-transform	指定文本转换，取值为 capitalize、uppercase、lowercase 或 none。capitalize 指定单词首字母为大写，uppercase 指定所有字母都为大写，而 lowercase 指定所有字母都为小写。如：<p style="text-transform:uppercase">JavaScript</p>
text-decoration	指定文本修饰，取值为 none、underline、overline、line-through 或 blink。none 表示不加任何修饰，underline 表示添加下画线，overline 表示添加上画线，line-through 表示添加删除线，blink 表示添加闪烁效果。如：<p style="text-decoration:line-through">JavaScript</p>
color	指定前景色，取值为任意颜色值。如：<p style="color:red">JavaScript</p>

在 SharePoint Designer 2007 中，使用"新建/修改样式"对话框，选择"字体"类别，可以为指定选择器设置字体属性。

例 3.8　制作一个如图 3.11 所示的页面。要求通过样式定义将文字"JavaScript"设置为 Times New Roman 字体、加粗、倾斜、字体大小 36 磅、红色字，并且"小体大写"。

图 3.11　使用字体属性控制文字的显示格式

本例页面文档 s0308.htm 代码如下。

```
<!DOCTYPE html PUBLIC "-//W3C//DTD XHTML 1.0 Strict//EN"
"http://www.w3.org/TR/xhtml1/DTD/xhtml1-strict.dtd">
<html xmlns="http://www.w3.org/1999/xhtml"><head><title>例 3.8 字体属性</title>
<style type="text/css">
#jsname {
    font-family: "Times New Roman";
    font-size: 36pt; /* 字体大小 36 磅 */
    font-style: italic; /* 倾斜 */
    font-variant: small-caps; /* 小体大写 */
```

```
    font-weight: bold; /* 加粗 */
    color: #FF0000; /* 红色 */
}
</style>
</head><body>
<p><span id="jsname">JavaScript</span>...</p>
</body></html>
```

3.4.3 文本属性

文本属性用于控制文本块的段落格式，如首行缩进、段落对齐方式等。CSS 的常用文本属性如表 3.4 所示。

表 3.4　　　　　　　　　　　　　　　　文本属性

CSS 属性	说　　明
text-align	指定水平对齐方式，取值为 left、right、center 或 justify。如：<h1 style="text-align: center">简介</h1>
vertical-align	指定垂直对齐方式，即定义行内元素的基线相对于该元素所在行的基线的垂直对齐。取值为 baseline、sub、super、top、text-top、middle、bottom、text-bottom 或长度值。如：<p>Microsoft TM</p>
text-indent	指定段落的首行缩进值，取值可以是长度值。如：<p style="text-indent: 2em">大学...</p>
line-height	指定行高（即行间距），是指文本块中两行基线之间的距离。取值为 normal 或长度值。当以数字指定值且没有指定单位时，行高就是当前字体高度与该数字相乘的倍数。如：<p style="line-height: 2.5">大学...</p>
letter-spacing	指定字符间距，取值为 normal 或长度值。如：<p style="letter-spacing: 1pt">大学...</p>
word-spacing	指定字间距，即增加或减少单词之间的空白距离，取值为 normal 或长度值。如：<p style="word-spacing: 1em">JavaScript Programming Language</p>
white-space	指定元素间空白的处理方式，取值为 normal、pre、nowrap 等。normal 表示空白会被浏览器忽略，pre 表示空白会保留（效果如同 <pre> 标签），nowrap 表示文本不会换行。如：<p style="white-space:pre">JavaScript　　　　Programming Language</p>

在 SharePoint Designer 2007 中，使用"新建/修改样式"对话框，选择"块"类别，可以为指定选择器设置文本属性。

例 3.9　制作一个如图 3.12 所示的页面。要求通过样式定义将标题居中，并使正文段落首行缩进 2 个字符、行间距 150%、字间距 1 磅。

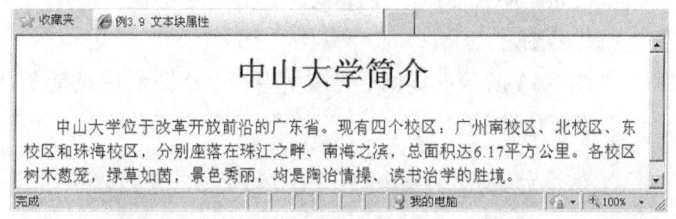

图 3.12　使用文本属性控制文本块的显示格式

本例页面文档 s0309.htm 代码如下。

```
<!DOCTYPE html PUBLIC "-//W3C//DTD XHTML 1.0 Strict//EN"
"http://www.w3.org/TR/xhtml1/DTD/xhtml1-strict.dtd">
<html xmlns="http://www.w3.org/1999/xhtml"><head><title>例 3.9 文本块属性</title>
```

```
<style type="text/css">
h1 {
    text-align: center;  /* 标题居中 */
}
p {
    text-indent: 2em;  /* 首行缩进 2 个字符 */
    line-height: 150%;  /* 行间距 150% */
    letter-spacing: 1pt;  /* 字间距 1 磅 */
}
</style>
</head>
<body>
<h1>中山大学简介</h1>
```

<p>中山大学位于改革开放前沿的广东省。现有四个校区：广州南校区、北校区、东校区和珠海校区，分别座落在珠江之畔、南海之滨，总面积达 6.17 平方公里。各校区树木葱笼，绿草如茵，景色秀丽，均是陶冶情操、读书治学的胜境。</p>

```
</body></html>
```

3.4.4 背景属性

背景属性用于控制页面元素的背景颜色和背景图案，如表 3.5 所示。

表 3.5 背景属性

CSS 属性	说　　明
background-color	为页面元素指定背景色，取值类似 color 属性，但还可以取值 transparent（透明色，默认值）。如：<p style="background-color:silver">JavaScript</p>
background-image	为页面元素指定背景图案，取值为 url(image_url) 或 none。如：<p style="background-image:url('bg.gif')">JavaScript</p>
background-position	指定背景图案的初始位置。如：<p style="background-image:url('bg.gif'); background-position:left top;">JavaScript</p>
background-repeat	指定背景图案是否重复显示。取值为 repeat(默认值)、repeat-x、repeat-y 或 no-repeat。如：body { background-image: url('bg.gif'); background-repeat:no-repeat;}
background-attachment	指定背景图案是否随内容一起滚动，取值为 scroll 或 fixed。scroll 是默认值，表示背景图像会随着页面滚动而移动；而 fixed 表示背景图像不会移动。如：body { background-image: url('bg.gif'); background-attachment:fixed; }
background	与 font 属性类似，可用于同时设置以上背景属性，而且各属性值的位置可以任意。如：body { background: url('bg.gif') no-repeat fixed center top; }

在 SharePoint Designer 2007 中，使用"新建/修改样式"对话框，选择"背景"类别，可以为指定选择器设置背景色和背景图。

例 3.10 制作一个如图 3.13 所示的页面。要求使用一个小图像填充整个页面背景，并且为页面中出现的程序代码设置银灰色背景。

图 3.13 设置背景色、背景图

本例页面文档 s0310.htm 代码如下。

```
<!DOCTYPE html PUBLIC "-//W3C//DTD XHTML 1.0 Strict//EN"
"http://www.w3.org/TR/xhtml1/DTD/xhtml1-strict.dtd">
<html xmlns="http://www.w3.org/1999/xhtml"><head><title>例 3.10 背景色与背景图</title>
<style type="text/css">
body {
    background-image: url('bg.gif'); /* 背景图像 */
    background-repeat: repeat;  /* 背景图像重复显示 */
}
code {
    background-color:silver;   /* 银灰色背景 */
}
</style>
</head>
<body>
<p>使用属性声明 <code>background-color:silver</code> 可设置银灰色背景。</p>
</body>
</html>
```

3.5　样式层叠性

3.5.1　文档结构

HTML 文档的结构是指 HTML 元素之间的嵌套关系，可以用文档结构树表示，图 3.14 所示为例 2.20 网页的文档结构。其中，节点表示 HTML 元素，用相应标签名标注；若一个元素直接包含另一个元素，则画一条连线。

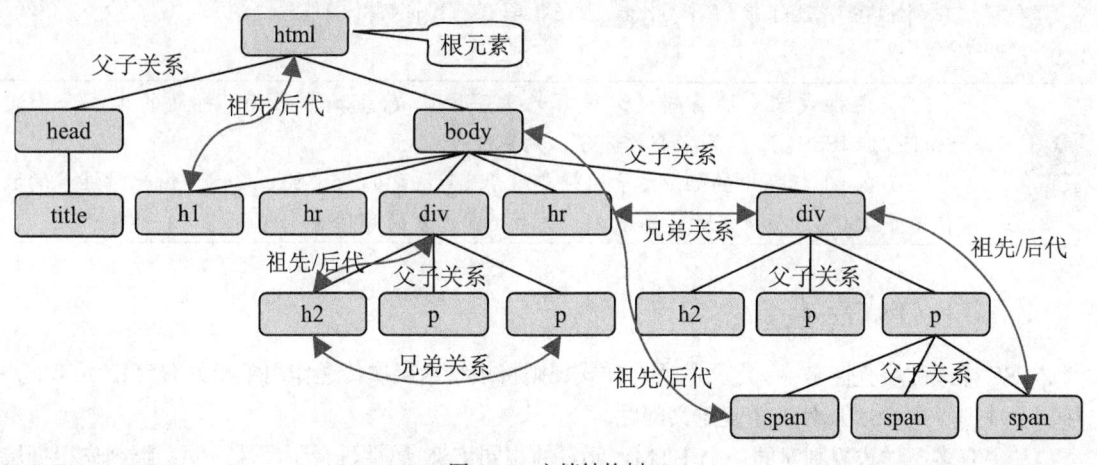

图 3.14　文档结构树

如同家谱树，在 HTML 文档结构树中，节点之间存在以下层次关系。

（1）根元素：<html>元素处于结构树的顶端，是其他所有元素的祖先。

（2）父子关系：若元素 A 直接包含元素 B，则元素 A 是元素 B 的父元素，而元素 B 是元素 A 的子元素。

（3）兄弟关系：若两个元素具有相同的父元素，则这两个元素互为兄弟。

（4）祖先/后代关系：若元素 A 直接或间接包含元素 B，那么元素 A 是元素 B 的祖先元素，而元素 B 是元素 A 的后代元素。易知，<body>元素是所有可显示元素的祖先元素。

3.5.2　样式继承

样式继承是指 HTML 元素可以继承父元素的 CSS 属性。通过这种继承性，后代元素可以继承其所有祖先元素所拥有的 CSS 属性，从而避免为每个元素重复定义样式规则。正因如此，在样式定义中常常出现对文档结构树顶端元素的样式规则，如 html、body 等。

在处理样式继承时，要注意以下几点。

（1）默认情况下，有些属性被自动继承，如字体、文本等属性；但有些属性不被自动继承，如背景、边框等属性。

（2）对于相对长度单位值（如百分比），继承的是相对值的实际计算值。

（3）在样式定义中，每个属性都可以指定为特殊的属性值"inherit"，从而明确指定该属性继承于父元素。

例 3.11　定义样式，将页面的普通文字大小设置为 12pt，而将 h1 标题的文字大小设置为普通文字的 150%。据此编制的示例文档 s0311.htm 代码如下。

```
<!DOCTYPE html PUBLIC "-//W3C//DTD XHTML 1.0 Strict//EN"
"http://www.w3.org/TR/xhtml1/DTD/xhtml1-strict.dtd">
<html xmlns="http://www.w3.org/1999/xhtml"><head><title>例 3.11 样式继承</title>
<style type="text/css">
body { font-size: 12pt; }   /* 将页面的普通文字大小设置为 12pt */
h1 { font-size: 150%; }
</style>
</head><body>
<h1>继承<em>数字型</em>属性值</h1>
<p>在 CSS 属性继承中，不直接继承百分比值，而是继承该百分比的实际计算值。</p>
</body></html>
```

（1）由样式继承性易知：p 段落的文字大小是 12pt，而 h1 标题的文字大小是 12pt×150%=18pt（注：若有小数部分，则取整）。

（2）在 h1 标题中的 em 元素同样要继承 h1 元素的 font-size 属性，但此时继承的数字值不是 150%，而是实际计算值 18pt，故 em 元素的字体大小与 h1 标题一样。

3.5.3　样式层叠

CSS 样式的层叠性是指：定义的所有样式规则将按继承层次传递作用于相关 HTML 元素，并按层叠规则解决 CSS 属性的重复定义问题。

如果有多条样式规则对同一个 HTML 元素的相同 CSS 属性进行了属性声明，那么先根据层叠规则确定这些样式规则的优先级，然后由优先级高的样式规则决定该 CSS 属性值。CSS 样式的层叠规则很复杂，但简单而言有以下 3 条。

规则 1：分别包含 HTML 标签、类和 ID 选择器的样式规则优先级依次升高。

规则 2：分别在外部样式表、嵌入样式表和内嵌样式中定义的样式规则优先级依次升高。但是，当选择器更有针对性时，规则 1 优先于规则 2（如：在外部样式表中针对 ID 选择器的样式规则高于在嵌入样式表中针对类选择器的样式规则)。

规则 3：无论针对性如何，定义的样式都覆盖继承的样式。

例 3.12　制作一个如图 3.15 所示的页面。要求页面中超链接的显示字体为"隶书"，没有下画线，但其中一个超链接有下画线。

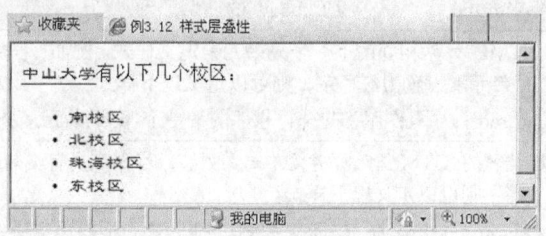

图 3.15　CSS 样式的层叠性

本例页面文档 s0312.htm 代码如下。

```
<!DOCTYPE html PUBLIC "-//W3C//DTD XHTML 1.0 Strict//EN"
"http://www.w3.org/TR/xhtml1/DTD/xhtml1-strict.dtd">
<html xmlns="http://www.w3.org/1999/xhtml"><head><title>例 3.12 样式层叠性</title>
<style type="text/css">
a { font-family: 隶书; text-decoration: none; }
</style>
</head><body>
<p><a style="text-decoration: underline" href="http://www.sysu.edu.cn">中山大学</a>
有 4 个校区: </p>
<ul>
  <li><a href="http://www.sysu.edu.cn">南校区</a></li>
  <li><a href="http://www.gzsums.edu.cn/">北校区</a></li>
  <li><a href="http://zhuhai.sysu.edu.cn/">珠海校区</a></li>
  <li><a href="http://east.sysu.edu.cn/">东校区</a></li>
</ul>
</body></html>
```

不难看出，为超链接"中山大学"指定的内嵌样式"style="text-decoration: underline""优于在<style>块中定义的嵌入样式，使这个超链接有下画线，但保留了显示字体为"隶书"的样式指定。对于其他超链接则还是完全受嵌入样式表的控制。

3.5.4　结构性选择器

在样式定义中，除 HTML 标签、类和 ID 选择器之外，也可以使用后代选择器、子选择器、相邻兄弟选择器和属性选择器等结构性选择器，如表 3.6 所示。

表 3.6　　　　　　　　　　　　　　　结构性选择器

选择器类别	说　　明
通配选择器	通配选择器 "*" 号代表任何标签。例如，若定义样式： * { padding: 0; margin: 0; } /*清除内边距和外边距*/ 则清除所有元素的内边距和外边距
后代选择器	也称上下文选择器，用于为某个 HTML 元素的后代元素定义样式。例如，若要将位于 <address> 元素内的 <i> 元素设置为红色字，则可以定义以下样式： address i { color:red; } /* 注意 address 和 i 之间以空格分隔 */

续表

选择器类别	说　明
子选择器	为某个 HTML 元素的子元素定义样式。例如，若要将 <body> 元素的 <h1> 子元素设置为红色字，则可以定义以下样式： body > h1{ color:red;} /* 只作用于 body 的 h1 子元素*/
相邻兄弟选择器	为与某个 HTML 元素相邻的下一个兄弟元素定义样式。例如，若要将与 <h1> 元素相邻的下一个 <p> 兄弟元素设置为红色字，则可以定义以下样式： h1 + p { color:red;} /* 只作用于与 h1 相邻的下一个 p 兄弟元素 */
带类名的 HTML 标签选择器	为具有指定类名的 HTML 元素定义样式。例如，若要将具有类名为 "term" 的 <span> 元素设置为红色字，则可以定义以下样式： span.term { color: red; } /* 注意 span 和圆点 "." 之间不能用空格分隔 */ 若 span 和圆点 "." 之间用空格分隔，则该选择器就成为普通的后代选择器
带 id 的 HTML 标签选择器	为具有指定 id 的 HTML 元素定义样式。例如，若要将其 id 属性为 "id_name" 的 <span> 元素设置为红色字，则可以定义以下样式： span#id_name { color: red; } /* 注意 span 和井号 # 之间不能用空格分隔 */
属性选择器	为具有某个属性值的 HTML 元素定义样式。分为以下 4 种。 (1)简易匹配属性选择器。形式为 E[att]，意指标记有属性 att 的 E 元素。例如，若要将标记有 class 属性的 <li> 元素设置为红色字，则可以定义以下样式： li[class] { color: red;} (2)精确匹配属性选择器。形式为 E[att="value"]，意指其 att 属性值为 "value" 的 E 元素。例如，若要将其 class 属性为 "term" 的 <li> 元素设置为粗体字，则可以定义以下样式： li[class="term"] { font-weight: bold; } (3)部分匹配属性选择器。形式为 E[att ~ ="value"]，意指其 att 属性值包含 "value" 的 E 元素。例如，若要将其 class 属性值（注：可以为 class 属性指定多个用空格分隔的类名）包含 "att" 的 <li> 元素设置为斜体字，则可以定义以下样式： li[class ~ ="att"] { font-style: italic; } (4)前缀匹配属性选择器。形式为 E[att|="value"]，意指其 att 属性值前缀为 "value" 的 E 元素，而该属性值是 "value" 或者是以连字符 "-" 连接的多字串 "value-*"。例如，若要将其 class 属性值前缀为 "term" 的 <li> 元素设置为加下画线，则可以定义以下样式： li[class|="term"] { text-decoration: underline; }

3.5.5　伪类

在定义 CSS 样式时，也可以使用表 3.7 所列的伪类。通常，使用 a:link、a:visited、a:active 和 a:hover 分别定义超链接处于未访问、已访问、激活和鼠标悬停状态的不同显示样式。此外，也可以为其他页面元素定义:active、:hover 和 :focus 样式，从而实现基于 CSS 的动态效果。

表 3.7　　　　　　　　　　　　　　　　常用伪类

伪　类	说　明
:link	为未被访问过的超链接定义样式。如： a:link{ color:blue; } /* 将未访问的超链接设置为蓝色 */
:visited	为已被访问过的超链接定义样式。如： a:visited{ color:gray; } /* 将已访问的超链接设置为灰色 */
:active	表示页面元素的激活状态，据此可以定义样式。如： a:active{ color:red; } /* 当超链接正被鼠标单击时显示为红色 */

续表

伪　类	说　明
:hover	表示鼠标悬停于页面元素上方的状态，据此可以定义样式
:focus	表示页面元素已获取焦点的状态，据此可以定义样式
:first-child	表示作为其他页面元素的、具有指定 HTML 标签名的第 1 个子元素，据此可以定义样式

例 3.13　制作一个如图 3.16 所示的列表。要求列表第 1 项显示为绿色，并且当鼠标悬停于某个列表项时，该项文字加粗。

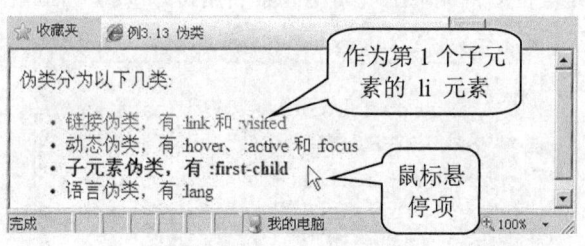

图 3.16　伪类示例

本例页面文档 s0313.htm 代码如下。

```
<!DOCTYPE html PUBLIC "-//W3C//DTD XHTML 1.0 Strict//EN"
"http://www.w3.org/TR/xhtml1/DTD/xhtml1-strict.dtd">
<html xmlns="http://www.w3.org/1999/xhtml"><head><title>例 3.13 伪类</title>
<style type="text/css">
li:first-child { color: green;} /* 列表第 1 项显示为绿色 */
li:hover { font-weight: bold; } /* 当鼠标悬停于列表项时,文字加粗 */
</style>
</head><body>
<p>伪类分为以下几类:</p>
<ul>
    <li>链接伪类, 有 :link 和 :visited</li>
    <li>动态伪类, 有 :hover、:active 和 :focus</li>
    <li>子元素伪类, 有 :first-child</li>
    <li>语言伪类, 有 :lang</li>
</ul>
</body></html>
```

3.5.6　伪元素

伪元素是指在 HTML 文档中没有用 HTML 标签明确标记的元素，如表 3.8 所示。使用这些伪元素定义样式，可以实现特殊的显示效果。

表 3.8　　　　　　　　　　　　　　常用伪元素

伪　元　素	说　明
:first-letter	用于为某个 HTML 元素的第一个字母定义样式。如： p:first-letter { font-size: 200%; } /* 首字符大小 200% */
:first-line	用于为某个 HTML 元素的首行定义样式。如： p:first-line { font-variant: small-caps; } /* 首行小体大写 */

续表

伪 元 素	说　　　　明
:before	在某元素内容之前插入内容。如： span:before { content:"【"; }　　/* 之前插入符号"【" */
:after	在某元素内容之后插入内容。如： span:after { content:"}"; }　　/* 之后插入符号"】" */

例 3.14　制作一个如图 3.17 所示的页面。要求第 1 段首字符大小为 200%，而每段首行文字显示为"小体大写"，并且自动将文中出现的伪元素名用符号"【】"括起来。

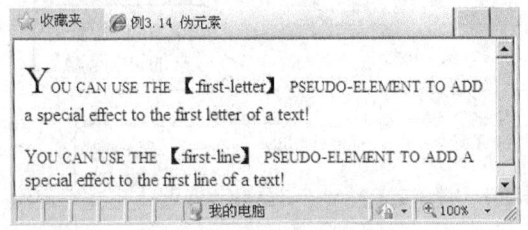

图 3.17　伪元素示例

本例页面文档 s0314.htm 代码如下。

```
<!DOCTYPE html PUBLIC "-//W3C//DTD XHTML 1.0 Strict//EN"
"http://www.w3.org/TR/xhtml1/DTD/xhtml1-strict.dtd">
<html xmlns="http://www.w3.org/1999/xhtml"><head><title>例 3.14 伪元素</title>
<style type="text/css">
p:first-child:first-letter { font-size: 200%; } /* 第 1 段首字符大小 200% */
p:first-line { font-variant: small-caps; } /* 每段首行小体大写 */
.selector_name{ font-variant:normal; }  /* 恢复正常字体 */
.selector_name:before { content:"【"; }  /* 之前插入符号"【" */
.selector_name:after { content:"】"; }  /* 之后插入符号"】" */
</style>
</head><body>
<p>You can use the <span class="selector_name">:first-letter</span> pseudo-element to
add a special effect to the first letter of a text!</p>
<p>You can use the <span class="selector_name">:first-line</span> pseudo-element to
add a special effect to the first line of a text!</p>
</body></html>
```

　　在为伪元素 :befor 和 :after 定义样式时，使用 content 属性可以指定要在元素内容之前或之后添加的内容。

3.6　元素框模型

3.6.1　框模型概述

任何一个可显示的页面元素，都显示为一个矩形框（称为元素框），包括内容区、内边距

（padding，或称填充）、边框（border）和外边距（margin，或称边界、空白）4 个区域，如图 3.18 所示。

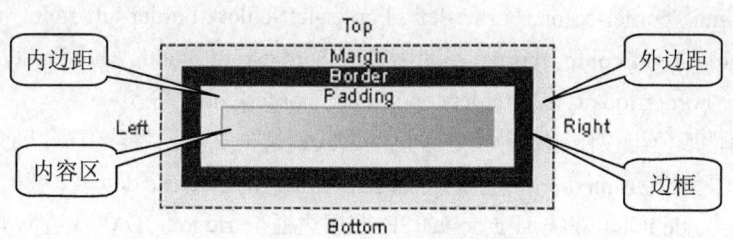

图 3.18　元素框模型

最接近内容区的是内边距，接下来是边框，最外围是外边距。内边距显示当前元素的背景，边框可以使用自己的颜色，而外边距默认是透明的，不会遮挡其后的任何元素。

在 SharePoint Designer 2007 中，使用"新建/修改样式"对话框，选择"边框"和"方框"类别，可以为指定选择器设置边框、内边距和外边距（注：若取值单位为%，则实际值是父元素 width 属性值的百分比）。

例 3.15　制作一个如图 3.19 所示的页面。要求段落有 5px 绿色边框，10px 内边距，20px 外边距，段落背景为银灰色。

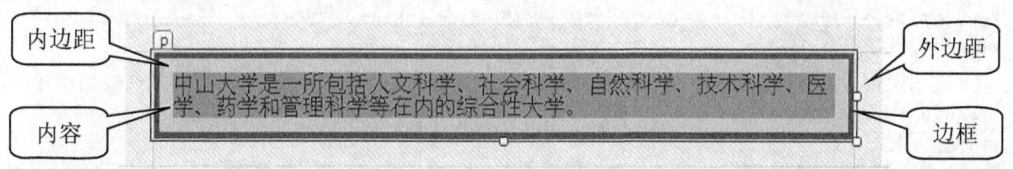

图 3.19　为页面元素设置边框、内边距和外边距

本例页面文档 s0315.htm 代码如下。

```
<!DOCTYPE html PUBLIC "-//W3C//DTD XHTML 1.0 Strict//EN"
"http://www.w3.org/TR/xhtml1/DTD/xhtml1-strict.dtd">
<html xmlns="http://www.w3.org/1999/xhtml"><head><title>例 3.15 框模型</title>
<style type="text/css">
p {
    border: 5px solid green; /* 5px 绿色边框 */
    padding: 10px;  /* 10px 内边距 */
    margin: 20px;  /* 20px 外边距 */
    background: silver; /* 背景为银灰色 */
}
</style>
</head><body>
<p>中山大学是一所包括人文科学、社会科学、自然科学、技术科学、医学、药学和管理科学等在内的综合性大学。
</p>
</body></html>
```

3.6.2　框属性

1. 边框属性

元素边框设置包括 3 项：边框颜色（color）、边框样式（style）和边框宽度（width），而边框又包括 4 个方向：上（top）、右（right）、下（bottom）和左（left）。将边框设置和方向组合起来，则构成了以下 CSS 边框属性：border、border-bottom、border-bottom-color、border-bottom-style、border-bottom-width、border-color、border-left、border-left-color、border-left-style、border-left-width、border-right、border-right-color、border-right-style、border-right-width、border-style、border-top、border-top-color、border-top-style、border-top-width、border-width 等。

边框颜色属性取值可以使用各种指定颜色的方式；边框宽度属性取值可以是 thin、medium、thick 或长度值，默认值是 medium；边框样式属性取值可以是 none、dotted（点状线）、dashed（虚线）、solid（实线）、double（双线）、groove（3D 凹槽边框）、ridge（3D 垄状边框）、inset 或 outset，默认值是 none。

例 3.16 制作一个如图 3.20 所示的页面。要求为段落设置灰色边框，其中，上、下边框宽度分别为 thin 和 thick，而左、右边框宽度都为 medium。

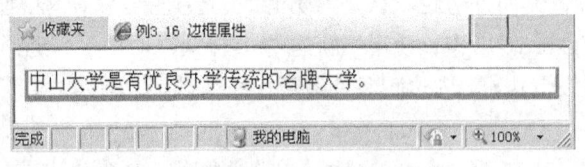

图 3.20 设置边框

本例页面文档 s0316.htm 代码如下。

```
<!DOCTYPE html PUBLIC "-//W3C//DTD XHTML 1.0 Strict//EN"
"http://www.w3.org/TR/xhtml1/DTD/xhtml1-strict.dtd">
<html xmlns="http://www.w3.org/1999/xhtml"><head><title>例 3.16 边框属性</title>
<style type="text/css">
#pText {
        border-width:thin medium thick;   /*上、下边框宽度分别为 thin 和 thick, 而左、右为 medium*/
        border-style:solid;   /* 实线 */
        border-color:gray;   /* 灰色 */
}
</style>
</head><body>
<p id="pText">中山大学是有优良办学传统的名牌大学。</p>
</body></html>
```

说明
可以用 border-width 属性同时指定 4 个边框的宽度。如果分别指定，则必须按上、右、下、左的顺序（即顺时针方向）指定；如果只指定了一个值，则所有边框的宽度一样；如果指定了 2 或 3 个值，则未指定宽度的边框采用对边的边框宽度。对于属性 border-style 和 border-color 也有类似约定。

2. 内边距属性

内边距属性 padding-top、padding-right、padding-bottom 和 padding-left 分别设置上、右、下、左内边距的宽度。

使用 padding 属性可以同时指定上、右、下、左 4 个方向（即顺时针方向）的内边距宽度。如果只指定一个值，则 4 个方向都采用相同的内边距宽度；如果指定了 2 或 3 个值，则没有指定宽度的边采用对边的内边距宽度。

例 3.17 制作一个如图 3.21 所示的页面。要求为段落设置内边距，其中，上、下内边距宽度为 10px，而左、右内边距宽度为 20px。

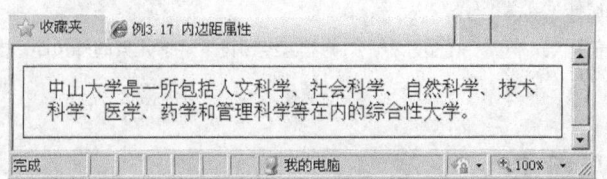

图 3.21　设置内边距

本例页面文档 s0317.htm 代码如下。

```
<!DOCTYPE html PUBLIC "-//W3C//DTD XHTML 1.0 Strict//EN"
"http://www.w3.org/TR/xhtml1/DTD/xhtml1-strict.dtd">
<html xmlns="http://www.w3.org/1999/xhtml"><head><title>例 3.17 内边距属性</title>
<style type="text/css">
#pText {
    border: 1px solid;
    padding:10px 20px; /* 上、下内边距宽度为 10px，而左、右内边距宽度为 20px */
}
</style>
</head><body>
<p id="pText">中山大学是一所包括人文科学、社会科学、自然科学、技术科学、医学、药学和管理科学等在内的综合性大学。</p>
</body></html>
```

3. 外边距属性

外边距属性 margin-top、margin-right、margin-bottom 和 margin-left 分别设置上、右、下、左外边距的宽度。

使用 margin 属性可以同时指定上、右、下、左（即顺时针方向）外边距的宽度。如果只指定一个值，则 4 个方向都采用相同的外边距；如果指定了 2 或 3 个值，则没有指定宽度的边采用对边的外边距宽度。

例 3.18　制作一个如图 3.22 所示的页面。要求为页面体设置外边距，其中，上、下外边距宽度为 1cm，而左、右外边距宽度为 3cm。

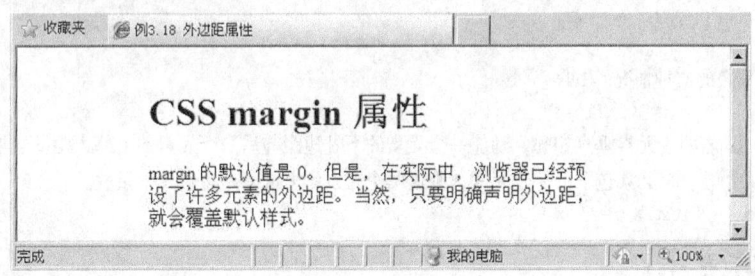

图 3.22　设置外边距

本例页面文档 s0318.htm 代码如下。

```
<!DOCTYPE html PUBLIC "-//W3C//DTD XHTML 1.0 Strict//EN"
"http://www.w3.org/TR/xhtml1/DTD/xhtml1-strict.dtd">
<html xmlns="http://www.w3.org/1999/xhtml"><head><title>例 3.18 外边距属性</title>
<style type="text/css">
body { margin: 1cm 3cm; } /* 上、下外边距宽度为 1cm，而左、右外边距宽度为 3cm */
</style>
</head><body>
```

```
<h1>CSS margin 属性</h1>
<p>margin 的默认值是 0。但是，在实际中，浏览器已经预设了许多元素的外边距。当然，只要明确声明外边距，
就会覆盖默认样式。</p>
</body></html>
```

3.6.3　外边距重叠

外边距重叠是指：当两个元素的垂直外边距相遇时，它们将重叠为一个外边距。重叠后的外边距高度等于两个发生重叠的外边距的高度中的较大者。

例 3.19　制作一个如图 3.23 所示的页面。要求标题的下外边距高度为 1cm，列表项上、下外边距高度为 0.5cm。根据外边距重叠规则，易知：标题与第 1 个列表项之间的外边距高度为 1cm，而列表项之间的外边距高度为 0.5cm。

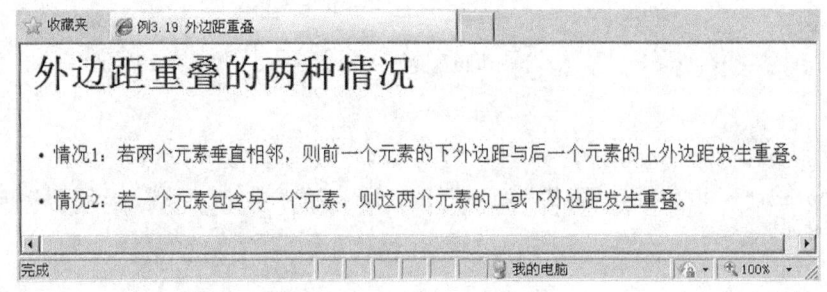

图 3.23　外边距重叠

本例页面文档 s0319.htm 代码如下。

```
<!DOCTYPE html PUBLIC "-//W3C//DTD XHTML 1.0 Strict//EN"
"http://www.w3.org/TR/xhtml1/DTD/xhtml1-strict.dtd">
<html xmlns="http://www.w3.org/1999/xhtml"><head><title>例 3.19 外边距重叠</title>
<style type="text/css">
h1 { margin: 2px 2px 1cm; } /* 标题的下外边距高度为 1cm */
li { margin: 0.5cm -20px; } /* 列表项上、下外边距高度为 0.5 cm */
</style>
</head>
<body>
<h1>外边距重叠的两种情况</h1>
<ul>
    <li>情况 1：若两个元素垂直相邻，则前一个元素的下外边距与后一个元素的上外边距发生重叠。</li>
    <li>情况 2：若一个元素包含另一个元素，则这两个元素的上或下外边距发生重叠。</li>
</ul></body></html>
```

3.6.4　框大小

1. 替换元素与非替换元素
根据元素内容的来源，可以将页面元素分为以下两类。

（1）替换元素：是指其元素内容来自（或被替换为）HTML 标签的属性值。如 img 元素，浏览器要根据<img>标签的 src 属性来读取图像信息并显示出来。

（2）非替换元素：是指其元素内容来自 HTML 标签自身或标签对之间的内容，而不是由属性值替换而来。如 p、h1、h2、hr、em、b、i 等元素。

2．大小属性

默认情况下，浏览器将自动计算页面元素的大小。不过，读者也可以使用 width 和 height 属性明确指定元素的宽度和高度，或者使用 max-width、min-width、max-height 和 min-height 属性指定元素宽度或高度的最大、最小值，如表 3.9 所示（注：行内非替换元素会忽略这些属性）。

表 3.9　　　　　　　　　　　　　　　　　　元素大小属性

CSS 属性	说　明
width	设置元素内容区的宽度，取值为 auto 或长度值。默认为 auto，意指由浏览器自动计算。若使用单位 %，则实际值是父元素 width 属性值的百分比
height	设置元素内容区的高度，取值与 width 属性类似，但若使用单位 %，则实际值是父元素 height 属性值的百分比
max-width	设置元素内容区的最大宽度。实际显示的元素可能比指定值窄，但不会比其宽。该属性取值与 width 类似，但不允许指定负值
min-width	设置元素内容区的最小宽度。实际显示的元素可能比指定值宽，但不会比其窄。该属性取值与 max-width 类似
max-height	设置元素内容区的最大高度。实际显示的元素可能比指定值矮，但不会比其高。该属性取值与 height 类似，但不允许指定负值
min-height	设置元素内容区的最小高度。实际显示的元素可能比指定值高，但不会比其矮。该属性取值与 max-height 类似

3．内容区大小与元素框大小

内容区大小（或称元素大小）是指元素内容区的宽度和高度，可以由属性 width 和 height 设置。由于元素框包括内容区、内边距、边框和外边距 4 部分，因此元素框大小的计算公式如下：

元素框宽度=width+（左内边距+左边框+左外边距）+（右内边距+右边框+右外边距）
元素框高度= height +（上内边距+上边框+上外边距）+（下内边距+下边框+下外边距）

例 3.20　制作一个如图 3.24 所示的页面。其中，外框是一个 div 块的 5px 绿色边框，内框是子 div 块的 15px 红色边框。要求子 div 块的内容区大小为 200px（宽）×100px（高），并且子 div 块的元素框刚好填满父 div 块的内容区。

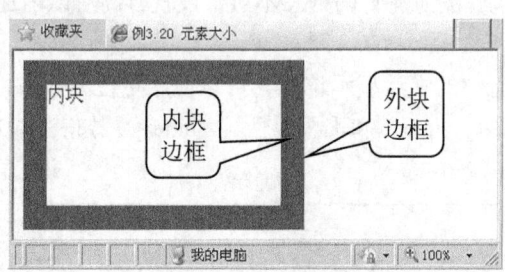

图 3.24　元素大小示例

本例页面文档 s0320.htm 代码如下。

```
<!DOCTYPE html PUBLIC "-//W3C//DTD XHTML 1.0 Strict//EN"
 "http://www.w3.org/TR/xhtml1/DTD/xhtml1-strict.dtd">
<html xmlns="http://www.w3.org/1999/xhtml"><head><title>例 3.20 元素大小</title>
<style type="text/css">
```

```
#out_block {
    width: 230px; /* 200px+2*15px=230px */
    height: 130px; /* 100px+2*15px=130px */
    border: 5px solid green;
}
#inner_block {
    width: 200px;
    height: 100px;
    border: 15px solid red;
}
</style>
</head><body>
<div id="out_block">
  <div id="inner_block">内块</div>
</div>
</body></html>
```

（1）默认情况下，div 块元素的内边距、边框和外边距都为 0。

（2）对于子 div 块，已知其内容区大小和边框大小，故其元素框宽度=200px+2×15px=230px，高度=100px+2×15px=130px，据此设置外部 div 块的内容区大小。

3.7 元 素 定 位

3.7.1 定位概念

1. 文档流

默认情况下，每个可显示元素以元素框的形式，按照元素在 HTML 代码中的位置依次显示，从而构成一个文档流。

（1）块级框从上至下依次排列，框之间的垂直间距由框的垂直外边距计算出来。

（2）行内框在一行中水平布置。可以使用水平内边距、边框和外边距调整它们的间距。但是，垂直内边距、边框和外边距不影响行内框的高度。由一行形成的水平框称为行框（Line Box），行框的高度总是足以容纳它包含的所有行内框。不过，设置行高可以增加行框的高度。

2. 定位属性

要改变元素框在文档流中的默认显示位置，可以使用定位方式属性（position），及其相关的偏移属性（top、bottom、left、right）和堆叠属性（z-index），如表 3.10 所示。

表 3.10　　　　　　　　　　　　　　　　　　定位属性

CSS 属性	说　　明
position	为元素指定定位方式，取值为 static（静态定位，默认值）、relative（相对定位）、absolute（绝对定位）和 fixed（固定定位）
top	指定元素框上边界与其包含块上边界之间的偏移
bottom	指定元素框下边界与其包含块下边界之间的偏移
left	指定元素框左边界与其包含块左边界之间的偏移
right	指定元素框右边界与其包含块右边界之间的偏移
z-index	指定元素的堆叠顺序，值较高的元素将覆盖值较低的元素。默认值是 0，可以取值正、负数

在 SharePoint Designer 2007 中，使用"新建/修改样式"对话框，选择"定位"类别，可以为指定选择器设置定位属性。

3. 包含块

包含块是显示文档流的矩形区域，最基本的包含块是 body 元素框和浏览窗口。读者也可以定义新的包含块，方法是：将一个元素的定位方式设置为非 static 方式，从而使该元素的元素框成为一个独立的包含块。因此，一个页面可能有多个包含块，并且这些包含块可能相互重叠。此外，每个包含块有各自独立的文档流，用于依次显示其后代元素。

读者要注意，通常所言"一个元素的包含块"是指该元素最近的按 relative、absolute 或 fixed 定位的祖先元素（注：不一定是父元素）的元素框。若没有这样的祖先元素，则包含块是 body 元素框（或浏览窗口）。

3.7.2　四种定位方式

使用 position 属性，可以指定以下 4 种定位方式。

（1）静态定位（static）：是默认的定位方式，使元素框处于文档流的常规位置。静态定位的元素会忽略 top、bottom、left 和 right 属性。

（2）相对定位（relative）：意指相对于元素的静态定位产生偏移，即元素框从常规位置偏移指定距离。不过，相对定位的元素仍然保留该元素在文档流中按静态定位的空间，不影响文档流中其他元素的常规位置。

（3）绝对定位（absolute）：元素框从文档流完全删除，并相对于其包含块定位。绝对定位的元素会生成一个块级框，即使它是行内元素。

（4）固定定位（fixed）：与绝对定位类似，但其包含块是浏览窗口。使用 fixed 定位，可以将元素固定在浏览窗口的特定位置，不论窗口滚动与否。

除静态定位之外，使用其他方式定位的元素可能与其他元素发生重叠。此时，可以设置 z-index 属性，以决定重叠元素之间的堆叠顺序。

例 3.21　制作页面，体验 4 种定位方式效果。操作如下。

第 1 步：制作如图 3.25 所示有 4 个普通 p 段落的页面。要求为每段设置红色边框，并对第 3 段进行特殊处理，即将其 id 属性设置为"specialpara"，银灰色背景，static 定位。

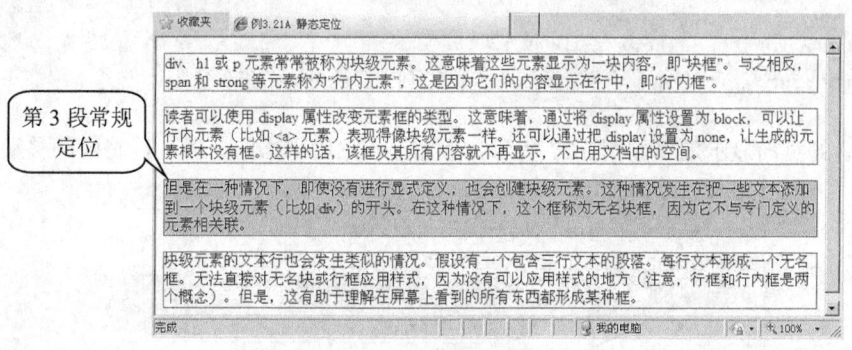

图 3.25　静态定位示例

该步生成文档 s0321A.htm 代码如下。

```
<!DOCTYPE html PUBLIC "-//W3C//DTD XHTML 1.0 Strict//EN"
 "http://www.w3.org/TR/xhtml1/DTD/xhtml1-strict.dtd">
<html xmlns="http://www.w3.org/1999/xhtml"><head><title>例 3.21A 静态定位</title>
```

```
<style type="text/css">
p { border: 1px solid red; }/*为 p 段落设置红色边框 */
#specialpara{ background-color: silver; } /* 为特殊段设置银灰色背景 */
#specialpara { position: static; } /* 默认定位方式 */
</style>
</head><body>
<p>div、h1 或 p 元素常被称为块级元素。...第 1 段其他内容...</p>
<p>读者可以使用 display 属性改变元素框的类型。...第 2 段...</p>
<p id="specialpara">但是在一种情况下，即使没有进行显式定义，也会创建块级元素。...第 3 段...</p>
<p>块级元素的文本行也会发生类似的情况。...第 4 段...</p>
</body></html>
```

易知，static 是默认定位方式，通常可以省略。

第 2 步：将第 1 步生成的文档复制到 s0321B.htm，并将定位方式改为 relative，即

```
#specialpara {
    position:relative; /*相对定位方式*/
    top:3em;left:2em; /*向下偏移 3em,向右偏移 2em*/
}
```

修改后的页面显示效果如图 3.26 所示。

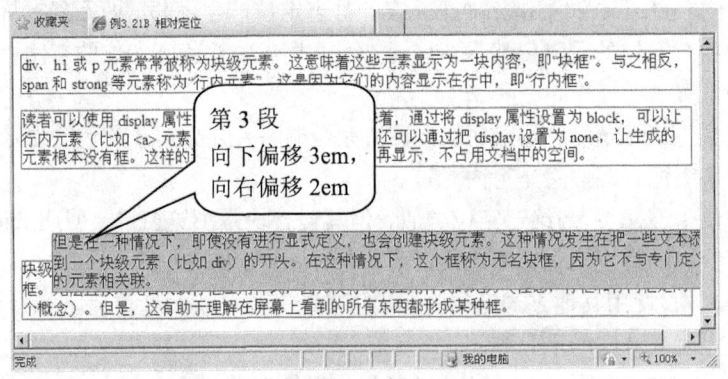

图 3.26　相对定位示例

第 3 步：将第 1 步生成的文档复制到 s0321C.htm，并将定位方式改为 absolute，即

```
#specialpara {
    position:absolute;/*绝对定位方式*/
    top:3em;left:2em; /*相对于 body 元素,向下偏移 3em,向右偏移 2em*/
}
```

修改后的页面显示效果如图 3.27 所示。易知，当滚动页面时，第 3 段将随同移动。

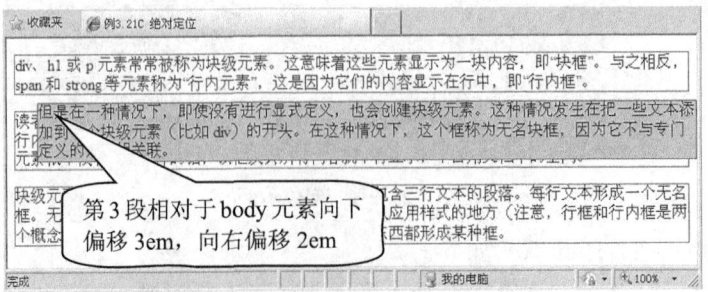

图 3.27　绝对定位示例

第 4 步：将第 1 步生成的文档复制到 s0321D.htm，并将定位方式改为 fixed，即

```
#specialpara {
    position:fixed; /* 固定定位方式 */
    top:3em;left:2em; /*相对于浏览窗口,向下偏移 3em,向右偏移 2em*/
}
```

修改后的页面显示效果如图 3.28 所示。易知，当滚动页面时，第 3 段在浏览窗口中的位置不变。

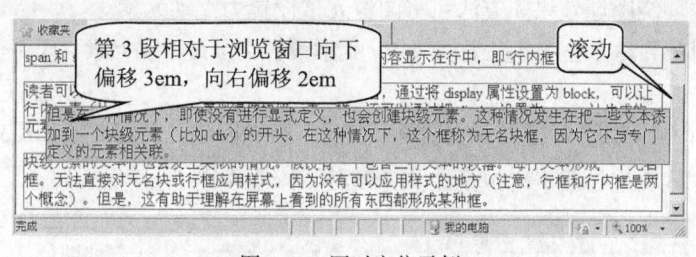

图 3.28　固对定位示例

3.8　元　素　布　局

3.8.1　布局属性

除表 3.10 所列的定位属性之外，CSS 也提供了一些用于元素布局的属性，如表 3.11 所示。

表 3.11　　　　　　　　　　　　　　布局属性

CSS 属性	说　　　明
float	指定元素朝哪个方向在包含块中浮动。默认是 none，不浮动；也可取值为 left 或 right，分别指定将元素移至左侧或右侧
clear	指定是否允许元素的侧面紧贴浮动元素。可以取值为 none（默认）、both、left 或 right。其中，none 允许两侧，both 两侧都不允许，left 左侧不允许，right 右侧不允许
display	指定是否及如何显示元素。其常用取值是 none、block 和 inline（默认）。其中，none 使元素不显示，block 使元素显示为块级框，inline 使元素显示为行内框
visibility	指定元素是否可见。可以取值为 visible、hidden 和 collapse。其中，visible 可见；hidden 不可见；collapse 用于表格元素，可删除一行或一列
overflow	指定如何处理溢出内容区的元素内容。可以取值为 visible（默认）、hidden、scroll 或 auto。其中，visible 使溢出内容呈现在元素框之外，hidden 不显示（裁剪掉）溢出内容，scroll 总是显示滚动条以便查看溢出内容，而 auto 自动显示滚动条
clip	指定元素的裁剪形状，只能用于 absolute 定位的元素，常用于裁剪图像。可以取值为 auto（默认）或 rect (top, right, bottom, left)，依据上—右—下—左的顺序提供自元素框左上角为(0,0)坐标计算的 4 个偏移量，其中任一数值都可用 auto 替换，即此边不裁剪
cursor	指定当鼠标指向元素之上时显示的指针类型

在 SharePoint Designer 2007 中，使用"新建/修改样式"对话框，选择"布局"类别，可以为指定选择器设置布局属性。

3.8.2　浮动与清除

浮动元素是指其 float 属性值为 left 或 right 的元素。浮动元素将脱离常规文档流，但仍然处

于其包含块内，向左或向右移动，直到它的外边缘碰到其第 1 个块级祖先元素（或包含块元素）的边框或另一个浮动元素的边框为止。

默认情况下，位于浮动元素之后的元素将在空间充足的情况下向上移动到浮动元素旁边。但通过为元素设置 clear 属性（left、right 或 both），可以阻止该元素向上移动到浮动元素旁边（即清除浮动元素）。

浮动元素有以下两个主要用途。

（1）设置文本环绕图像效果。方法：将图像元素设置为浮动元素。

（2）创建多列布局。方法：将多个相邻 div 元素设置为 left 浮动元素，而每个 div 元素相当于 1 列。

例 3.22　制作一个如图 3.29 所示的页面。其中，第 1 段包含图像，要求其文本环绕至其图像右侧；而第 2 段不含图像，要求其文本不能环绕第 1 段的图像。

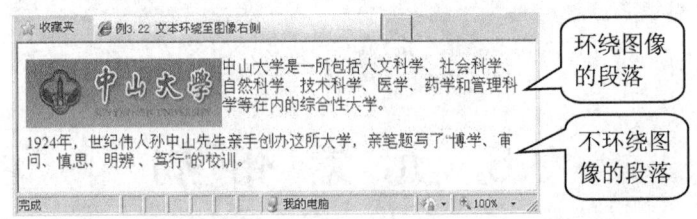

图 3.29　浮动与清除

本例页面文档 s0322.htm 代码如下。

```
<!DOCTYPE html PUBLIC "-//W3C//DTD XHTML 1.0 Strict//EN"
"http://www.w3.org/TR/xhtml1/DTD/xhtml1-strict.dtd">
<html xmlns="http://www.w3.org/1999/xhtml"><head><title>例 3.22 文本环绕至图像右侧</title>
<style type="text/css">
p>img { float: left; /* 将段中图像浮动至左侧 */ }
p{ clear: both; /* 为每个 p 段落清除浮动元素 */ }
</style>
</head><body>
<p><img alt="中大徽标图" src="ZSU.GIF" width="203" height="68" />中山大学是一所包括人文
科学、社会科学、自然科学、技术科学、医学、药学和管理科学等在内的综合性大学。</p>
<p>1924 年，世纪伟人孙中山先生亲手创办这所大学，亲笔题写了"博学、审问、慎思、明辨 、笃行"的校训。
</p>
</body></html>
```

说明　　对于第 1 段，其 <img> 元素的后续元素是该段落的文本，故该段文本环绕图像；而对于第 2 段，该段 <p> 元素是第 1 段 <img> 元素的后续元素，故样式"p{ clear: both; }"对第 2 段起作用。

3.8.3　显示和隐藏

CSS 的 display 属性和 visibility 属性用于控制元素的显示和隐藏，其常见用法是：

（1）将 display 属性设置为 inline（或 block），从而将块级元素显示为行内元素（或相反）。

（2）若将 display 属性设置为 none，则使元素不显示，而且不占用任何显示空间。也可将 visibility 属性设置为 hidden（隐藏），从而使元素不显示，但与 display 属性不同，隐藏的元素仍然保留原有的显示空间。

例 3.23　制作一个展示"显示和隐藏"效果的示例页面。要求使用 CSS 样式设置以下效果：不显示页面中的 img 图像元素，但将作为 p 段落子元素的 img 图像元素显示为块级元素，并且当鼠标悬停于这样的块级图像时，该图像又自动隐藏并保留原有显示空间。

本例页面文档 s0323.htm 代码如下。

```
<!DOCTYPE html PUBLIC "-//W3C//DTD XHTML 1.0 Strict//EN"
"http://www.w3.org/TR/xhtml1/DTD/xhtml1-strict.dtd">
<html xmlns="http://www.w3.org/1999/xhtml"><head><title>例 3.23 显示和隐藏示例</title>
<style type="text/css">
img { display:none; /* 不显示图像 */ }
p>img { display:block; /* 将 p 段落中的图像显示为块级元素 */ }
p>img:hover { visibility:hidden; /* 当鼠标悬停于 p 段落中的图像时,将隐藏该图像 */ }
</style>
</head><body>
<p><img alt="中大徽标图" src="ZSU.GIF" width="203" height="68" />中山大学是一所包括人文
科学、社会科学、自然科学、技术科学、医学、药学和管理科学等在内的综合性大学。</p>
<div><img alt="中大徽标图" src="ZSU.GIF" width="203" height="68" /></div>
<p>1924 年，世纪伟人孙中山先生亲手创办这所大学，亲笔题写了"博学、审问、慎思、明辨 、笃行"的校训。
</p>
</body></html>
```

该页面的显示效果如图 3.30 所示，并且当鼠标悬停于可见的图像时，图像将自动隐藏。

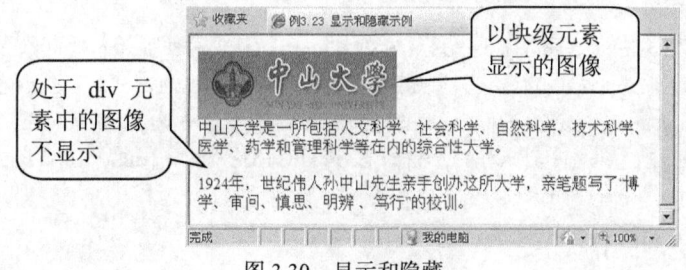

图 3.30　显示和隐藏

3.8.4　溢出与剪裁

在 CSS 中，可以用 width 和 height 属性指定元素的内容区大小。溢出是指元素内容区中的实际内容大小超出指定的元素内容区大小。处理溢出的方法有以下两种。

（1）使用 overflow 属性指定溢出内容的显示方式。

（2）使用 clip 属性剪裁元素的实际内容。要注意，若使用 clip 属性，则必须将该元素的 position 属性指定为 absolute 或 fixed。

例 3.24　设计一个页面，显示图像的多种剪裁效果，如图 3.31 所示。

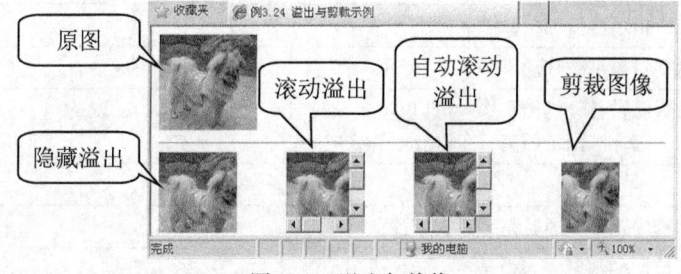

图 3.31　溢出与剪裁

本例页面文档 s0324.htm 代码如下。

```
<!DOCTYPE html PUBLIC "-//W3C//DTD XHTML 1.0 Strict//EN"
"http://www.w3.org/TR/xhtml1/DTD/xhtml1-strict.dtd">
<html xmlns="http://www.w3.org/1999/xhtml"><head><title>例 3.24 溢出与剪裁示例</title>
<style type="text/css">
#hidden_pic,#scroll_pic,#auto_pic{
    width:80px; height:80px; /* 使图像显示区域大小为 80*80 */
    float:left; /* 使各个图像排到同一行 */
    margin-right: 50px; /* 使各个图像间隔 50px */
}
#hidden_pic{ overflow: hidden;}  /* 隐藏溢出部分 */
#scroll_pic{ overflow: scroll;}  /* 显示滚动条 */
#auto_pic{ overflow:auto;}  /* 当需要时自动显示滚动条 */
#clip_pic{
    position:absolute;
    left:400px;
    clip: rect(10px 80px 80px 20px); /* 剪裁图像 */
}
</style>
</head><body>
<div><img alt="原图" src="animal.gif" width="100" height="95" /></div>
<hr />
<div id="hidden_pic" ><img alt="hidden 图像" src="animal.gif" width="100" height="95" /></div>
<div id="scroll_pic" ><img alt="scroll 图像" src="animal.gif" width="100" height="95" /></div>
<div id="auto_pic" ><img alt="auto 图像" src="animal.gif" width="100" height="95" /></div>
<div id="clip_pic" ><img alt="clip 图像" src="animal.gif" width="100" height="95" /></div>
</body></html>
```

3.8.5　鼠标形状

使用 cursor 属性可以控制鼠标外观，即当鼠标移动到不同的元素对象时，鼠标将显示为指定的形状或图案。cursor 属性的常用值如表 3.12 所示。

表 3.12　　　　　　　　　　　　　　　　　cursor 属性常用值

值	说明
url	自定义光标的 URL
default	默认光标，通常是一个箭头
auto	默认值。浏览器设置的光标
crosshair	呈现为十字线
pointer	呈现为指示链接的指针（一只手）
move	指示某对象可被移动
*-resize	指示边缘被移动的箭头，* 可以是 n、ne、nw、s、se、sw、e 以及 w，分别代表北、东北、西北、南、东南、西南、东以及西等方向
text	指示文本
wait	指示程序正忙，通常是一只表或沙漏
help	指示可用的帮助，通常是一个问号或一个气球

例 3.25　设计一个页面,使访问者用鼠标指向页面上的不同文字时,鼠标的形状会有所不同,如图 3.32 所示。

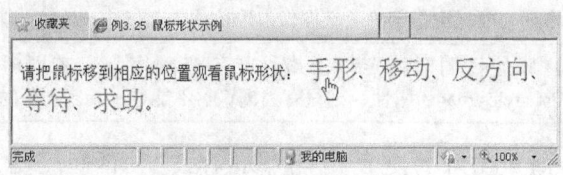

图 3.32　鼠标形状示例

本例页面文档 s0325.htm 代码如下。

```
<!DOCTYPE html PUBLIC "-//W3C//DTD XHTML 1.0 Strict//EN"
"http://www.w3.org/TR/xhtml1/DTD/xhtml1-strict.dtd">
<html xmlns="http://www.w3.org/1999/xhtml"><head><title>例 3.25 鼠标形状示例</title>
<style type="text/css">
span{font-size:20pt;color:green}
</style>
</head><body>
<p>请把鼠标移到相应的位置观看鼠标形状:
<span style="cursor:pointer">手形</span>、<span style="cursor:move">移动</span>、
<span style="cursor:ne-resize">反方向</span>、<span style="cursor:wait">等待</span>、
<span style="cursor:help">求助</span>。</p>
</body></html>
```

3.9　列　表　样　式

3.9.1　CSS 列表属性

CSS 列表属性(如表 3.13 所示)用于设置列表中列表项标记的显示格式,如可以把图片设置为项目符号。

表 3.13　　　　　　　　　　　　　　　　　　CSS 列表属性

CSS 属性	说　　明
list-style-type	设置列表项标记(符号或编号)的类型,常用取值如下。 • none:无标记。 • disc:实心黑点,默认值。 • circle 空心圆。 • square:实心方形黑块。 • decimal:十进制数(1,2,3,4 等)。 • lower-roman:小写罗马数字(I,ii,iii,iv 等)。 • upper-roman:大写罗马数字(I,II,III,IV,V 等)。 • lower-alpha:小写字母(a、b、c、d 等)。 • upper-alpha:大写字母(A、B、C、D 等)
list-style-position	指定列表项标记(符号或编号)相对于列表项内容的位置,取值如下。 • outside:默认值。将列表项标记放置在文本之外,且环绕文本不与标记对齐。 • inside:将列表项标记放置在文本以内,且环绕文本与标记对齐

续表

CSS 属性	说　明
list-style-image	将列表项标记指定为一幅图像。取值为 url（imageurl） 或 none，默认值为 none
list-style	该属性可同时指定以上属性（不限顺序）。若同时指定了 list-style-type 和 list-style-image 属性，则只有当浏览器不能显示指定图像时，list-style-type 才有效

在 SharePoint Designer 2007 中，使用"新建/修改样式"对话框，选择"列表"类别，可以为指定选择器设置列表样式属性。

例 3.26　设计一个页面，它有两个列表，一个是用小图片作为项目符号的无序列表，另一个是使用大写罗马数字编号的有序列表，如图 3.33 所示。

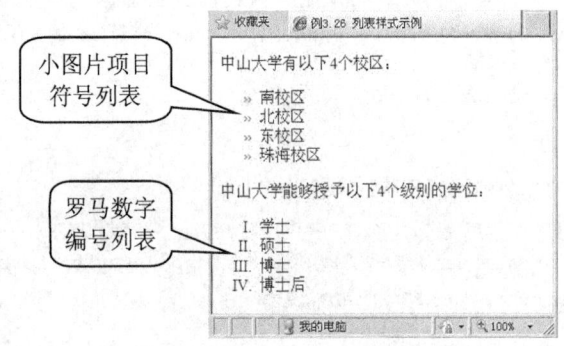

图 3.33　列表样式示例

本例页面文档 s0326.htm 代码如下。

```
<!DOCTYPE html PUBLIC "-//W3C//DTD XHTML 1.0 Strict//EN"
"http://www.w3.org/TR/xhtml1/DTD/xhtml1-strict.dtd">
<html xmlns="http://www.w3.org/1999/xhtml"><head><title>例 3.26 列表样式示例</title>
<style type="text/css">
ul { list-style-image: url('right_arrows.gif'); /* 设置小图片项目符号列表 */ }
ol { list-style-type: upper-roman;/* 设置罗马数字编号列表 */ }
</style>
</head><body>
<p>中山大学有以下 4 个校区：</p>
<ul>
    <li>南校区</li>    <li>北校区</li>    <li>东校区</li>    <li>珠海校区</li>
</ul>
<p>中山大学能够授予以下 4 个级别的学位：</p>
<ol>
    <li>学士</li> <li>硕士</li> <li>博士</li> <li>博士后</li>
</ol>
</body></html>
```

3.9.2　内容生成属性

显然，列表中每个列表项之前的标记（符号或编号）是浏览器为列表生成的默认内容。回顾例 3.14，读者也可以使用 content 属性为指定元素添加自定义内容。在 CSS 中，content 属性称为内容生成属性，其相关属性如表 3.14 所示。

表 3.14　　　　　　　　　　　　　常用内容生成属性

CSS 属性	说　明
content	必须与伪元素 :befor 或 :after 配合使用，从而在相应元素之前或之后添加指定内容。其常用值形式如下。 ● string：指定文本内容。默认值是空字符串 ""。 ● url（URL）：指定一个外部资源 URL，如图像。 ● attr（X）：指定相应元素的某个属性值，X 是属性名。 ● 计数器值：分为 counter(name)、counter(name, list-style-type)、counters(name, string) 或 counters(name, string, list-style-type) 等函数，它们将返回指定类型的编号。其中，name 是计数器名，list-style-type 是编号类型（默认是 decimal），string 是自嵌套多级编号分隔符
counter-reset	当出现相应元素时，计数器复位。值的基本形式是：counter_name number，即将名为 counter_name 的计数器设置为 number。如果没有提供 number，则默认为 0
counter-increment	当出现相应元素时，计数器按指定增量计数。值的基本形式是：counter_name number，即将名为 counter_name 的计数器增加计数 number。如果没有 number，则默认为 1

例 3.27　设计一个页面。当页面显示时，所有超链接对象后面附带其链接地址，如图 3.34 所示。

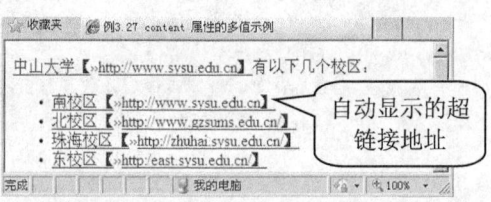

图 3.34　content 属性的多值示例

本例页面文档 s0327.htm 代码如下。

```
<!DOCTYPE html PUBLIC "-//W3C//DTD XHTML 1.0 Strict//EN"
"http://www.w3.org/TR/xhtml1/DTD/xhtml1-strict.dtd">
<html xmlns="http://www.w3.org/1999/xhtml"><head><title>例 3.27 content 属性的多值示例
</title>
<style type="text/css">
a:after{ content:"【" url(right_arrows.gif) attr(href) "】" /* 多个内容值用空格分隔 */ }
</style>
</head><body>
<p><a href="http://www.sysu.edu.cn">中山大学</a>有以下几个校区：</p>
<ul>
  <li><a href="http://www.sysu.edu.cn">南校区</a></li>
  <li><a href="http://www.gzsums.edu.cn/">北校区</a></li>
  <li><a href="http://zhuhai.sysu.edu.cn/">珠海校区</a></li>
  <li><a href="http:/east.sysu.edu.cn/">东校区</a></li>
</ul>
</body></html>
```

说明　　　可以为 content 属性指定多个值，并且值之间必须用空格分隔。本例有 4 个值，分别是 "【"、url(right_arrows.gif)、attr(href) 和 "】"。其中，url(right_arrows.gif) 表示由 right_arrows.gif 指定的图像，而 attr(href) 表示 <a> 元素的 href 属性值。

3.9.3 自定义编号

默认情况下，浏览器将对有序列表进行常规编号。不过，通过配合使用 content、counter-reset 和 counter-increment 属性，读者也可以灵活控制列表的编号。

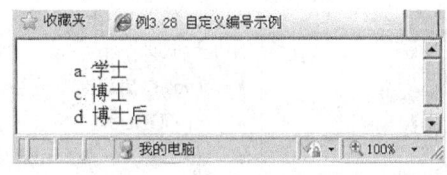

图 3.35 自定义编号示例

例 3.28 设计一个页面，将其列表编号为 a、c、d，如图 3.35 所示。

本例页面文档 s0328.htm 代码如下。

```
<!DOCTYPE html PUBLIC "-//W3C//DTD XHTML 1.0 Strict//EN"
"http://www.w3.org/TR/xhtml1/DTD/xhtml1-strict.dtd">
<html xmlns="http://www.w3.org/1999/xhtml"><head><title>例 3.28 自定义编号示例</title>
<style type="text/css">
#edu_level_list>li {
    list-style-type:none; /* 去除列表的默认编号 */
    counter-increment:item; /* 当出现 li 元素时, 计数器 item 递增 1 */
}
#doctor_item { counter-reset:item 2; /* 当出现 #doctor_item 元素时, 计数器 item 复位为 2 */ }
#edu_level_list>li:before {
    content:counter(item,lower-alpha) "."; /* 根据计数器 item 的值, 生成相应的小写字母 */
}
</style>
</head><body>
<ol id="edu_level_list">
    <li>学士</li>
    <li id="doctor_item">博士</li> <!-- 第 2 个列表项 -->
    <li>博士后</li>
</ol>
</body></html>
```

（1）使用属性声明"list-style-type:none"的目的是为了除去列表的默认编号格式。

（2）当使用 counter-increment 属性增量一个计数器时，若该计数器还未定义，则计数器的值为增量值，故本例第 1 个列表项的编号是 1。

（3）对于同一个元素（如本例的第 2 个列表项），当属性 counter-reset 和 counter-increment 同时作用于同一个计数器时，先复位（counter-reset），后增量（counter-increment），故本例第 2 个列表项的编号是 3。

3.9.4 多级编号

使用 CSS 技术自动生成多级编号的方法有以下两种。

（1）使用多计数器生成多级编号，常用于为页面的各级标题生成多级编号。

（2）使用单计数器生成多级编号，常用于为页面的多级嵌套列表生成多级编号。

例 3.29 设计一个页面，要求使用 CSS 技术自动为 h1、h2 和 h3 标题生成多级编号，如图 3.36 所示。

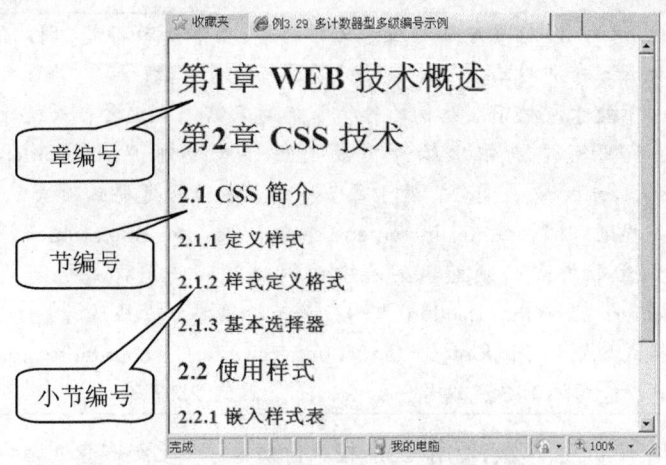

图 3.36　多计数器型多级编号示例

本例页面文档 s0329.htm 代码如下。

```
<!DOCTYPE html PUBLIC "-//W3C//DTD XHTML 1.0 Strict//EN"
"http://www.w3.org/TR/xhtml1/DTD/xhtml1-strict.dtd">
<html xmlns="http://www.w3.org/1999/xhtml"><head><title>例 3.29 多计数器型多级编号示例
</title>
<style type="text/css">
h1{
    counter-increment: chapter; /* 递增第 1 级计数器 chapter，即章编号 */
    counter-reset:section; /* 复位第 2 级计数器 section，即节编号 */
}
h1:before { content:"第" counter(chapter) "章 ";  /* 为 1 级标题显示章编号（chapter） */ }
h2{
    counter-increment: section; /* 递增第 2 级计数器 section，即节编号 */
    counter-reset:subsec; /* 复位第 3 级计数器 subsec，即小节编号 */
}
h2:before {
    content:counter(chapter) "." counter(section) " ";  /* 为 2 级标题显示章(chapter)、
    节(section)编号 */
}
h3{ counter-increment: subsec; /* 递增第 3 级计数器 subsec，即小节编号 */ }
h3:before {
    content:counter(chapter) "." counter(section) "." counter(subsec) " ";
    /* 为 3 级标题显示章(chapter)、节(section)、小节(secsub)编号 */
}
</style>
</head><body>
<h1>WEB 技术概述</h1>
<h1>CSS 技术</h1>
<h2>CSS 简介</h2>
<h3>定义样式</h3>  <h3>样式定义格式</h3>  <h3>基本选择器</h3>
<h2>使用样式</h2>
<h3>嵌入样式表</h3><h3>链接外部样式表</h3>        <h3>内嵌样式</h3>
</body></html>
```

（1）h1、h2 和 h3 标题分别对应于文档的章、节和小节标题，因此使用计数器 chapter、section 和 subsec 分别对章、节和小节标题进行编号计数。

（2）由于处于文档顶层结构的各个章标题只需依次编号，而处于每章中的各个节标题必须从 1 开始重新依次编号，故使用样式规则"h1{counter-increment: chapter; counter-reset: section;}"；同理，处于每节中的各小节标题也必须从 1 开始重新依次编号，故使用样式规则"h2{counter-increment: section; counter-reset: subsec;}"。

（3）由于节标题必须处于某章中，因此可以使用样式规则"h2:before {content: counter(chapter) "." counter(section) ""; }"为节标题添加 2 级编号，如 2.1、2.2 等；同理，可以使用样式规则"h3:before{content:counter(chapter)"." counter(section)"." counter (subsec) " ";}"为小节标题添加 3 级编号，如 2.2.1、2.2.2、2.2.3 等。

例 3.30　设计一个页面，要求使用 CSS 技术自动为一个多级嵌套列表生成多级编号，如图 3.37 所示。

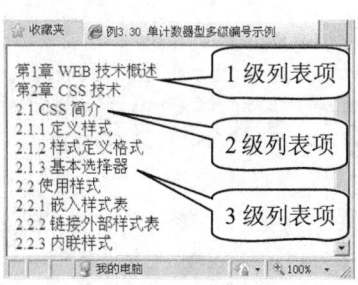

图 3.37　单计数器型多级编号示例

本例页面文档 s0330.htm 代码如下。

```
<!DOCTYPE html PUBLIC "-//W3C//DTD XHTML 1.0 Strict//EN"
"http://www.w3.org/TR/xhtml1/DTD/xhtml1-strict.dtd">
<html xmlns="http://www.w3.org/1999/xhtml"><head><title>例 3.30 单计数器型多级编号示例
</title>
<style type="text/css">
#catalog ol {
    padding: 0; /* 去除列表的缩进效果 */
    counter-reset:item; /* 为列表定义计数器 item */
}
#catalog li {
    list-style: none;/* 去除列表的默认编号 */
    counter-increment:item;  /* 递增计数器 item */
}
#catalog li:before {
    content:counters(item,".") " "; /* 为任意级别列表项显示用小圆点 "." 分隔的多级编号 */
}
#catalog>ol>li:before { content:"第" counter(item) "章 ";/* 为 1 级列表项显示特殊编号 */ }
</style>
</head><body>
<div id="catalog"> <!-- 使用 div 元素定义一个目录块 -->
<ol> <!-- 第 1 级列表 -->
    <li>WEB 技术概述</li>
```

```
    <li>CSS 技术<ol> <!-- 第 2 级列表 -->
        <li>CSS 简介<ol> <!-- 第 3 级列表 -->
            <li>定义样式</li> <li>样式定义格式</li> <li>基本选择器</li>
        </ol>
        </li>
        <li>使用样式<ol><!-- 第 3 级列表 -->
            <li>嵌入样式表</li> <li>链接外部样式表</li> <li>内嵌样式</li>
        </ol>
        </li>
    </ol>
    </li>
</ol>
</div>
</body></html>
```

（1）为 ol 选择器应用属性声明 "padding: 0;" 的目的在于去除列表的缩进效果。

（2）计数器具有 "自我嵌套性"，即如果在一个子元素中重复使用一个计数器，将自动生成该计数器的一个新实例。本例定义了 3 级 ol 列表，而样式规则 "#catalog ol {counter-reset:item;}" 将作用于每个 ol 列表。根据计数器的 "自我嵌套性"，各级 ol 列表将生成各自独立的同名计数器 item，从而避免为每级列表定义不同名的计数器。

（3）在样式规则 "#catalog li:before { content:counters(item,".")" 中，counters(item,".") 将返回当前列表项及其所有上一级别列表项的编号，并用小圆点 "." 分隔。

3.10　表　格　制　作

3.10.1　制作常规表格

HTML 使用<table>标签标记表格：在<table>标签对之间，使用<tr>标签标记表格中的每一行；在<tr>标签对之间，使用<td>或<th>标签标记行中的每一个单元格；而在<td>标签对之间，插入描述出现在单元格中的页面元素，如文本、图像，甚至另一个表格等元素。这 3 对标签的关系如表 3.15 所示。

表 3.15　　　　　　　　　　表格中 **<table>**、**<tr>** 和 **<td>**3 种标签的关系

标　　签	说　　明
<table>	表格标签，处于最外层，创建一个表格
<caption>表格示例</caption>	表格标题
<tr>	使用表行标签 <tr> 创建一行
<td>第 1 个单元格的内容</td>	使用单元格标签 <td> 创建行中第 1 个单元格。注：也可以使用标题单元格标签 <th>，而 th 元素内的文本通常显示为粗体
<td>第 2 个单元格的内容</td>	创建行中第 2 个单元格
<td>第 3 个单元格的内容</td>	创建行中第 3 个单元格

续表

标　签	说　明
</tr>	行结束
</table>	表格结束

<table>标签的常用属性如表 3.16 所示，<tr>、<td>和<th>标签的常用属性如表 3.17 所示。

表 3.16　　　　　　　　　　　　<table> 标签的常用属性

属　性	说　明
width	指定表格的宽度，单位用绝对像素值或百分比。如：width="400px"
border	指定表格边框的宽度。例如，通过设置 border="0" 可显示无边框的表格
cellspacing	指定单元格之间的间隔大小
cellpadding	指定单元格边框与其内部内容之间的间隔大小

表 3.17　　　　　　　　　　<tr>、<td> 和 <th> 标签的常用属性

属　性	适用元素	说　明
abbr	td, th	为单元格内容指定简称
align	td, th,tr	指定单元格内容的水平对齐方式，可取值为 left、right、center、justify 和 char
valign	td, th,tr	指定单元格内容的垂直对齐方式，可取值为 top、middle、bottom 和 baseline
colspan	td, th	指定单元格跨占的列数，默认为 1
rowspan	td, th	指定单元格跨占的行数，默认为 1

在 SharePoint Designer 中，使用其"表格"菜单中的有关命令，可以方便地创建、修改表格。

例 3.31　制作一个如图 3.38 所示的页面，该页有一个学生成绩表。

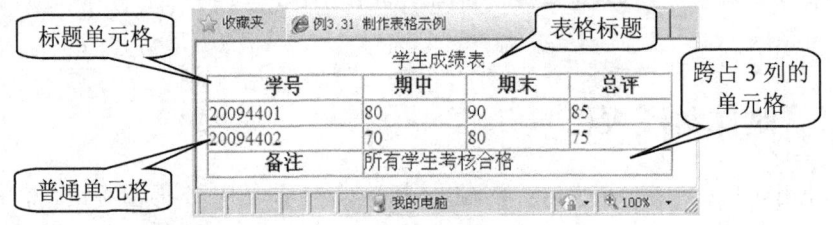

图 3.38　普通表格

本例页面文档 S0331.htm 代码如下。

```
<!DOCTYPE html PUBLIC "-//W3C//Dtd XHTML 1.0 Strict//EN"
"http://www.w3.org/tr/xhtml1/Dtd/xhtml1-strict.dtd">
<html xmlns="http://www.w3.org/1999/xhtml"><head><title>例3.31</title></head><body>
<table width="400px" border="1" cellpadding="0" cellspacing="0">
    <caption>学生成绩表</caption>
 <tr>  <th>学号</th>     <th>期中</th>   <th>期末</th>    <th>总评</th>  </tr>
 <tr>  <td>20094401</td>  <td>80</td>    <td>90</td>     <td>85</td>   </tr>
 <tr>  <td>20094402</td>  <td>70</td>    <td>80</td>     <td>75</td>   </tr>
 <tr>  <th>备注</th>      <td colspan="3">所有学生考核合格</td>       </tr>
</table>
</body></html>
```

3.10.2 表格行分组

使用 thead、tbody 和 tfoot 元素可将表格行分组为表头、表体和表脚，如表 3.18 所示。

表 3.18   表格行分组标签

标 签	说 明
`<thead>`	表头标签，用于将若干行标记为表格的页眉，即表头
`<tbody>`	表体标签，用于将若干行标记为表格的主体，即表体
`<tfoot>`	表脚标签，用于将若干行标记为表格的页脚，即表脚，如位于表格底部的统计行

对于 table 元素，若要按行分组，则必须同时使用这些分组元素，且必须按 thead、tfoot 和 tbody 顺序出现。此外，这几个分组元素都有 align 和 valign 属性。

将表格按行分组具有以下好处。

（1）当打印跨页长表格时，表格的表头和表脚将出现在包含表格数据的每张页面上。

（2）可以按分组方式设置表格行的显示格式。

例 3.32   制作一个如图 3.39 所示的页面，该页有一个学生成绩表，该表分为表头、表体和表脚。

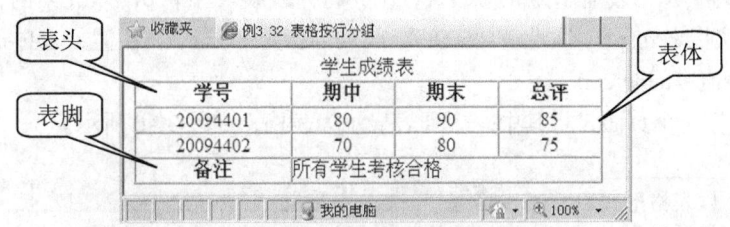

图 3.39   按行分组的表格

本例页面文档 S0332.htm 代码如下。

```
<!DOCTYPE html PUBLIC "-//W3C//Dtd XHTML 1.0 Strict//EN"
"http://www.w3.org/tr/xhtml1/Dtd/xhtml1-strict.dtd">
<html xmlns="http://www.w3.org/1999/xhtml"><head><title>例3.32</title></head><body>
<table width="400px" border="1" cellpadding="0" cellspacing="0">
    <caption>学生成绩表</caption>
<thead>
 <tr>    <th>学号</th>    <th>期中</th>    <th>期末</th>    <th>总评</th>  </tr>
</thead>
<tfoot>
 <tr>    <th>备注</th>    <td colspan="3">所有学生考核合格</td>  </tr>
</tfoot>
<tbody align="center">
 <tr>    <td>20094401</td>    <td>80</td>    <td>90</td>    <td>85</td>  </tr>
 <tr>    <td>20094402</td>    <td>70</td>    <td>80</td>    <td>75</td>  </tr>
</tbody>
</table>
</body></html>
```

3.10.3　将其他元素显示为表格

显然，通常情况下，以表格形式显示的元素必须在 HTML 代码中使用<table>标签标记。然而，在不使用<table>标签的情况下，也可以借助 CSS 技术将其他元素显示为表格。方法是在 CSS 样式定义中，为相关元素指定如表 3.19 所示的特殊 display 属性值。

表 3.19　　　　　　　　　　　　　与表格相关的 display 属性值

display 属性值	说　　明
table	将指定元素显示为块级表格（类似 <table>），表格前后要换行
inline-table	将指定元素显示为行内表格（类似 <table>），表格前后不换行
table-row-group	将指定元素显示为表体行分组（类似 <tbody>）
table-header-group	将指定元素显示为表头行分组（类似 <thead>）
table-footer-group	将指定元素显示为表脚行分组（类似 <tfoot>）
table-row	将指定元素显示为表格行（类似 <tr>）
table-cell	将指定元素显示为表格单元格（类似 <td> 和 <th>）
table-caption	将指定元素显示为表格标题（类似 <caption>）

例如，若要将一个列表显示为表格形式，则先将列表放入一个 div 块元素内，然后在样式定义中依次为 div 块指定 display 属性值"table"，为列表指定 display 属性值"table-row"，为列表项指定 display 属性值"table-cell"。

例 3.33　制作一个页面，将其中一个列表显示为表格，如图 3.40 所示。

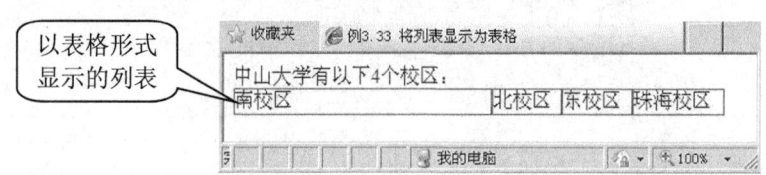

图 3.40　将列表显示为表格

本例页面文档 S0333.htm 代码如下。

```
<!DOCTYPE html PUBLIC "-//W3C//DTD XHTML 1.0 Strict//EN"
"http://www.w3.org/TR/xhtml1/DTD/xhtml1-strict.dtd">
<html xmlns="http://www.w3.org/1999/xhtml"><head><title> 例 3.33 将列表显示为表格
</title>
<style type="text/css">
#area_list {
    display: table;/* 将包含列表的元素显示为块级表格  */
    width:400px; /* 指定表格宽度 */
}
#area_list>ul,#area_list>p { display:table-row; /* 将列表显示为表格行 */ }
#area_list>ul>li {
    display:table-cell; /* 将列表项显示为单元格  */
    border: 1px red solid; /* 为单元格显示边框  */
}
</style>
</head><body>
```

```
<div id="area_list">
<p>中山大学有以下 4 个校区：</p>
<ul><li>南校区</li>    <li>北校区</li>    <li>东校区</li>    <li>珠海校区</li></ul>
</div>
</body></html>
```

3.10.4　CSS 表格属性

CSS 表格属性用于设置表格的布局，如表 3.20 所示。

表 3.20 　　　　　　　　　　　　　　　　CSS 表格属性

CSS 属性	说　　明
caption-side	指定表格标题的位置。取值如下： ● top。默认，将标题定位在表格的上方。 ● bottom。将表格标题定位在表格的下方
table-layout	指定表格布局算法。取值如下： ● auto。自动表格布局，默认。当使用此算法时，列宽与单元格内容相关，从而使它在确定每列宽度之前需要访问表格的所有内容。 ● fixed。固定表格布局。当使用此算法时，列宽与单元格内容无关，从而使它只需访问表格第 1 行就能确定每列宽度。与 auto 布局相比，fixed 布局较快，但没有 auto 布局灵活
border-collapse	指定是否将表格中单元格之间（或单元格与表格之间）的相邻边框合并为单一边框。 ● separate。默认，不合并相邻边框，即相邻边框分离。 ● collapse。合并相邻边框，即相邻边框折叠
border-spacing	指定相邻边框之间的距离（注：只适用于 "border-collapse:separate" 表格）。该属性的声明格式是 "border-spacing: length length"，其中，第 1 个 length 参数设置水平间距，而第 2 个 length 设置垂直间距；若只给出 1 个 length，那么定义的是水平和垂直间距
empty-cells	指定是否显示表格中的空单元格（注：只适用于 "border-collapse:separate" 表格），而空单元格是指不包含任何内容的单元格。取值如下： ● hide。默认，不显示空单元格。 ● show。显示空单元格，即显示空单元格的边框和背景

在 SharePoint Designer 2007 中，使用"新建/修改样式"对话框，选择"表格"类别，可以为指定选择器设置表格样式属性。

例 3.34　为例 3.31 所创建的页面文档嵌入以下样式定义：

```
<style type="text/css">
table { caption-side: bottom; /* 使标题显示在表格下方 */ }
</style>
```

从而使该页面的显示效果如图 3.41 所示，即样式规则 "table{ caption-side: bottom}" 使标题显示在表格下方。

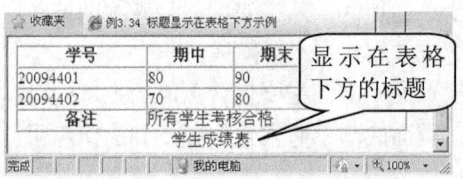

图 3.41　标题显示在表格下方示例

例 3.35　制作一个含有表格的页面。默认情况下，该表格相邻边框折叠；但是，当鼠标悬停于表格时，其相邻边框将分离 5px，如图 3.42 所示。

图 3.42 表格相邻边框折叠与分离示例

本例页面文档 S0335.htm 代码如下。

```
<!DOCTYPE html PUBLIC "-//W3C//Dtd XHTML 1.0 Strict//EN"
"http://www.w3.org/tr/xhtml1/Dtd/xhtml1-strict.dtd">
<html xmlns="http://www.w3.org/1999/xhtml"><head><title>例 3.35</title>
<style type="text/css">
table { border-collapse:collapse; /* 表格相邻边框默认显示为折叠 */ }
table:hover {
    border-collapse:separate; /* 当鼠标悬停于表格时,相邻边框分离 */
    border-spacing:5px;  /* 相邻边框间隔 5px */
}
</style>
</head><body>
<table width="400px" border="1">
    <caption>学生成绩表</caption>
 <tr>    <th>学号</th>    <th>期中</th>    <th>期末</th>    <th>总评</th> </tr>
 <tr>    <td>20094401</td>    <td>80</td>    <td>90</td>    <td>85</td> </tr>
 <tr>    <td>20094402</td>    <td>70</td>    <td>80</td>    <td>75</td> </tr>
 <tr>    <th>备注</th>    <td colspan="3">所有学生考核合格</td> </tr>
</table>
</body></html>
```

3.11　页　面　布　局

目前，最常用的页面布局技术是 CSS 页面布局技术，其次是表格布局技术，而框架布局技术已越来越少用。

3.11.1　页面布局版式

页面布局是对页面内容的总体排版格式。通常，页面按垂直方向分成以下 3 个区域。

（1）页眉区：页眉区处于页面顶部，其主要用途是展示网站标识，以便用户知道自己访问的是哪一个网站。此外，页眉区也常用作水平导航区。

（2）主体区：主体区处于页面中部，主要包含页面的主体内容。

（3）页脚区：页脚区处于页面底部，通常包含版权和法律声明。此外，页脚区也会为较长页面提供导航链接。

对于主体区，也常常分成多列，从而形成页面的多栏布局结构。如图 3.43 所示，典型多栏布局有以下 3 种。

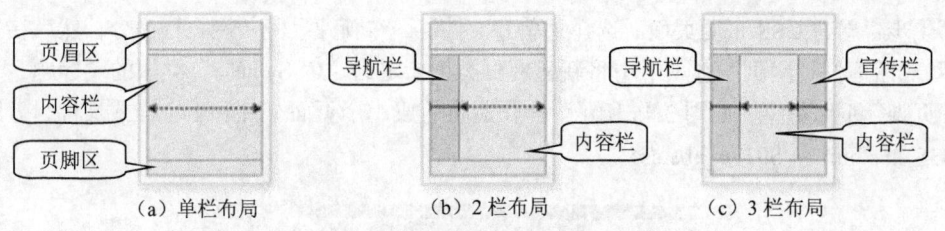

图 3.43　3 种典型页面布局版式

（1）单栏布局：主体区不分栏，直接用作内容栏，如主页 http://www.baidu.com/。

（2）2 栏布局：主体区分成 2 列，左侧是导航栏，右侧是内容栏，如主页 http://blog.jingproject.-com/。导航栏用于垂直放置导航链接列表。

（3）3 栏布局：主体区分成 3 列，左侧是导航栏，中间是内容栏，而右侧是宣传栏，如主页 http://www.w3school.com.cn/。宣传栏通常包括广告、友情链接、新闻标题以及常用操作链接等。

3.11.2　CSS 页面布局技术

1. 概述

CSS 页面布局技术是指使用 CSS 样式对页面元素进行布局、定位的技术，也称 CSS-P（CSS 定位，CSSpositioning）。由于 CSS 布局常使用 DIV 元素标识被布局的页面元素，故这种布局技术也常称为 DIV+CSS 布局技术。

根据定位时所使用的主要 CSS 属性，DIV+CSS 布局分为以下两种方法。

（1）绝对定位布局：使用 position 属性设置 DIV 块的固定位置。

（2）浮动布局：使用 float 属性使相邻 DIV 块并肩排列。

对页面进行 DIV+CSS 布局的一般步骤如下。

（1）确定页面版式，如单栏布局、2 栏布局或 3 栏布局等。

（2）在 HTML 代码中，使用 DIV 元素标记页面版式中的各个分栏。

（3）为各个分栏添加内容。

（4）使用 CSS 样式对各个分栏进行定位、布局。

2. CSS 绝对定位布局示例

例 3.36　使用 CSS 绝对定位布局方法制作一个 3 栏布局的页面，如图 3.44 所示。在 SharePoint Designer 2007 环境下，制作步骤如下。

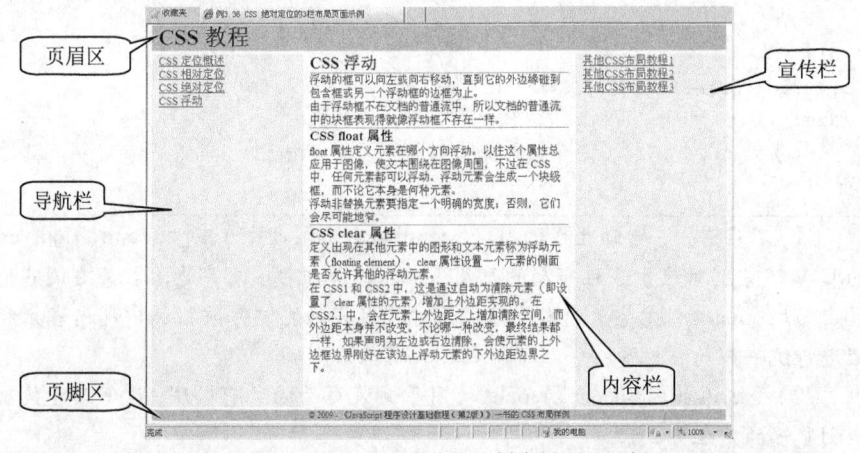

图 3.44　CSS 绝对定位的 3 栏布局页面示例

第 1 步：新建 CSS 布局页面。选择菜单"文件"→"新建"→"网页"命令，然后在打开的"新建"对话框的"网页"选项卡中将新建网页类型指定为"CSS 布局"类中的"标题、导航、三列、页脚"页面类型，如图 3.45 所示。操作后将生成 1 个页面文件和 1 个样式文件，分别保存为 S0336_abs.htm 和 S0336_abs.css。

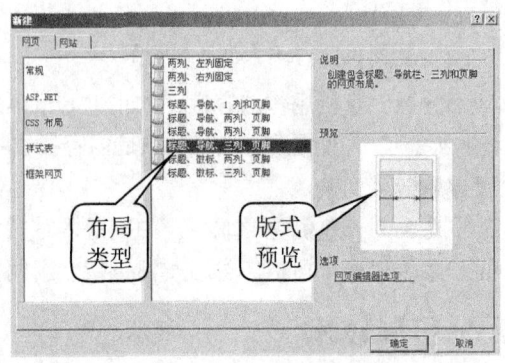

图 3.45　创建一个 3 栏布局页面

第 2 步：定义对应于页面各区的 DIV 块。对自动生成的 HTML 文档进行适当修改，代码如下。

```
<!DOCTYPE html PUBLIC "-//W3C//DTD XHTML 1.0 Transitional//EN"
"http://www.w3.org/TR/xhtml1/DTD/xhtml1-transitional.dtd"><head><title>例
 3.36</title></head>
<body>
<div id="page_wrapper"> <!-- 页面封装区 div 块(注:手工添加) -->
    <div id="masthead"> <!-- 页眉区 div 块 -->
    </div>
    <div id="top_nav">   <!-- 顶部水平导航区 div 块（注:本例未用) -->
    </div>
    <div id="container">    <!-- 页面主体区 div 块 -->
        <div id="left_col"> <!-- 左侧导航栏 div 块 -->
            </div>
        <div id="page_content">  <!-- 页面内容栏 div 块 -->
            </div>
        <div id="right_col"> <!-- 右侧宣传栏 div 块 -->
        </div>
    </div>
    <div id="footer"> <!-- 页脚区 div 块 -->
    </div>
</div>
</body></html>
```

（1）不难看出，自动生成的 ID 为 masthead、left_col、page_content、right_col 和 footer 的 DIV 块分别对应于 3 栏布局的页眉区、左侧导航栏、中部内容栏、右侧宣传栏和页脚区。而#container 块表示主体区，用于对其封装的左侧导航栏、中部内容栏和右侧宣传栏进行统一布局。

（2）手工添加的#page_wrapper 块用于封装页面的所有区域，这有助于控制整个页面在浏览器的定位方式。

第 3 步：为页面的各个区域输入基本内容，并为该页面文档链接一个提供基本格式设置的样式文件 s0336_base.css，其样式定义如下。

```
*   {/* 清除所有元素的预定义内边距和外边距,以便设计者能够灵活控制各个元素的空白 */
    margin:0;
    padding:0;
}
/* 为各个区设置不同背景色,以示区分 */
body {background-color:#FFF;}
#masthead {   background: #b6b6b6;}
#left_col {   background-color: #EFEFEF;}
#page_content {   background-color: #FFFFFF;}
#right_col {background-color: #EFEFEF;}
#footer {background: #b6b6b6;}
#container { margin:5px 0 5px 0; /* 使中间主体区与页眉、页脚之间有空白 */ }
body{ padding: 2px; /* 使整个页面四周有一些空白 */ }
#masthead,#left_col,#page_content,#right_col,#footer
{
    padding:0 10px 0 10px; /* 使各区内容与其背景左、右之间有空白 */
}
#footer{
    font-size: 12px;  /* 设置页脚文本格式 */
    text-align: center;
}
#left_col ul,#right_col ul{ list-style-type: none; /* 去除导航栏中的列表标记 */ }
```

第 4 步：使用绝对定位布局技术改写第 1 步生成的样式文件 s0336_abs.css，并链入页面，即本例页面文档有以下两行链接外部样式文件的代码。

```
<link rel="stylesheet" type="text/css" href="s0336_base.css" /> <!-- 基本样式文件 -->
<link rel="stylesheet" type="text/css" href="s0336_abs.css" /> <!-- 绝对定位布局样式文件 -->
```

在样式文件 s0336_abs.css 中，有如下样式定义。

```
#page_wrapper {
    width: 840px; /* 设置页面的宽度 */
    margin-left:auto;  /* 使页面在浏览器内水平居中 */
    margin-right:auto;
}
#masthead {}
#top_nav {}
#container {
    position: relative; /* 使其包含的各个分栏块可以基于该块进行绝对定位 */
    min-height:500px; /* 设置最小高度 */
}
#left_col {
    position: absolute; /* 与 #container 块按左上角绝对定位 */
    left: 0px;    top: 0px;
    width: 200px;height:100%;
}
#page_content {
    height:100%;
    margin-left: 220px;    margin-right: 220px;
}
#right_col {
```

```
        position: absolute; /* 与 #container 块按右上角绝对定位 */
        right: 0px;   top: 0px;
        width: 200px;height:100%;
}
#footer {}
```

（1）在对#page_wrapper 块的样式定义中，属性声明"width:840px;"使页面宽度设置为 840px，而属性声明"margin-left:auto;margin-right:auto;"使页面在浏览器窗口较大时能够水平居中。

（2）由于有样式定义"#container{position: relative; }"，因此#left_col 和#right_col 块基于#container 块进行绝对定位，并且脱离#container 块内的常规文档流，即在#container 块内的常规文档流中只有#page_content 块。

（3）由于在另一个样式文件 s0336_base.css 中有样式定义"#left_col,#right_col{padding: 0 10px010px;}"，使#left_col 和#right_col 块的背景宽度等于 200px+2×10px=220px，因此将#page_content 块的左、右外边距设置为 220px，从而使#page_content 块刚好处于#left_col 和#right_col 块之间。

3. CSS 浮动布局示例

例 3.37   使用 CSS 浮动布局技术制作一个与例 3.36 相同的页面。制作步骤如下。

第 1 步：先将例 3.36 生成的页面文档复制到新页面 S0337_float.htm，然后将该新页面代码中对 s0336_abs.css 的外部样式表链接改为对 s0337_float.css 的链接，即改为

```
<link rel="stylesheet" type="text/css" href="s0337_float.css" /> <!-- 浮动布局样式
文件 -->
```

第 2 步：先将例 3.36 生成的样式文件 s0336_abs.css 复制到新样式文件 s0337_float.css，然后使用浮动布局技术将该新样式文件中的样式定义改为

```
#page_wrapper {
    width: 840px; /* 设置页面的宽度 */
    margin-left:auto;  /* 使页面在浏览器内水平居中 */
    margin-right:auto;
}
#masthead {}
#top_nav {}
#container {}
#left_col {
    width: 200px;
    float:left;/* 浮动至左侧 */
}
#page_content {
    width: 380px;/* = 840px - 2*200px - 6*10px =380px*/
    float:left;/* 向左浮动结果: 与 #left_col 块并肩排列 */
}
#right_col {
    width: 200px;
    float:left;/* 向左浮动结果: 与 #page_content 块并肩排列 */
}
#footer { clear:both;/* 清除浮动结果: #footer 块处于页面底部 */ }
```

（1）默认情况下，未指定宽度的 DIV 块与其父元素同宽。因此，#container 块与 #page_wrapper 块宽度相同，都是 840px。

（2）样式定义"#left_col{float:left;}"使#left_col 块左移，并与父元素#container 块边框紧贴；而类似的样式定义"#page_content{float:left;}"和"#right_col{float:left;}"促使 #page_content 块和#right_col 块左移，从而使这 3 个 DIV 块并肩排列。

（3）由于 #container 块宽度是 840px，而 #left_col 块和 #right_col 块宽度都是 200px，并且在另一个样式文件 s0336_base.css 中有样式定义"#left_col,#right_col {padding:0 10px 0 10px;}"，故 #page_content 块的宽度是 840px − 2×200px − 6×10px=380px。

（4）样式定义"#footer { clear:both; }"的效果是使 #footer 块另起一行，从而处于页面底部 。

第 3 步：预览本例页面，易知其显示效果与例 3.36 基本相同。

4. 使用 CSS 模板

使用 CSS 布局技术的主要好处是支持 Web 标准，容易实现网页结构和表现的分离。但是，CSS 页面布局技术较为复杂，需要制作者精通 CSS 技术，并且需要解决 CSS hack[1]问题。

为了提高 CSS 布局效率，读者可以直接使用或自己设计 CSS 模板（或称 CSS 库）。通过使用搜索工具（如 http://www.baidu.com），按"CSS 模板"、"CSS 库"或"div+css"等关键字搜索，读者可以下载、学习并使用专业人士精心设计的 CSS 模板及其相关学习资料。

3.11.3　传统表格布局技术

表格布局是一种传统的页面布局技术，目前仍然有大量网站采用这种布局技术。表格布局的基本思想是使用表格将一个网页分隔成多个互不重叠的区域，而每个区域（即单元格）用于放置相对独立的任何网页对象（如普通段落、超链接列表、图片等）。

表格布局的主要优点是简单、易用。但有两个主要缺点：一是不符合 Web 标准，难以实现网页结构和表现的分离；二是当表格过多时，影响页面下载速度。

例 3.38　使用表格布局技术制作一个与例 3.36 相同的页面。制作步骤如下。

第 1 步：在 SharePoint Designer 2007 环境下，先在设计视图中绘制一个 3 行 3 列的表格，然后分别将第 1 行和第 3 行的 3 个单元格合并为一个单元格，如图 3.46 所示。

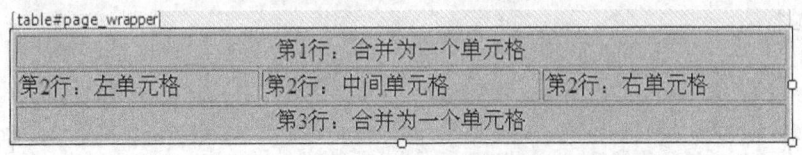

图 3.46　绘制一个用于页面布局的 3 行 3 列表格

第 2 步：对第 1 步设计的页面文档代码进行适当修改，并保存到文件 s0338_table.htm，代码如下。

```
<!DOCTYPE html PUBLIC "-//W3C//DTD XHTML 1.0 Transitional//EN"
"http://www.w3.org/TR/xhtml1/DTD/xhtml1-transitional.dtd">
<html dir="ltr" xmlns="http://www.w3.org/1999/xhtml"><head><title>例 3.38 </title>
</head>
```

---

[1] CSS hack 是指在正常 CSS 代码的基础上编写特殊的补丁代码，以处理浏览器兼容性问题。这类兼容性问题是由于不同浏览器（如 IE、Firefox 等）及其不同版本对标准 CSS 的解析认识不一致而产生的。

分析

```
<body>
<table width="100%" border="0" id="page_wrapper"> <!-- 使用 table 元素进行页面布局 -->
    <tr id="masthead"> <!-- 第1行：页眉区 -->
        <td colspan="3"></td>
    </tr>
    <tr id="container"> <!-- 第2行：主体区 -->
        <td id="left_col"> <!-- 第2行左单元格：导航栏 -->
        </td>
        <td id="page_content">      <!-- 第2行中间单元格：内容栏 -->
        </td>
        <td id="right_col">         <!-- 第2行右单元格：宣传栏 -->
        </td>
    </tr>
    <tr id="footer"> <!-- 第3行：页脚区 -->
        <td colspan="3"></td>
    </tr>
</table>
</body></html>
```

（1）为表格的各个元素指定恰当的 id 属性，以标识页面布局的各个区域。即为 table 元素指定属性"id="page_wrapper""，意指将该 table 元素用作页面封装块；为3个 tr 元素分别指定属性"id="masthead""、"id="container""和"id="footer""，意指将这3行用作页眉区、主体区和页脚区；为第2行的3个单元格分别指定属性"id="left_col""、"id="page_content""和"id="right_col""，意指将这3个单元格分别用作左侧导航栏、中部内容栏和右侧宣传栏。

（2）为 table 元素指定属性"border="0""使该表格不显示边框。

第3步：将例3.36页面各个区域中的内容复制到表格中的相应单元格中。

第4步：为页面链接例3.36的基本格式样式文件 s0336_base.css，并编写用于表格布局的样式定义，即本例页面中与样式相关的代码如下。

```
<link rel="stylesheet" type="text/css" href="s0336_base.css" /> <!-- 基本样式文件 -->
<style type="text/css">
#page_wrapper {
    width: 840px; /* 设置页面的宽度 */
    margin-left:auto;  /* 使页面在浏览器内水平居中 */
    margin-right:auto;
}
#left_col,#right_col {
    width: 200px; /* 设置左、右栏宽度 */
    text-align: left; /* 使单元格内容按左上角对齐 */
    vertical-align: top;
}
</style>
```

（1）链接样式文件 s0336_base.css，使本例页面的基本内容外观与例3.36相同。

（2）对#page_wrapper 块的样式定义效果与例3.36相同。

（3）样式定义"#left_col,#right_col{width: 200px;}"设置了左、右栏的宽度，而#page_content 块的宽度由浏览器自动计算。

第 5 步：预览本例页面，易知其显示效果与例 3.36 基本相同。

习　　题

一、判断题

（1）只有 IE 浏览器支持 CSS 技术，而其他浏览器（如 Firefox）不支持。

（2）在一条 CSS 样式定义规则中，可以同时为多个 HTML 标签（用逗号分隔）定义相同的属性。

（3）在 CSS 样式定义中，选择器就是 HTML 标签。

（4）内嵌样式是指在页面文档中直接使用 HTML 标签的 style 属性定义的样式。

（5）在 CSS 样式定义中，任何数字型属性值的单位都是绝对单位（如 pt）。

（6）在 CSS 基本格式化属性中，text-transform 属于文本属性，而 letter-spacing 属于字体属性。

（7）在 HTML 文档结构树中，body 元素是所有可显示元素的祖先元素。

（8）CSS 样式的继承性是指 HTML 元素将自动继承父元素的所有 CSS 属性。

（9）在 CSS 层叠规则中，ID 选择器样式规则的优先级高于类选择器。

（10）在 CSS 样式定义中，子选择器与后代选择器的含义相同。

（11）在 HTML 页面中，任何一个可显示的页面元素，都显示为一个元素框，包括内容区、内边距、边框和外边距 4 个区域。

（12）在 HTML 页面中，任何一个页面元素的元素框大小与其内容区大小相同。

（13）在 CSS 定位模型中，一个元素的包含块就是其父元素的元素框。

（14）在 CSS 定位模型中，一个相对定位（relative）的元素将影响其后续元素的定位。

（15）在 CSS 定位模型中，浮动元素是指元素可以浮动到页面的任何位置。

（16）在 CSS 定位模型中，隐藏某个元素的方法有两种，一种是将其 display 属性设置为 none，另一种是将其 visibility 属性设置为 hidden。这两种方法效果完全相同。

（17）在为页面的列表（如 ul）定义样式时，只能使用 CSS 列表属性，不能使用其他属性，如 font、text-align、background 等非列表性属性。

（18）在定义 CSS 样式时，若要使用 content 属性，则必须与伪元素 :befor 或 :after 配合使用。

（19）在制作 HTML 页面时，可以使用 thead、tbody 和 tfoot 标签将表格行分组为表头、表体和表脚。

（20）HTML 文档中的表格边框一定是可见的。

（21）目前，最常用的页面布局技术是框架布局技术。

二、单选题

（1）以下哪个是无效的 CSS 样式定义？

　　A.　h1,h2 {font-size: large; color:green}　　B.　$link {text-decoration:none}

　　C.　product_name {font-family:隶书}　　　　D.　#my_name {font-size: 14pt}

（2）以下关于 CSS 外部样式表的论述中，哪个是不正确的？

　　A.　使用外部样式表可以实现网页结构和表现的完全分离。

　　B.　一个已链接外部样式表的 HTML 文档不能再使用嵌入样式表。

　　C.　一个 HTML 文档可以链接多个外部样式表。

D. 多个 HTML 文档可以链接同一个外部样式表。

（3）以下哪个单位是 CSS 的绝对长度单位？

    A. pc   B. px   C. em   D. ex

（4）在 CSS 样式定义中，以下哪种 RGB 颜色值是 Web 安全色？

    A. #111111   B. #222222   C. #333333   D. #444444

（5）以下哪个段落显示时不会出现大写字母？

    A. java

    B. java

    C. java

    D. java

（6）以下哪个段落显示时首行缩进 2 个字符？

    A. <p style="text-indent:2px">...</p>   B. <p style="text-indent:2pt">...</p>

    C. <p style="text-indent:2em">...</p>   D. <p style="text-indent:2cm">...</p>

（7）以下哪个段落文本显示时水平居中？

    A. <p style="text-align:center">...</p>   B. <p style="text-align:middle">...</p>

    C. <p style="align:center">...</p>   D. <p style="align:middle">...</p>

（8）在 CSS 属性声明中，一些属性可以设置多个属性值，对此以下哪个论述不正确？

    A. 当为 font、background 等属性设置多个属性值时，属性值之间必须以空格分隔

    B. 当为 font 设置多个属性值时，各个属性值的出现顺序可以任意

    C. 当为 background 设置多个属性值时，各个属性值的出现顺序可以任意

    D. 当为 list-style 设置多个属性值时，各个属性值的出现顺序可以任意

（9）有一个 HTML 文档，其<body>元素内只有代码 "<div>html语言</div>"。若要使该页面显示为 "HTML 语言"，则不能使用以下哪个样式定义？

    A. html { text-transform: uppercase;}   B. body { text-transform: uppercase;}

    C. div { text-transform: uppercase;}   D. p { text-transform: uppercase;}

（10）以下关于 CSS 样式规则优先级的论述中，哪个是正确的？

    A. 以 HTML 标签为选择器的样式规则优先级高于类选择器

    B. 分别在外部样式表、嵌入样式表和内嵌样式中定义的样式规则优先级依次升高

    C. 对于一个页面元素，如果它已使用内嵌样式，那么外部样式表就对它不起作用

    D. 如果内嵌样式、嵌入样式表和外部样式表都对同一个页面元素的样式进行了定义，
       那么就不能确定这个页面元素的显示格式

（11）要清除所有元素的内边距和外边距，可以使用以下样式定义_____。

    A. html { padding: 0px; margin: 0px; }   B. body { padding: 0px; margin: 0px; }

    C. all { padding: 0px; margin: 0px; }   D. * { padding: 0px; margin: 0px; }

（12）使用以下哪个样式定义，可以将页面中所有<div>元素的第 1 个<p>标签子元素的首字母显示为红色？

    A. 不能定义

    B. div>p:first-child:first-letter { color:red;}

    C. div.p:first-child:first-letter { color:red;}

    D. div p:first-child:first-letter { color:red;}

（13）以下哪个是 CSS 的边框属性？

    A．border-top   B．border-color-bottom

    C．border-style-left   D．border-width-right

（14）在一个 HTML 页面中，有以下样式定义

    * { padding: 0; margin: 0; }

    h1 { margin-bottom:10px;}

    p { margin-top:3px;}

若在 h1 标题之后有一个 p 段落，则这两个元素之间的垂直空白高度是＿＿＿＿。

    A．0   B．0px   C．3px   D．13px

（15）在一个 HTML 页面中，若有样式定义 "div{width: 200px;border: 2px red solid; padding: 10px; margin: 5px;}"，则当该页面在 IE8.0 中显示时，div 元素框的宽度至少是＿＿＿＿。

    A．不确定   B．200px   C．217px   D．234px

（16）在 CSS 定位模型中，以下哪种定位方式是默认定位方式？

    A．static   B．relative   C．absolute   D．fixed

（17）在一个 HTML 文档中，有以下一段 HTML 代码：

    <div id="id1"><p id="id2"><span id="id3">HTML</span>语言是...</p></div>

并且有以下样式定义：

    #id1 {position: relative; width:200px;height:200px; border:1px red solid;}

    #id3 { position:absolute; right:0; top: 0;}

则其 span 元素（# id3）的包含块元素是＿＿＿＿。

    A．body   B．div   C．p   D．span

（18）在一个 HTML 文档中，有以下一段 HTML 代码：

    <div id="id1"><p id="id2"><span id="id3">HTML</span>语言是...</p></div>

并且有以下样式定义：

    * { margin: 10px;border: 1px red solid;}

    #id1 { position:relative; }

    #id3 { float: right;margin: 0;}

则其 span 元素（# id3）将向右移动，直至与＿＿＿＿元素的右侧边框紧贴。

    A．body   B．div   C．p   D．所有

（19）若要使用 CSS 的 clip 属性剪裁元素的实际内容，则必须＿＿＿＿。

    A．将该元素的 position 属性指定为 static 或 relative

    B．将该元素的 position 属性指定为 absolute 或 fixed

    C．将其父元素的 position 属性指定为 absolute 或 fixed

    D．将其父元素的 position 属性指定为 static 或 relative

（20）在一个 HTML 页面中，若有样式定义 "ul { list-style:upper-alpha; }"，则无序列表（ul）的列表项编号形式是＿＿＿＿。

    A．不能编号   B．1、2、3...   C．a、b、c...   D．A、B、C...

（21）在一个 HTML 页面中，若有以下样式定义

    ol {list-style-type:none; }

    li { counter-increment:item;}

li:before { content:"step " counter(item) ": "; }

则有序列表（ol）的列表项编号形式是_____。

A. 1、2、3…   B. step 1、step 2、step 3…

C. a、b、c…   D. A、B、C…

（22）在 HTML 中，表示表格标题的标签对是_____。

A. <caption></caption>   B. <head></head>

C. <title></title>   D. <header></header>

（23）在 HTML 文档中，若有一个表格如下：

<table border="1" width="100%" style="border-collapse:collapse">

  <tr> <td>1</td> <td>a</td> <td rowspan="3">xyz</td> </tr>

  <tr> <td>2</td>   <td>b</td> </tr>

  <tr> <td>3</td> <td>c</td> </tr>

</table>

那么，以下论述中哪个正确？

A. 表格第 1 行只有 1 个单元格   B. 表格第 3 行只有 1 个单元格

C. 表格第 1 列只有 1 个单元格   D. 表格第 3 列只有 1 个单元格

（24）在网页布局技术中，以下哪种技术最符合 Web 标准？

A. CSS 页面布局技术   B. 表格布局技术

C. 框架布局技术   D. 列表布局技术

三、综合题

（1）将第 2 章习题中综合题 1 所生成的页面文件复制到 ex030301.htm，然后为该页面链接新写的外部样式表 ex030301.css，设置以下格式：

① 为该页面设置字体"楷体_GB2312, Times"；

② 分别将 h1、h2、p 元素的字体大小设置为 28px、24px、16px；

③ 将水平线设置为 300px 宽、左对齐；

④ 普通 p 段落首行缩进 2 个字符。

（2）将第 2 章习题中综合题 2 所生成的页面文件复制到 ex030302.htm，然后为该页面链接新写的外部样式表 ex030302.css，设置以下格式：为 acronym 和 abbr 元素设置银灰色（silver）背景。

（3）将第 2 章习题中综合题 3 所生成的页面文件复制到 ex030303.htm，然后为该页面链接新写的外部样式表 ex030303.css，设置以下格式：

① 将引文来源（即 cite 元素）显示为绿色（green）字；

② 将短文（即 q 元素）显示为蓝色（blue）字，并且自动为引文加上括号"【】"。

（4）将第 2 章习题中综合题 4 所生成的页面文件复制到 ex030304.htm，然后为该页面链接新写的外部样式表 ex030304.css，设置以下格式：

① 对于 del 元素，去除删除线，显示为有灰色（gray）背景；

② 对于 ins 元素，去除下画线，显示为红色（red）字。

（5）将第 2 章习题中综合题 5 所生成的页面文件复制到 ex030305.htm，然后为该页面链接新写的外部样式表 ex030305.css，设置以下格式：为所有代码类元素（pre,kbd,samp,var）设置银灰色（silver）背景。

（6）将第 2 章习题中综合题 6 所生成的页面文件复制到 ex030306.htm，然后为该页面链接新写的外部样式表 ex030306.css，设置以下格式：将页面中的公式显示为倾斜、加粗（注：需要适当修改原 HTML 代码，即使用 span 元素标记页面中的公式）。

（7）将第 2 章习题中综合题 9 所生成的页面文件复制到 ex030307.htm，然后为该页面链接新写的外部样式表 ex030307.css，将页面中第 1 个列表项内嵌的一个列表显示为用顿号"、"分隔的列表项序列，并以句号"。"结束（注：除链接外部样式表之外，不能修改原来的任何 HTML 代码），如图 3.47 所示。

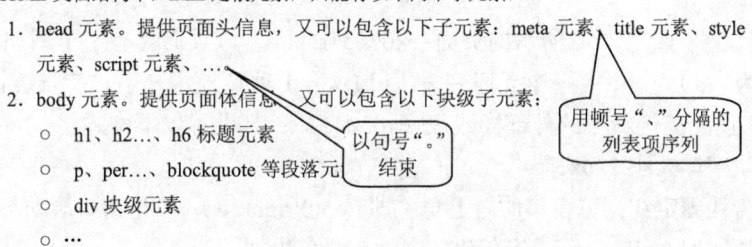

图 3.47　使用 CSS 控制列表的显示方式

（8）将第 2 章习题中综合题 10 所生成的页面文件复制到 ex030308.htm，然后为该页面链接新写的外部样式表 ex030308.css，设置以下格式：在所有超链接对象后面附带其链接地址，其效果类似本章例 3.27。

（9）将本章例 3.18 所生成的页面文件复制到 ex030309.htm，然后为该页面链接新写的外部样式表 ex030309.css，设置以下格式：

① 将该页面的所有嵌入样式剪切至外部样式表；

② 对于 h1 标题，要求显示 5px 绿色边框，5px 上下外边距，背景为银灰色；

③ 对于 p 段落，要求 2px 上下外边距，2px 内边距，并且要求设置灰色边框（其中，上、下边框宽度分别为 thin 和 thick，而左、右边框宽度都为 medium）。

（10）设计一个如图 3.48 所示的页面 ex030310.htm，该页面含有一个用 div 标记的广告块（其 id 属性为 ad），其中有两个超链接。为该页面链接新写的外部样式表 ex030310.css，设置以下格式：

① 将广告块固定在浏览窗口的右上角（即 top:0;right: 0），不论窗口滚动与否；

② 广告块宽度 100px，背景银灰色，有 1px 绿色边框；

③ 将广告块中的超链接显示为块级框，字体大小 12px。

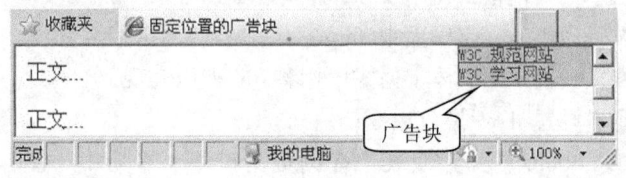

图 3.48　固定在窗口右上角的广告块

（11）将本章例 3.22 所生成的页面文件复制到 ex030311.htm，然后为该页面链接新写的外部样式表 ex030311.css，设置以下格式（效果见图 3.49）：

① 删除页面的所有嵌入样式；

② 每个 p 段落宽度 300px，外边距 10px，背景为银灰色；

③ 设置 p 和 img 元素的 float 属性，使第 1 段文字环绕浮动至左侧的图像，并且当浏览窗口足够宽时这两个 p 段落并肩排列（注：不能使用 position 属性）。

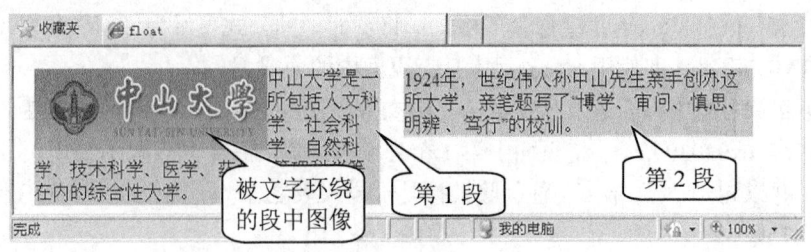

图 3.49   并列的两个 p 段落

（12）设计一个如图 3.50 所示的页面 ex030312.htm，该页面含有一个用 div 标记的广告块（其 id 属性为 ad），其中有一个无序列表（ul），第 1 项是提示文字"广告链接"，其他 2 项是超链接。为该页面链接新写的外部样式表 ex030312.css，设置以下格式：

① 广告块字体大小 12px；

② 将广告块固定在浏览窗口的右上角（即 top:0;right: 0），不论窗口滚动与否；

③ 广告块宽度 100px，背景银灰色，有 1px 绿色边框；

④ 广告块默认高度为 15px，只显示列表第 1 项，但是当鼠标悬停于广告块上时，将自动显示整个广告块。

图 3.50   自动扩展的广告块

（13）将本章例 3.29 所生成的页面文件复制到 ex030313.htm，然后为该页面链接新写的外部样式表 ex030313css，设置以下格式：

① 将该页面的所有嵌入样式剪切至外部样式表；

② 修改样式，使 h2 编号形式是"第*章第*节"，使 h3 编号形式是"第*小节"。

（14）设计一个如图 3.51 所示的页面 ex030314.htm，该页面含有一个表格，并为该页面链接新写的外部样式表 ex030314.css，设置以下格式：

① 除合并单元格外，其他格式使用 CSS 样式设置；

② 将表格标题设置为粗体，字体大小 large；

③ 除表格标题外，表格中的粗体字格式由标签 th 默认实现；

④ 为表格和单元格设置 1px 黑色边框；

⑤ 设置表格宽度 400px，并且使表格在浏览窗口中水平居中（注：使用 margin-left 和 margin-right 属性）。

（15）设计一个如图 3.52 所示的页面 ex030315.htm，该页面有一个 4 行 2 列的表格，并为该页面链接新写的外部样式表 ex030315.css，设置以下格式：

① 表格宽度 600px，并且水平居中；

② 字体大小 12px；

③ 只有标题单元格行上下边以及表格底边有边框。

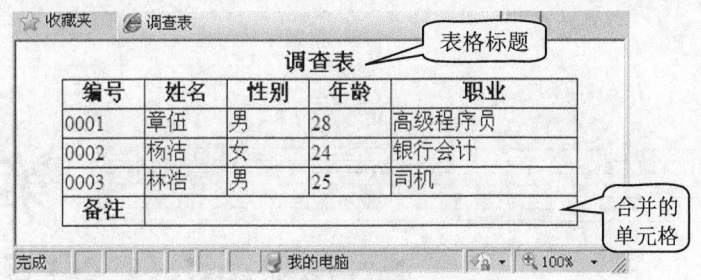

图 3.51　一个用 CSS 布局的表格

表3-xx 表格行分组标签

标签	说明
\<thead\>	表头标签，用于将若干行标记为表格的页眉，即表头。
\<tbody\>	表体标签，用于将若干行标记为表格的主体，即表体。
\<tfoot\>	表脚标签，用于将若干行标记为表格的页脚，即表脚，如位于表格底部的统计行。

图 3.52　一个用 CSS 控制边框显示的表格

（16）设计一个介绍自己或班级的主页面 ex030316.htm，其格式要求如下：

① 分别为页面编写 3 种不同风格的 CSS 样式文件，即 ex030316A.css、ex030316B.css 和 ex030316C.css；

② 每个样式文件都必须采用 CSS 页面布局技术；

③ 在设计页面和样式时，可以利用 CSS 模板（注：上网搜索）。

第4章
JavaScript 编程基础

　　JavaScript 是一种简单、易学的脚本编程语言，可用于 Web 系统的客户端和服务器端编程。从本章开始，将逐步介绍 JavaScript 的基本编程技术。

　　本章介绍 JavaScript 类型、常量、变量和表达式这几个最基本的编程概念。

4.1　JavaScript 简介

4.1.1　了解 JavaScript

1. 什么是 JavaScript

　　JavaScript 是 Web 上的一种功能强大的编程语言，用于开发交互式的 Web 页面。它不仅可以直接应用于 HTML 文档以获得交互效果或其他动态效果，而且可以运行于服务器端，从而替代传统的 CGI 程序。

　　JavaScript 的前身叫做 LiveScript，是 Netscape（网景）公司开发的脚本语言。后来在 Sun 公司推出著名的 Java 语言之后，Netscape 公司和 Sun 公司于 1995 年一起重新设计了 LiveScript，并把它改名为 JavaScript。

2. JavaScript 标准

　　ECMA-262 标准是 ECMA 组织为 JavaScript 语言制订的标准规范，该规范将 JavaScript 语言称为 ECMAScript 语言，其常用版本是 1999 年 12 月发布的 ECMAScript v3。

　　分别由 Netscape 公司和微软公司制订并实现的 JavaScript1.5（由 Netscape 6.0 实现）和 JScript 5.5（由 IE5.5 实现）是对 ECMAScript v3 的具体实现和扩展。正因如此，通常将 JavaScript、JScript 和 ECMAScript 这几个术语统称为 JavaScript。

3. JavaScript 的基本特点

　　JavaScript 是一种基于对象（Object）和事件驱动（Event Driven）并具有安全性能的解释型脚本语言。具有以下几个基本特点。

　　（1）JavaScript 是脚本编程语言：JavaScript 采用小程序段的方式实现编程，通常与 HTML 代码结合在一起，由浏览器解释执行。

　　（2）JavaScript 是基于对象的语言：JavaScript 的许多功能来自于脚本环境中对象的方法与脚本的相互作用。在 JavaScript 中，既可以使用预定义对象，也可以使用自定义对象。

　　（3）安全性：在 HTML 页面中，JavaScript 不能访问本地硬盘，也不能对网络文档进行修改和删除，而只能通过浏览器实现信息浏览或动态交互。

（4）跨平台性：在 HTML 页面中，JavaScript 的执行依赖于浏览器本身，与操作环境无关。只要在计算机上安装了支持 JavaScript 的浏览器，那么 JavaScript 程序就可以正确执行。

4. 其他常用的 Web 开发语言

在 Web 应用开发中，除了 JavaScript 之外，还有许多其他语言，如 Java、VBScript、JScript 和 Perl 等。

（1）Java

Java 是由 Sun 公司开发的一种与平台无关的、面向对象的程序设计语言。Java 可以用来设计独立的应用程序，也可以用来创建一种称为 Applet 的小应用程序。经过编译后，Applet 成为一种平台的字节代码，这种字节代码可以运行在拥有 Java 虚拟机的任何平台上。

（2）VBScript

VBScript 是微软公司开发的脚本语言，与 Visual Basic 的语法基本相同。VBScript 也可以嵌在 HTML 页面中，由浏览器解释执行。不过，目前只有 IE 支持 VBScript。

（3）JScript

微软公司在 Netscape 公司发布的 JavaScript 的基础上，也开发了自己的 JavaScript 规范，叫做 JScript。JScript 与 JavaScript 在基本功能和语法上是相同的，但它结合了 IE 浏览器特性，因此早期版本的 JScript 与 JavaScript 存在兼容性问题。随着这两种语言的升级，其兼容性也在不断改善，Netscape 6.0 支持的 JavaScript1.5 与 IE 5.5 支持的 JScript 5.5 几乎完全兼容。现在，Web 开发人员可以编写出在这两种浏览器上都能正常工作的 JavaScript 脚本程序，尽管它们还是存在一些微小的差异。

（4）Perl

Perl 是 Practical Extraction and Report Language 的缩写，它由 Larry Wall 设计，并由他不断更新和维护。Perl 是一种解释型语言，且具有许多高级语言（如 C）的强大能力和灵活性。Perl 在 Web 中只能用作 CGI 脚本，这是与 JavaScript 最大的不同点。Perl 运行在服务器而不是客户机上，通过返回一个动态创建的 HTML 页面来实现交互性。

4.1.2　JavaScript 应用

作为一种脚本语言，JavaScript 在 Web 系统的应用非常广泛。它不但可以用于编写客户端的脚本程序，在 Web 浏览器端解释执行；而且还可以编写在服务器端执行的脚本程序，在服务器端处理用户提交的信息并动态地向浏览器返回处理结果。

1. 客户端应用

JavaScript 的典型应用是开发客户端的 Web 应用程序，将客户端的 JavaScript 脚本程序嵌入或链接到 HTML 文档。当用户使用浏览器请求这样的 HTML 页面时，JavaScript 脚本程序与 HTML 一起被下载到客户端，由客户端的浏览器读取 HTML 文档，并分辨其中是否含有 JavaScript 脚本。如果有，就解释并执行它，并以页面方式显示出来，如图 4.1 所示。

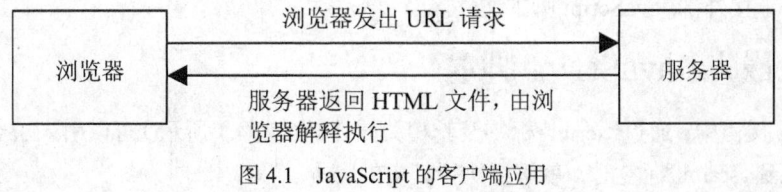

图 4.1　JavaScript 的客户端应用

2. 服务器端应用

使用 JavaScript 还可以开发服务器端的 Web 应用程序。例如，在 IIS 上使用 ASP 开发服务器端应用程序时，可以将 JavaScript 用作 ASP 的实现脚本语言。

服务器端脚本的工作过程如下：用户使用浏览器请求 URL 时，服务器执行脚本，将生成的数据以 HTML 文件的形式发送回浏览器。如图 4.2 所示。

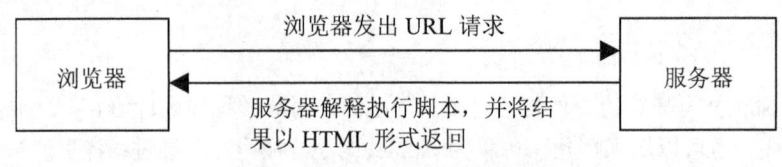

图 4.2　JavaScript 的服务器端应用

对于 JavaScript 的客户端应用和服务器应用，要根据实际情况进行选择。客户端应用程序是在客户端解释执行，而服务器端应用程序则是在服务器端进行处理。从程序保密性的角度来看，采用服务器端应用更为妥当。如果只是对数据进行验证，那么若是服务器端应用，则每一次验证都要发回服务器端，这势必会增加网络流量和延迟，所以数据验证通常由客户端应用来实现，这样效率更高。

4.1.3　编写 JavaScript 程序的工具

对于 JavaScript 脚本的编写，可以采用两种方式，一种是使用纯文本编辑器，另一种是使用专业化脚本编辑工具。

1. 使用纯文本编辑器

使用纯文本编辑器（如 Windows 的记事本）来编写脚本，是早期脚本编程人员常用的一种方法。这种方式的优点是简单、易用；缺点是由于这种编辑器的主要用途只是编辑纯文本，不具备对 JavaScript 语言的特性支持，因此它只适用于脚本的少量编写和修改，而要进行大量的脚本编写和设计，则需要专业化的脚本开发工具。

2. 使用专业化脚本编辑工具

使用可视化工具，例如 SharePoint Designer 2007、Dreamweaver 以及 Flash 等工具可以十分容易地在 Web 页面中加入脚本来完成一些功能。这些工具是处理 JavaScript 的专业化开发工具，具有许多处理 JavaScript 特性的功能，如代码自动生成、智能感知、语法敏感编辑、调试等，因此现在的开发人员经常使用这些工具进行 Web 程序的开发，以提高效率。必须注意的是，这些工具在自动生成有关 JavaScript 代码时会加入一些冗余代码，但这不会防碍熟练的脚本编程人员对 Web 页面中脚本的控制。

4.2　在 HTML 文档中使用 JavaScript

在 HTML 文档中使用 JavaScript 有两种方式，一种是在 HTML 文档中直接嵌入 JavaScript 脚本，另一种是链接外部 JavaScript 脚本文件。

4.2.1　嵌入 JavaScript 脚本

在 HTML 文档中，通过<script>标签及其相关属性（如表 4.1 所示）可以引入 JavaScript 代码。当浏览器读取到<script>标签时，就解释执行其中的脚本。

表 4.1　　　　　　　　　　　　　　　　`<script>`标签的常用属性

属　性	说　　明
type	指定脚本的 MIME 类型，包括主类型和子类型两部分。例如，对于 JavaScript，其 MIME 类型是 text/javascript；对于 VBScript，则是 text/vbscript 等等。
defer	指定是否对脚本执行进行延迟，直到页面加载为止。其值只有 defer
src	指定引用的外部脚本文件的 URL
charset	指定在外部脚本文件中使用的字符编码。如果脚本文件的字符编码与主文件的编码方式不同，就要用到 charset 属性。常用字符编码有 ISO-8859-1（默认）、UTF-8 等

在使用`<script>`标签时，必须通过 type 属性指定`<script>`元素包含的是何种类型的脚本。例如，若 type 属性的值是 text/javascript，则表示`<script>`元素包含的是 JavaScript 脚本；而若 type 属性的值是 text/vbscript，则表示`<script>`元素包含的是 VBScript 脚本。如果在`<script>`标签中没有指定 type 属性，那么浏览器将使用它的默认脚本语言对`<script>`元素中的代码进行解释（注：IE 的默认脚本语言是 JavaScript）。

通常，将`<script>`元素放入`<head>`和`</head>`之间（称为头脚本），或者`<body>`和`</body>`之间（称为体脚本）。

例 4.1　制作一个使用 JavaScript 脚本显示 "Hello World!" 的页面，保存到页面文档 s0401.htm 中。在 SharePoint Designer 2007 中，主要操作如下：先创建一个空白网页，然后在 "代码" 视图编辑区中，在`<body></body>`标签对之间输入`<script>`元素，代码如下。

```
<!DOCTYPE htmlPUBLIC "-//W3C//DTD XHTML 1.0 Strict//EN"
"http://www.w3.org/TR/xhtml1/DTD/xhtml1-strict.dtd">
<html xmlns="http://www.w3.org/1999/xhtml"><head><title>例 4.1</title></head>
<body>
<script type="text/javascript">
    document.write("<p>Hello World!</p>");      //在页面上显示一行文字
</script>
</body></html>
```

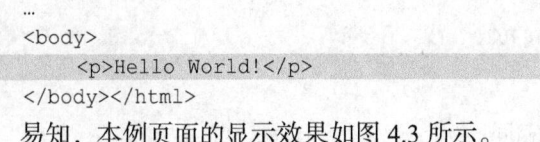

（1）JavaScript 脚本程序嵌入到 HTML 文档的`<script>`标签对之间。

（2）在 JavaScript 程序中，"//" 为单行注释符，表示在其之后的同行内容为注释信息，它不会执行。如果需要注释多行，则可以使用标记对（/*...*/）。为程序添加适当注释，有助于提高程序代码的可读性。

（3）脚本中的语句 document.write()是 JavaScript 语句，它调用对象 document 的方法 write，其功能是向 HTML 代码流输出括号中的字符串内容，即 "`<p>Hello World!</p>`"。

当浏览器显示含有 JavaScript 脚本的 HTML 文档时，仍然是依次解释文档中的 HTML 代码（即 HTML 代码流）。当遇到`<script>`标签时，就调用 JavaScript 解释器，然后由 JavaScript 解释器解释执行`<script>`元素内的 JavaScript 脚本，而脚本中的语句 document.write 将向 HTML 代码流输出指定的 HTML 代码片段。因此，本例中浏览器处理的实际 HTML 代码流是：

```
...
<body>
    <p>Hello World!</p>
</body></html>
```

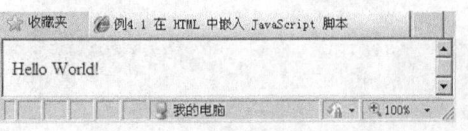

易知，本例页面的显示效果如图 4.3 所示。

图 4.3　第 1 个使用 JavaScript 脚本的页面

不过，浏览器的安全设置可能会禁止执行页面中的脚本。例如，本例页面在 IE 8.0 中显示时可能会出现安全警告，如图 4.4 左部所示。要使 IE 8.0 执行页面中的脚本，可以选择其菜单命令"工具"→"Internet 选项"打开"Internet 选项"对话框，然后在其"高级"选项卡的"设置"列表中勾选"允许活动内容在我的计算机上的文件中运行"安全项，如图 4.4 右图所示。

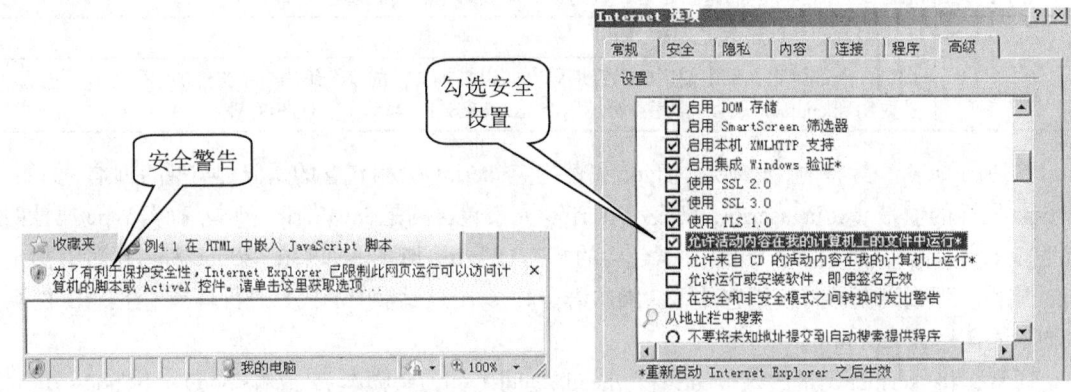

图 4.4　禁止执行脚本的安全警告及其解决方法

4.2.2　链接 JavaScript 脚本文件

在 HTML 文档中引入 JavaScript 程序的另一种形式是采用链接 JavaScript 脚本文件的形式。如果脚本程序较长或者同一段脚本可以在若干个页面中使用，则可以将脚本放在单独的一个 js 文件里，然后链接到需要它的 HTML 文档，这相当于将其中的脚本填入链接处。

链接 JavaScript 脚本文件的方法是使用<script>标签的 src 属性来指定外部脚本文件的 URL，具体做法如下。

第 1 步：使用文本编辑器编写一个 JavaScript 脚本程序。注意，该脚本文件只包含 JavaScript 代码，不需要<script>标签。

第 2 步：将该文件以扩展名 js 保存在与要链接它的 HTML 文档相同的位置上。

第 3 步：在 HTML 文档中使用<script>标签的 src 属性来链接该 js 文件。

必须注意的是，如果使用了<script>标签的 src 属性，则浏览器只使用在外部文件中的脚本，并且忽略位于该<script>标签之间的任何脚本。

例 4.2　改写例 4.1 生成的页面，使之采用链接 JavaScript 脚本文件方式显示"Hello World!"，主要操作如下。

第 1 步：编写 JavaScript 脚本文件 s0402.js，只有以下一行代码：

```
document.write("<p>Hello World!</p>");
```

第 2 步：编制链接脚本文件 s0402.js 的 HTML 文档 s0402.htm，代码如下：

```
<!DOCTYPE htmlPUBLIC "-//W3C//DTD XHTML 1.0 Strict//EN"
"http://www.w3.org/TR/xhtml1/DTD/xhtml1-strict.dtd">
<html xmlns="http://www.w3.org/1999/xhtml"><head><title>例 4.2</title></head>
<body>
<script type="text/javascript" src="s0402.js">
</script>
</body></html>
```

易知，该例页面的显示效果与例 4.1 完全相同。

4.3　数据类型与常量

JavaScript 的基本数据类型只有 3 种：数值型、字符串型和布尔型。另外，还有引用数据类型，以支持对象编程。相应地，也有这些类型的常量。常量就是具有特定值的符号。

4.3.1　数值型

对于数值型，JavaScript 支持整数和浮点数。

1．整数

整数常量可以用十进制、八进制和十六进制来表示。

（1）十进制。使用 0 ~ 9 的数字序列表示。例如：25，+234，−998，085。

（2）八进制。使用 0 ~ 7 的数字序列表示，并且首位必须是 0。例如：0235，−065。

（3）十六进制。使用 0 ~ 9、A、B、C、D、E、F（或 a、b、c、d、e、f）的数码序列表示，并且前两位必须是 0X 或 0x。例如：0x235，−0XA8，0XEF。

2．浮点数

浮点数是可以有小数部分的数值。浮点数常量只能采用十进制，表示形式有两种。

（1）普通形式。由整数部分、小数点和小数部分组成，如：3.2、12.0、12.、.5、−1.8（注：普通浮点数必须有小数点；而整数部分和小数部分如果为 0，则可忽略，但不能全忽略）。

（2）指数形式。如 5.34e5（表示 5.34×10^5）、312E−4（表示 312×10^{-4}）。其中，e（或 E）后面的指数是−324 ~ 308 之间的整数。如 23e4321 和 1.2e2.5 等都是不合法的。

另外，JavaScript 用一个特殊的数值常量 NaN（Not a Number 的缩写，即"非数字"）表示无意义的数学运算结果。

4.3.2　字符串

字符串用于表示文本数据，由 0 个或多个字符组成的序列组成，可以包括字母、数字或其他可显示字符以及特殊字符，也可以包含汉字。在表示字符串常量时，必须为字符串首尾添加成对的双引号 """ 或单引号 "'"，如表 4.2 所示。

表 4.2　　　　　　　　　　　　　　　　字符串示例

字符串常量	表示的字符串	说　　明
"Hello word!"	Hello word!	使用成对的双引号 " 表示字符串常量
'世界，您好!'	世界，您好!	使用成对的单引号 ' 表示字符串常量
"a" 或 'a'	a	由单个字符构成的字符串
"" 或 ''		空串（空字符串，即不含任何字符的字符串）也是字符串
"□□□"	□□□	由空格构成的字符串，与空串具有不同含义
"'Hi!' I said."	'Hi!' I said.	在用双引号 " 表示的字符串中可以直接含有单引号 '，但不能直接包含双引号 "
'"Hi!" I said.'	"Hi!" I said.	在用单引号 ' 表示的字符串中可以直接含有双引号 "，但不能直接包含单引号 '

在使用字符串时，注意以下几点。

（1）标注字符串的引号必须匹配，即如果字符串前面使用的是双引号（"），那么在后面也必须使用双引号（"），反之都使用单引号（'）。在用双引号（"）标注的字符串中可以直接含有单引号（'），而在用单引号（'）标注的字符串中可以直接含有双引号（"）。

（2）空串不包含任何字符，用一对引号表示，引号之间不含任何空格，即 "" 或 ''。

（3）字符串常量也可以包含转义字符，以便添加不可显示的特殊字符，或避免引号匹配混乱问题。JavaScript 转义字符是指以反斜杠 "\" 开头，后跟一个或多个字符，如表 4.3 所示。此时，将 "\" 称为换码字符，意指将改变后续字符的原始含义。

表 4.3　　　　　　　　　　　　　使用转义字符表示特殊字符

转 义 字 符	字　　　　　符
\b	退格符
\f	换页符
\n	换行符
\r	回车符
\t	制表符（TAB）。其作用是使后面的字符从下一个制表位开始显示。在显示文本时，除非特殊定义，通常已默认将每行中的第 1、9、17……个字符位置（即每隔 8 个字符）定义为制表位。例如在显示 "a\tb" 时，a 显示在第 1 个字符位，而 b 显示在第 9 个字符位
\'	单引号 "'"
\"	双引号 """
\\	反斜杠 "\"
\0nnn	八进制代码 nnn 表示的字符（n 是 0 到 7 中的一个八进制数字）
\xnn	十六进制代码 nn 表示的字符（n 是 0 到 F 中的一个十六进制数字）
\unnnn	十六进制代码 nnnn 表示的 Unicode 字符（n 是 0 到 F 中的一个十六进制数字）

例 4.3　编写 JavaScript 脚本，在页面中输出如图 4.5 所示的含有特殊字符的文本。

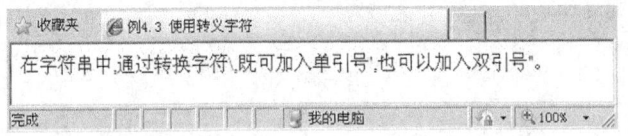

图 4.5　使用转义字符在字符串中加入特殊字符

本例页面文档 s0403.htm 代码如下。

```
<!DOCTYPE htmlPUBLIC "-//W3C//DTD XHTML 1.0 Strict//EN"
"http://www.w3.org/TR/xhtml1/DTD/xhtml1-strict.dtd">
<html xmlns="http://www.w3.org/1999/xhtml"><head><title>例 4.3</title></head>
<body><p>
<script type="text/javascript">
    document.write("在字符串中,通过转换字符\\,既可加入单引号\',也可以加入双引号\"。");
</script>
</p></body></html>
```

4.3.3　布尔型

布尔型（Boolean）就是逻辑型，只有两个值：逻辑"真"和逻辑"假"，分别对应于布尔常量 true 和 false。在 JavaScript 中，也可以用非 0 数值表示 true，而数值 0 表示 false；反之，当把布尔值 true 和 false 转换为数值时，分别为 1 和 0。

4.3.4　其他类型的常量

null 是空值常量，表示空的或不存在的对象引用（必须注意，它不等同于空串或 0）。undefined 是未定义值常量，表示变量还没有赋值。

4.4　变　　量

变量就是程序中一个已命名的存储单元。它有两个基本特征，即变量名（标识变量的名称）和变量值（变量存储的数据）。另外，变量的值可以通过赋值发生变化。不过，在为变量赋予新值之前，变量一直保持它原先所存储的数据。

绝大多数程序都会使用变量，要使用好变量，必须明确变量的命名、变量的类型以及变量的作用域。

4.4.1　变量命名

命名变量时要注意以下几点。

（1）变量名是一种标识符，由字母、数字、下画线（_）或美元符号（$）构成的字符序列组成，但首字符不能是数字。

变量名不能包含空格、+、–等符号。例如，page1、_hg、X1_1 都是合法变量名，而 the x1、99str 都是非法变量名。

（2）不能使用 JavaScript 中的保留字（如表 4.4 所示）作为变量名，如 var。

表 4.4　　　　　　　　　　　　　JavaScript 的保留关键字

JavaScript 关键字	JavaScript 将来的关键字
break, false, in,this, void,continue, for, new, true, while, delete, function, null, typeof, with, else, if, return, var	case, debugger, export, super, catch, default, extends, witch, class, do, finally, throw, const, enum, import, try

（3）JavaScript 的变量名是区分大小写的。例如，n 与 N 可以分别命名两个不同的变量。

（4）虽然变量名可以任意取，但是为了提高程序的可读性，要选择易于记忆、有意义的变量名。例如，age 可以用来命名一个与年龄相关的变量。

（5）也可以使用中文字符命名 JavaScript 变量，但使用中文变量名会降低程序的通用性。

4.4.2　变量声明

JavaScript 使用关键字 var 声明指定名称的变量，格式如下：

```
var variablename;
```
另外，var 也可以同时声明多个变量（注：用逗号","分隔变量名），如：

```
var name,age,weight;
```

4.4.3　变量赋值

要给变量赋一个值，可以使用 JavaScript 赋值符，即等号（=），有以下两种赋值方法。

方法 1：声明变量的同时也给出初始值，采用以下格式。

```
var variablename=InitialValue;
```

例如：

```
var name="张三";
```

这条声明语句既声明了变量 name，又把字符串"张三"存储到变量 name 中。

方法 2：使用赋值语句为变量赋值，这是最常用的赋值方法，其格式如下。

```
variablename = new_value;
```

它把 new_value 的值存储到变量 variablename 中。例如：

```
age = 20;
```

这条赋值语句把数值 20 存储到变量 age 中。

4.4.4　变量取值

若要取一个变量的值，则可以把该变量名放在一个常量可以出现的位置。例如，语句"age=20;"是把 20 赋值给变量 age，而语句"his_age = age;"则是先取出变量 age 的值，然后把该值存储到变量 his_age 中；再如，语句"document.write ("Hello World!");"是输出字符串"Hello World!"，而语句"document.write (age);"则是先取出变量 age 的值，然后输出这个值（如 20）。

例 4.4　以下 HTML 文档 s0404.htm 中的脚本展示了变量的基本用法，它先声明变量并对其赋值，然后在页面上显示出变量值。

```
<!DOCTYPE htmlPUBLIC "-//W3C//DTD XHTML 1.0 Strict//EN"
"http://www.w3.org/TR/xhtml1/DTD/xhtml1-strict.dtd">
<html xmlns="http://www.w3.org/1999/xhtml"><head><title>例 4.4</title></head>
<body><p>
<script type="text/javascript">
    var name;                //声明变量 name
    name="张三";             //把字符串"张三"存储到变量 name 中
    age=20;                  //变量 age 被隐式声明，并赋值整数 20
    /*
      以上语句声明两个变量 name、age，并赋值；
      以下语句取出这两个变量的值，并使用 WScript.Echo 方法输出。
    */
    document.write(name);           //读取变量 name 的值，并将它显示在页面上
    document.write("的年龄是:");    //在页面上输出字符串"的年龄是:"
    document.write(age);            //读取变量 age 的值，并将它显示在页面上
    document.write("岁");           //输出字符串"岁"
</script>
</p></body></html>
```

易知，本页面的显示效果如图 4.6 所示。

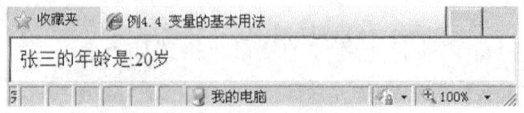

图 4.6　JavaScript 变量的基本用法

JavaScript 允许不预先对变量声明，就直接对其赋值，这样就隐式声明了一个变量（如本例脚本的第 3 行隐式声明了变量 age）。由于"变量先声明、后使用"可提高程序的正确性，因此建议读者在使用任何变量之前，都要预先声明。

另外，如果声明了一个变量但没有对其赋值，则该变量存在，其值为 undefined。但是，如果试图读取一个既没有声明、也没有赋值的变量名，将导致执行错误。

4.4.5　变量类型

在 JavaScript 中，变量类型是指变量值所属的数据类型。由于 JavaScript 是一种弱类型的编程语言，允许把任何类型的数据赋值给变量，因此 JavaScript 变量的类型是动态的，只有在程序运行时才能动态确定。例如：

```
var x=1;
x="今天天气真好";
x=true;
```

当用 var 声明 x 并赋值为 1 时，其类型为数值型；而当 x 赋值为"今天天气真好"时，其类型为字符串型；最后当 x 被赋值为 true 时，其类型又为布尔型。

4.4.6　简述变量的作用域

变量的作用域是指变量起作用的范围，在该范围内可引用该变量。

在介绍函数概念（第 6 章介绍）之前，在示例中使用的都是全局变量，其作用范围是同一个页面文件中的所有脚本，也就是说，只要定义了一个变量，那么在同一页面的后续脚本中就可以随时使用它。

4.5　运算符与表达式

4.5.1　基本概念

1. 运算符

运算符（也称为操作符）是指定计算操作的符号（如+、−、*、\ 等），用于将 1 个或几个值进行计算而生成一个新值。其中，把被计算的值称为算子或操作数，最简单的操作数是常量、变量，也可以是函数调用、子表达式等。

依赖操作数的个数，可将运算符分为单目运算符（只有 1 个操作数）、双目运算符（有 2 个操作数）和三目运算符（有 3 个操作数）。

2. 表达式

表达式是运算符和操作数组合而成的式子。表达式具有值，这个值是对操作数实施运算符所确定的计算后产生的结果值。

最简单的表达式是单一的操作数，而复杂表达式可由若干个子表达式组成。例如，如果有定义"var x=123;"，那么"123"、"x"、"x+100"都是表达式，其值分别是数值 123、123、223，并且"100"、"x"、"x+100"都是表达式"x+100"的子表达式。

4.5.2　运算符的优先级

事实上，在计算复杂表达式时，先要计算子表达式的值，而计算这些子表达式的顺序依赖于运算符的优先级（优先级越高越先计算）。

最基本的运算符优先策略就是所谓的"先乘除，后加减"。从表 4.5 不难看出如下规律：算术运算符的优先级比关系运算符要高，关系运算符的优先级比逻辑运算符要高，而逻辑运算符的优先级又比赋值运算符要高。

表 4.5　　　　　　　　　　　JavaScript 运算符及其优先级和结合性

优先级	运　算　符	说　　明	结合性
15	. [] ()	字段访问、数组下标以及函数调用	左结合
14	++ -- - ~ ! typeof new void delete	单目运算符、返回类型、对象创建	右结合
13	* / %	乘法、除法、取模	左结合
12	+ - +	加法、减法、字符串连接	左结合
11	<< >> >>>	移位	左结合
10	< <= > >=	小于、小于等于、大于、大于等于	左结合
9	== != === !==	等于、不等于、恒等、不恒等	左结合
8	&	按位与	左结合
7	^	按位异或	左结合
6	|	按位或	左结合
5	&&	逻辑与	左结合
4	||	逻辑或	左结合
3	? :	条件	右结合
2	= += -= *= /= %= &= |= ^= <<= >>= >>>=	赋值、运算赋值	右结合
1	,	逗号运算符	左结合

例 4.5　以下 HTML 文档 s0405.htm 中的脚本展示了运算符优先级在计算复杂表达式中的作用。

```
<!DOCTYPE htmlPUBLIC "-//W3C//DTD XHTML 1.0 Strict//EN"
"http://www.w3.org/TR/xhtml1/DTD/xhtml1-strict.dtd">
<html xmlns="http://www.w3.org/1999/xhtml"><head><title>例 4.5</title></head><body><p>
<script type="text/javascript">
    var a;
    a = 3+4*(5+3)%2&&3<4; //计算复杂表达式的值
    document.write("3+4*(5+3)%2&&3<4 = ");
    document.write(a); //输出计算结果
</script>
</p></body></html>
```

说明　　对于复杂表达式"3+4*(5+3)%2&&3<4"，参照优先级表，可知其子表达式的计算顺序依次为(5+3)、4*(5+3)、(4*(5+3))%2、3+(4*(5+3))%2、3<4、3+(4*(5+3))%2&& 3<4。如图 4.7 所示，计算结果为布尔值 true。

图 4.7　一个复杂表达式的计算顺序与计算结果

由于复杂的表达式容易产生歧义，因此建议读者尽量使用简单的表达式，也可以使用一对圆括号 "（　）" 明确指定子表达式的计算顺序。

4.5.3　运算符的结合性

当表达式中连续出现的几个运算符优先级相同时，其运算顺序由结合性决定，分为左结合和右结合。表 4.5 也列出了 JavaScript 各个运算符的结合性。

左结合是指左边的运算符优先计算，例如表达式 10-2-5，因算术减 "−" 是左结合的，故先计算 10-2，也就是原表达式等价于（10-2）-5。从而依次计算 10-2、（8）-5，最终结果为 3。

右结合是指右边的运算符优先计算，例如表达式 x=y=100，因赋值运算符 "=" 是右结合的，故先计算 y=100，也就是原表达式等价于 x=（y=100）。从而依次计算 y=100、x=（100），最终将 100 依次赋值给变量 y、x，并且该表达式的值为变量 x 的值，即 100。

4.5.4　表达式中的类型转换

在表达式求值时，通常要求操作数是属于某种特定的数据类型，例如，算术运算的操作数是数值型，逻辑运算的操作数是布尔型，等等。

如果操作数的数据类型不是运算符所要求的类型，那么这种情况通常是由于编程人员的错误设计所引起的。在编程中要尽可能地避免这种情况的出现。

然而，JavaScript 却没有对此严格要求，而是允许运算符对不匹配的操作数进行计算，以提高灵活性。原因在于 JavaScript 会根据运算符的特性和操作数的类型进行隐式类型转换。下面给出几个简单例子加以说明。

例 4.6　求以下 4 个表达式的值：100+300、100+"300"、"100"+300 和"100"+"300"。

在页面中进行测试，可知第 1 个表达式的值为 400，而其他 3 个表达式的值都是字符串 "100300"。为什么会这样呢？这是因为运算符 "+" 既可以是算术加，也可以是字符串的连接运算。对于 100+300，因为两个操作数都是数值型，因此进行算术加运算；对于 100+"300" 和 "100"+300，因为其中一个操作数是字符串，因此 JavaScript 就把另一个操作数由数值型转换为字符串，然后进行字符串的连接运算；而 "100"+"300" 显然进行字符串连接运算。

例 4.7　求以下 4 个表达式的值：100−300、100−"300"、"100"−300 和"100"−"300"。

在页面中进行测试，可知这 4 个表达式的值都是−200。为什么？原因在于作为双目运算符的减号 "−" 只能进行算术减运算。这样，如果它的操作数不是数值型，JavaScript 就先把它转换为数值，然后进行运算。

例 4.8　求以下 4 个表达式的值：true + 100、true + "100"、true + false、true − false。

在页面中进行测试，可知这 4 个表达式的值分别是 101、"true100"、1、1。为什么？因为 JavaScript 在计算 true+100 时先把布尔值 true 转换为数值 1，故 true+100 的结果为 101；计算 true + "100" 时先把布尔值 true 转换为字符串 "true"，故结果为"true100"；而 true + false、true − false 分别是算术加和算术减运算，先把 true 转为 1、false 转为 0，故计算结果都是 1。

例 4.9 求表达式"a" – 100 的值。

在页面中进行测试，可知其结果为 NaN，即非数字。因为这个表达式是算术减运算，而 JavaScript 不能把字符串"a"转换成一个有效的数值，即生成 NaN；再与 100 进行算术减运算，结果仍然是 NaN。

对于 JavaScript 在表达式中所进行的隐式类型转换，可记住以下几点加以控制。

（1）对于+ 运算符，分为两种情况：①如果有一个操作数为字符串，那么 JavaScript 就认为是字符串连接运算，若另一个操作数不是字符串，则自动把它转换为字符串。②如果两个操作数都不是字符串，那么就是算术加运算（注意，可能生成值 NaN）。

（2）对于其他运算符，如果其操作数不是所要求的类型，JavaScript 就把该操作数转换为相应类型的值。例如，对于乘（*）运算，要求它的两个操作数都是数值型。

（3）使用函数 parseInt()和 parseFloat()可以显式把字符串转换为数值。例如，表达式 parseInt("300")的值为数值 300，parseFloat("3.14")的值为数值 3.14。

4.6　JavaScript 运算符

JavaScript 运算符有很多，大致分为算术、关系、逻辑、位操作、赋值、条件等运算符。

4.6.1　算术运算符

JavaScript 算术运算符（如表 4.6 所示）的操作数和计算结果都是数值型。

表 4.6　　　　　　　　　　　　　　　　　JavaScript 算术运算符

运　算　符	说　　明
+	加运算。如 10+5 等于 15
–	减或单目减运算。如 10　6 等于 4，–（–3）等于 3
*	乘运算。如 2*3 等于 6
/	除运算。如 12/3 等于 4
%	取模运算，即计算两个整数相除的余数。例如 10%3 等于 1

++x 与 x++	增 1 运算，使 x = x+1。两者不同之处在于：若有 var x=100，那么
	● y = ++x;　//"++x"作为子表达式将返回 x 增 1 之后的值，即相当于
	　　　　　　　//语句序列"x=x+1; y=x;"，则 y 的值为 101，x 的值为 101。
	● y = x++;　//"x++"作为子表达式将返回 x 增 1 之前的值，即相当于
	　　　　　　　//语句序列"y=x; x=x+1;"，则 y 的值为 100，x 的值为 101

–x 与 x–	减 1 运算，使 x=x-1。两者不同之处在于：若有 var x=100，那么
	● y = –x;　//"–x"作为子表达式将返回 x 减 1 之后的值，即相当于
	　　　　　　//语句序列"x=x-1; y=x;"，则 y 的值为 99，x 的值为 99。
	● y = x–;　//"x–"作为子表达式将返回 x 减 1 之前的值，即相当于
	　　　　　　//语句序列"y=x; x=x-1;"，则 y 的值为 100，x 的值为 99

例 4.10 买东西付了$105，税率为 0.05，那么标价是多少？一共又付了多少税钱？实现文档 s0410.htm 如下。

```
<!DOCTYPE htmlPUBLIC "-//W3C//DTD XHTML 1.0 Strict//EN"
 "http://www.w3.org/TR/xhtml1/DTD/xhtml1-strict.dtd">
<html xmlns="http://www.w3.org/1999/xhtml"><head><title>例4.10</title></head><body>
<pre>
<script type="text/javascript">
    var list,rate=0.05,paid=105,tax; // list:标价;rate:税率;paid:付款额;tax:税额
    list = paid/(1+rate); //付款额=标价*(1+税率)
    tax = paid - list;
    //以下两行出现的 "+" 是指字符串连接运算，而不是算术加运算
    document.writeln("标价=" + list);
    document.writeln("税钱=" + tax);
</script>
</pre>
</body></html>
```

（1）程序中的 document.writeln 方法与 document.write 类似，不同之处在于 document.writeln 方法多输出一个换行符，另外不带参数的 document.writeln()方法直接输出一个换行符。注意此时<script>块外的段标签是<pre>，它保证其间输出文本中的换行符能够起作用。

（2）运算符（＋）也可用于连接两个字符串（即将两个字符串连起来），如表达式"Hello" + "World!"是字符串连接运算，结果为"HelloWorld!"。

本例页面显示效果如图 4.8 所示。

图 4.8 算术运算符示例

4.6.2 关系运算符

关系运算符（又称比较运算符）对操作数进行比较，返回一个布尔值，如表 4.7 所示。

表 4.7   JavaScript 关系运算符

运 算 符	说 明
<	小于。如表达式 2<3、2<2、3<2 的值分别是 true、false、false
<=	小于等于。如表达式 2<=3、2<=2、3<=2 的值分别是 true、true、false
>	大于。如表达式 2>3、2>2、3>2 的值分别是 false、false、true
>=	大于等于。如表达式 2>=3、2>=2、3>=2 的值分别是 false、true、true
==	等于。比较是否相等，可能先进行类型转换。如"5"=="5"、"5"==5 的值都为 true
!=	不等于。比较是否不等，可能先进行类型转换。如"5"!="5"、"5"!=5 的值都为 fasle
===	严格等于。只有类型和值都相同，才相等，否则不等。如"5"==="5"为 true，而"5"===5 为 false
!==	严格不等于。只要类型或值之一不同，就不等。如"5"!=="5"为 false，而"5"!==5 为 true

例 4.11 以下页面文档 s0411.htm 展示了 JavaScript 关系运算符的执行效果，如图 4.9 所示。

```
<!DOCTYPE htmlPUBLIC "-//W3C//DTD XHTML 1.0 Strict//EN"
"http://www.w3.org/TR/xhtml1/DTD/xhtml1-strict.dtd">
<html xmlns="http://www.w3.org/1999/xhtml"><head><title>例4.11</title></head><body><pre>
<script type="text/javascript">
```

```
    var a=2,b=3,c="2",result;
    document.writeln("a=2,b=3,c='2'");
    document.writeln();
    document.write("a&lt;b = ");      result = a<b;      document.writeln(result);
    document.write("a&lt;=b = ");     result = a<b;      document.writeln(result);
    document.write("a&gt;b = ");      result = a>b;      document.writeln(result);
    document.write("a&gt;=b = ");     result = a>=b;     document.writeln(result);
    document.write("a==c = ");        result = a==c;     document.writeln(result);
    document.write("a===c = ");       result = a===c;    document.writeln(result);
    document.write("a!=c = ");        result = a!=c;     document.writeln(result);
    document.write("a!==c = ");       result = a!==c;    document.writeln(result);
</script>
</pre></body></html>
```

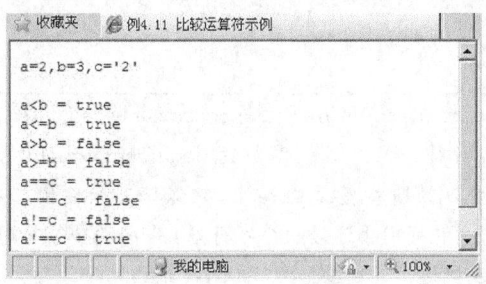

图 4.9 关系运算符示例

HTML 的转义字符 "<" 表示小于符号 "<"，而 ">" 表示大于符号 ">"。

关系运算符的操作数一般为数值型数据，但也可以是其他类型的数据，如以下两种常见情况。

一种情况是：如果两个操作数都是字符串，则进行字符串比较运算，也就是依次比较两个字符串中相同位置的字符，而对字符的比较就是比较它们的 Unicode 码值。比较两个字符串 A 和 B 的过程如下：如果它们首字符的 Unicode 码值分别是 a 和 b，那么若 a 大于 b，则 A 大于 B；若 a 小于 b，则 A 小于 B；否则 a 就是等于 b，这样就要比较 A 和 B 中的下一个字符。依此类推，如果依次比较的字符都相同，那么，若字符串 A 的字符数比 B 多，则 A 大于 B；若 A 的字符数比 B 少，则 A 小于 B；否则 A 与 B 的字符数目和对应字符都相同，故 A 等于 B。例如："a"=="a"、"ab"=="ab"、"a"<"ab" 返回 true；"ab"<"a"返回 false；"xyz">"XYZ"、"x">"XYZ" 返回 true。

另一种情况是：对于普通关系运算符（即<、>、<=、>=、==、!=），如果至少有一个操作数不是字符串，就先将非数值型操作数转换为数值，然后进行数值比较运算。例如：2>"10"、1>true、true>false 的结果分别是 false、false、true；而 2=="0X2"、1==true、"true"==true 的结果分别是 true、true、false。

4.6.3 逻辑运算符

逻辑运算符的操作数和计算结果都是布尔值，如表 4.8 所示。

表 4.8   JavaScript 逻辑运算符

运　算　符	说　　　　明
&&	逻辑与，只有当两个操作数 a、b 的值都为 true 时，a && b 的值才为 true；否则为 false
||	逻辑或，只有当两个操作数 a、b 的值都为 false 时，a || b 的值才为 false；否则为 true
!	逻辑非，!true 的值为 false，而!false 的值为 true

逻辑运算符用于对逻辑操作数进行逻辑运算，而最典型的逻辑操作数就是关系表达式，即逻辑运算符通常与关系运算符配合使用。例如，若有变量 x，则判断"x 是属于[10，99]之间的数值"的表达式可以写成：x>=10 && x<=99；而判断"x 是大于 100 或小于 10 的正数"的表达式可以写成：x>100 || (x<10 && x>0)。

例 4.12   以下页面文档 s0412.htm 展示了 JavaScript 逻辑运算符与关系运算符配合使用的执行效果，如图 4.10 所示。

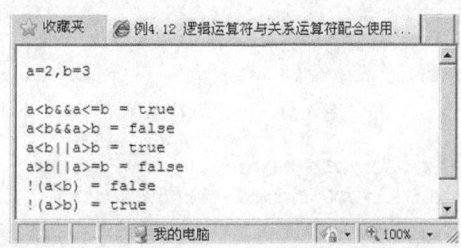

图 4.10   逻辑运算符与关系运算符配合使用示例

```
<!DOCTYPE htmlPUBLIC "-//W3C//DTD XHTML 1.0 Strict//EN"
"http://www.w3.org/TR/xhtml1/DTD/xhtml1-strict.dtd">
<html xmlns="http://www.w3.org/1999/xhtml"><head><title>例4.12</title></head><body><pre>
<script type="text/javascript">
    var a=2,b=3,result;
    document.writeln("a=2,b=3");
    document.writeln("");
    document.write("a&lt;b&&a&lt;=b = ");    result = a<b&&a<=b; document.writeln(result);
    document.write("a&lt;b&&a&gt;b = ");    result = a<b&&a>b; document.writeln(result);
    document.write("a&lt;b||a&gt;b = ");    result = a<b||a>b; document.writeln(result);
    document.write("a&gt;b||a&gt;=b = ");    result = a>b||a>=b; document.writeln(result);
    document.write("!(a&lt;b) = ");    result = !(a<b);    document.writeln(result);
    document.write("!(a&gt;b) = ");    result = !(a>b);    document.writeln(result);
</script>
</pre></body></html>
```

4.6.4 位操作运算符

位操作运算符用于对整数的二进制位进行操作，计算结果仍为整数，如表 4.9 所示。

表 4.9   JavaScript 位运算符

运　算　符	说　　明
&	按位与。两个操作数的相应位都为 1 时，该位的结果为 1，否则为 0。例如，5&6 等于 4，因为 0101&0110 的运算结果是 0100
|	按位或。两个操作数的相应位有一个为 1，则该位的结果为 1，否则为 0
^	按位异或。两个操作数的相应位不同时，该位的结果为 1，否则为 0
~	单目运算符，按位取反。如果 ~ x 的运算结果是 y，那么 x 与 y 的二进制表示有如下关系：对于 x 的任何一位，若为 1，则 y 的相应位为 0；若为 0，则 y 的相应位为 1。例如，~（-3）的运算结果是 2。（注：若字长为 8，则-3 的补码表示是 11111101）
<<	左移。左移的位数由右操作数确定，并且右边空位补 0
>>	右移。右移的位数由右操作数确定，并且对于负数，左边空位补 1；对于正数，左边补 0
>>>	无符号数的右移。右移的位数由右操作数确定，并且左边空位补 0

例 4.13 以下页面文档 s0413.htm 展示了 JavaScript 位运算符的执行效果，如图 4.11 所示。

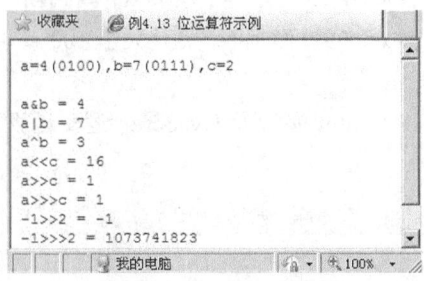

图 4.11 位运算符示例

```
<!DOCTYPE htmlPUBLIC "-//W3C//DTD XHTML 1.0 Strict//EN"
"http://www.w3.org/TR/xhtml1/DTD/xhtml1-strict.dtd">
<html xmlns="http://www.w3.org/1999/xhtml"><head><title>例4.13</title></head><body><pre>
<script type="text/javascript">
    var a=4,b=7,c=2,result;
    document.writeln("a=4(0100),b=7(0111),c=2");
    document.writeln();
    document.write("a&b = ");              result = a&b;       document.writeln(result);
    document.write("a|b = ");              result = a|b;       document.writeln(result);
    document.write("a^b = ");              result = a^b;       document.writeln(result);
    document.write("a&lt;&lt;c = ");       result = a<<c;      document.writeln(result);
    document.write("a&gt;&gt;c = ");       result = a>>c;      document.writeln(result);
    document.write("a&gt;&gt;&gt;c = ");   result = a>>>c;     document.writeln(result);
    document.write("-1&gt;&gt;2 = ");      result = -1>>2;     document.writeln(result);
    document.write("-1&gt;&gt;&gt;2 = "); result = -1>>>2;    document.writeln(result);
</script>
</pre></body></html>
```

（1）左移（<<）和右移（>>）操作常用于进行快速乘除，因为左移一位相当于左操作数乘以 2，而右移一位相当于左操作数除 2。

（2）JavaScript 以补码形式表示整数，使用 4 个字节。-1 的补码是 32 个 1，首位 1 是符号位，后 31 个 1 是数值位。对于负数的补码表示，右移时空位补 1，故-1>>2 的计算结果还是-1。而将-1 的补码表示视为无符号整数时，右移的空位补 0，故-1>>>2 的计算结果是 $2^{30}-1$。

4.6.5 赋值运算符

最基本的赋值运算符是等于号（＝），用于对变量进行赋值。另外，一些运算符也可以和等于号（＝）联合使用，构成组合赋值运算符（如表 4.10 所示）。

表 4.10 JavaScript 赋值运算符

运 算 符	说 明
＝	将右操作数的值赋值给左边的变量
+=	将左边变量递增右操作数的值。如，a+=b，相当于 a=a+b
-=	将左边变量递减右操作数的值。如，a-=b，相当于 a=a-b
*=	将左边变量乘以右操作数的值。如，a*=b，相当于 a=a*b

续表

运　算　符	说　　明
/=	将左边变量除以右操作数的值。如，a/=b,相当于 a=a/b
%=	将左边变量用右操作数的值求模。如，a%=b,相当于 a=a%b
&=	将左边变量与右操作数的值按位与。如，a&=b,相当于 a=a&b
|=	将左边变量与右操作数的值按位或。如，a|=b,相当于 a=a|b
^=	将左边变量与右操作数的值按位异或。如，a^=b,相当于 a=a^b
<<=	将左边变量左移，具体位数由右操作数的值给出。如，a<<=b,相当于 a=a<<b
>>=	将左边变量右移，具体位数由右操作数的值给出。如，a>>=b,相当于 a=a>>b
>>>=	将左边变量进行无符号右移，具体位数由右操作数的值给出。例如，a>>>=b,相当于 a=a>>>b

必须注意，赋值表达式也是表达式，同样具有值，而赋值表达式的值就是赋值运算符左边变量被赋值后所具有的值。例如，对于表达式 a=（b=100），一方面将 100 赋值给 b、a，另一方面 100 也是子表达式 "b=100" 和 "a=（b=100）" 的值。

例 4.14　以下页面文档 s0414.htm 展示了 JavaScript 赋值运算符的执行效果,如图 4.12 所示。

图 4.12　赋值运算符示例

```
<!DOCTYPE htmlPUBLIC "-//W3C//DTD XHTML 1.0 Strict//EN"
"http://www.w3.org/TR/xhtml1/DTD/xhtml1-strict.dtd">
<html xmlns="http://www.w3.org/1999/xhtml"><head><title>例 4.14</title></head><body><pre>
<script type="text/javascript">
    var a=3,b=2;
    document.writeln("a=3,b=2");
    document.writeln("");
    document.write("a+=b = ");  a += b;    document.writeln(a);
    document.write("a-=b = ");  a -= b;    document.writeln(a);
    document.write("a*=b = ");  a *= b;    document.writeln(a);
    document.write("a/=b = ");  a /= b;    document.writeln(a);
    document.write("a%=b = ");  a %= b;    document.writeln(a);
</script>
</pre></body></html>
```

本例中，a 的值不断随赋值语句发生变化，而 b 的值始终不变。

4.6.6　条件运算符

JavaScript 支持一种特殊的三目运算符，称为条件运算符，其格式如下：

```
condition?true_result:false_result
```

如果 condition 为真,则表达式的值为 true_result 子表达式的值,否则为 false_result 子表达式的值。

例 4.15 以下页面文档 s0415.htm 展示了 JavaScript 条件运算符的执行效果，如图 4.13 所示。

图 4.13　条件运算符示例

```
<!DOCTYPE htmlPUBLIC "-//W3C//DTD XHTML 1.0 Strict//EN"
"http://www.w3.org/TR/xhtml1/DTD/xhtml1-strict.dtd">
<html xmlns="http://www.w3.org/1999/xhtml"><head><title>例4.15</title></head><body><pre>
<script type="text/javascript">
    var age,status;
    age = 20;   //可修改这个值（如改为16），使下面的条件运算符产生不同的运算效果
    status = (age>=18)?"成人":"小孩";
    document.write("小李是" + status +"。");
</script>
</pre></body></html>
```

4.6.7　其他运算符

JavaScript 还包含其他几个特殊的运算符，如表 4.11 所示。

表 4.11　　　　　　　　　　JavaScript 的特殊运算符

运　算　符	说　明
.	成员选择运算符，用于引用对象的属性和方法。例如，Math.PI
[]	下标运算符，用于引用数组元素。例如，myArray[3]
()	函数调用运算符，用于函数调用。例如，parseInt("123")
,	逗号运算符，用于把不同的值分开。例如，var today,date
delete	delete 运算符删除一个对象的属性或一个数组索引处的元素。例如，delete myArray[3]删除 myArray 数组的第 4 个元素
new	new 运算符生成一个对象的实例。例如，new Date()
typeof	typeof 运算符返回表示操作数的类型名（字符串值），有 6 种可能："number"、"string"、"boolean"、"object"、"function"和"undefined"。例如，typeof(true)的返回值为字符串 "boolean"
void	void 运算符返回 undefined。如表达式 void 100 将返回 undefined

例 4.16 编写程序，使用特殊的单目运算符 typeof 验证 JavaScript 变量类型的动态性。本例页面文档 s0416.htm 代码如下。

```
<!DOCTYPE htmlPUBLIC "-//W3C//DTD XHTML 1.0 Strict//EN"
"http://www.w3.org/TR/xhtml1/DTD/xhtml1-strict.dtd">
<html xmlns="http://www.w3.org/1999/xhtml"><head><title>例4.16</title></head><body><pre>
<script type="text/javascript">
    var x,type_name;
    x=100;        type_name=typeof x; document.writeln("x 类型:" + type_name);
    x=true;       type_name=typeof x; document.writeln("x 类型:" + type_name);
    x="Hello";    type_name=typeof x; document.writeln("x 类型:" + type_name);
    x=null;       type_name=typeof x; document.writeln("x 类型:" + type_name);
    x=void x;     type_name=typeof x; document.writeln("x 类型:" + type_name);
</script>
```

```
</pre></body></html>
```

该页面的执行效果如图 4.14 所示。查看程序易知，数值 100、布尔值 true 和字符串"Hello"的类型名分别是 number、boolean 和 string；空值 null 的类型是 object；而表达式 void x 返回 undefined，其类型仍然是 undefined。

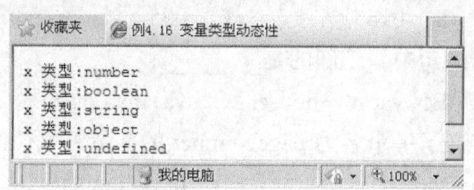

图 4.14　验证变量类型的动态性

习　题

一、判断题

（1）JavaScript 是 Microsoft 公司设计的脚本语言。

（2）JavaScript 既可用于 Web 客户端应用，也可用于 Web 服务器端应用。

（3）在 HTML 文档中通过使用<script>标签可以引入 JavaScript 程序。

（4）编写 JavaScript 程序的唯一工具是纯文本编辑器。

（5）与 VBScript 相比，JavaScript 的优势在于它不仅适用于 IE 浏览器，也适用于其他浏览器。

（6）在 JavaScript 中可以用十六进制形式表示浮点数常量。

（7）空字符串（""）也是字符串常量。

（8）在 JavaScript 中，使用单引号（'）标记字符常量，而使用双引号（"）标记字符串常量。

（9）在定义 JavaScript 变量时，一定要指出变量名和值。

（10）用 var 定义一个变量后，如果没有赋予任何值，那么它的值是空值，即 null。

（11）JavaScript 规定在使用任何变量之前必须先使用 var 声明它。

（12）在使用 var x=1 声明变量 x 之后，赋值语句 x="今天天气真好"将出错。

（13）JavaScript 表达式的类型只取决于运算符，与操作数无关。

（14）在 JavaScript 中，两个整数进行除（/）运算，其结果也为整数。

（15）如果有定义 var a=true,b；那么 a||b 的结果为 true。

二、单选题

（1）以下哪项不是 JavaScript 的基本特点？

　　A．基于对象　　　　B．跨平台　　　　C．编译执行　　　　D．脚本语言

（2）要为页面编写 JavaScript 脚本，必须了解下列哪项内容？

　　A．Perl　　　　　　B．C++　　　　　　C．HTML　　　　　　D．VBScript

（3）要显示含有 JavaScript 客户端应用程序的页面，必须使用_____。

　　A．记事本　　　　　B．Word　　　　　C．Web 浏览器　　　D．Web 服务器

（4）单独存放 JavaScript 程序的文件扩展名是_____。

　　A．java　　　　　　B．js　　　　　　　C．script　　　　　　D．prg

（5）如果在<script>标签中没有指定 type 属性，那么 IE 浏览器将以_____语言处理其中的程序代码。

    A．JavaScript   B．Perl   C．VBScript   D．Java

（6）以下哪个常量值最大？

    A．80   B．0x65   C．095   D．0115

（7）下面 4 个变量声明语句中，正确的是_____。

    A．var default   B．var my_house   C．var my dog   D．var 2cats

（8）下面哪一个语句定义了一个名为 pageNumber 的变量并赋初值 240？

    A．var PageNumber=240   B．pagenumber=240

    C．var pageNumber=240   D．var int named pageNumber=240

（9）下面哪一个字符串变量定义语句是不正确的？

    A．var mytext="Here is some text!"   B．var mytext='Here is some text! '

    C．var mytext='Here is some text!"   D．var mytext="Here is\nsome text!"

（10）下面 4 个 JavaScript 语句中，哪一个是合法的？

    A．document.write("John said,"Hi!"")   B．document.write("John said,"Hi!" ')

    C．document.write("John said,"Hi!")   D．document.write("John said,\"Hi!\"")

（11）下面哪一个不是 JavaScript 运算符？

    A．=   B．==   C．&&   D．$#

（12）下列各种运算符中，_____优先级最高。

    A．+   B．&&   C．==   D．*=

（13）表达式 123%7 的计算结果是_____。

    A．2   B．3   C．4   D．5

（14）表达式"123abc"-"123"的计算结果是_____。

    A．"abc"   B．0   C．"123abc123"   D．NaN

（15）赋值运算符的作用是什么？

    A．给一个变量赋新值   B．给一个变量赋予一个新名

    C．执行比较运算   D．没有任何用处

（16）比较运算符的作用是什么？

    A．执行数学计算   B．处理二进制位，目前还不重要

    C．比较两个值或表达式，返回真或假   D．只比较数字，不比较字符串

（17）以下哪一个表达式将返回真？

    A．(3==3)&&(5<1) B．!(17<=20)   C．(3!=3)||(7<2)   D．(1==1)||(2<0)

（18）以下哪一个表达式将返回假？

    A．!(3<=1)   B．(4>=4)&&(5<=2)

    C．("a"=="a")&&("c"!="d")   D．(2<3)||(3<2)

（19）表达式 7^12*54-4^7 的值是_____。

    A．7   B．644   C．554   D．127

（20）若有定义 var x=10，则以下哪条语句执行后变量 x 的值不等于 11？

    A．x++;   B．x=11;   C．x==11;   D．x+=1;

三、综合题

（1）参考本章例 4.1，使用 SharePoint Designer 2007 设计一个 JavaScript 页面，显示"这是我自己设计的第一个 JavaScript 页面"。

（2）使用搜索工具（如 http://www.baidu.com）搜索 JavaScript 技术手册，据此回答：以下哪个不是 JavaScript 的语句？

　　A．if…else 语句　　　B．for…in 语句　　C．do…while 语句　D．class 语句

（3）随机生成两个小数给变量 x,y，然后显示这两个数中的最大值。（提示：语句"var x=Math.random();"可为变量生成一个随机小数；另外，使用条件运算符"？："）

（4）如果某年的年份值是 4 的倍数并且不是 100 的倍数，或者该年份值是 400 的倍数，那么这一年就是闰年。请编制一个页面，该页面显示当天是否处于闰年。

提示：使用以下语句，可使变量 year 的值就是当天所属的年份值。

```
var today=new Date();        //获取当天日期
var year=today.getFullYear(); //获取当天年份
```

第5章
基本流程控制

本章介绍 JavaScript 的顺序、分支和循环这 3 种基本流程控制语句，以及调试程序的基本方法。

5.1 使用对话框

在 JavaScript 程序中，可以使用对话框进行输入和输出，实现程序与用户的交互。JavaScript 提供 3 种对话框，即警示、确认和提示对话框。在程序中直接调用 alert()、confirm()和 prompt() 方法就可以使用这 3 种对话框（注：其实，它们是 window 对象的 3 个方法），本章的很多示例将 使用这几种对话框。

5.1.1 警示对话框

警示对话框由 alert()方法显示，它把 alert()括号内的字符串显示在对话框中，并且在对话框上 包含一个"确认"按钮。用户阅读完所显示的信息后，只需单击该按钮就可以关闭这个对话框。

例 5.1   在 HTML 文档中编写 JavaScript 程序，使页面在显示其他内容之前，先显示一个警 示对话框。本例页面文档 s0501.htm 代码如下。

```
<!DOCTYPE html PUBLIC "-//W3C//DTD XHTML 1.0 Strict//EN"
"http://www.w3.org/TR/xhtml1/DTD/xhtml1-strict.dtd">
<html xmlns="http://www.w3.org/1999/xhtml"><head><title>例 5.1 </title></head>
<body>
<script type="text/javascript">
    alert("欢迎浏览本页面! ");
</script>
<p>警示对话框显示一些文本信息和一个"确认"按钮。</p>
</body></html>
```

如图 5.1 所示，该页面在 IE 中执行时先显示对话框，然后单击"确定"按钮，则在浏览区域 显示一段文字。

图 5.1   alert()方法显示警示对话框

一般而言，浏览器是按照 HTML 文档中的代码顺序依次解释其中的 HTML 代码和 JavaScript 代码。本例中，当浏览器解释到其中的 JavaScript 代码 alert() 时就显示对话框，并暂时停止对后续代码的解释执行；当用户单击其"确定"按钮时，浏览器就继续解释执行后续的代码，如后面的 <p> 标签和其他 HTML 标签。

5.1.2　确认对话框

确认对话框由 confirm()方法显示，这种对话框与警示对话框十分相似，不同之处在于确认对话框中多了一个"取消"按钮，并且 confirm()方法返回布尔值 true 或 false。

例 5.2　在 HTML 文档中编写 JavaScript 程序，使页面根据用户的回答而显示不同的内容。本例页面文档 s0502.htm 代码如下。

```
<!DOCTYPE html PUBLIC "-//W3C//DTD XHTML 1.0 Strict//EN"
"http://www.w3.org/TR/xhtml1/DTD/xhtml1-strict.dtd">
<html xmlns="http://www.w3.org/1999/xhtml"><head><title>例5.2 </title></head><body><p>
<script type="text/javascript">
    var visited,show_text;
    visited = confirm("您来过中大吗？");  //执行后,变量 visited 的值是 true 或 false
    show_text = visited?"您也认为中大很美吧！":"欢迎您有机会来中大参观！";
    document.write(show_text);
</script>
</p></body></html>
```

该页面在 IE 中执行时先显示如图 5.2 所示的对话框，然后当单击"确定"按钮时，页面显示"您也认为中大很美吧！"，否则单击"取消"时显示"欢迎您有机会来中大参观！"。

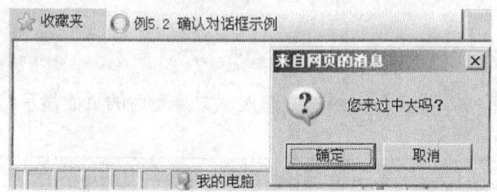

图 5.2　confirm() 方法显示确认对话框

 confirm 方法显示一个确认对话框，当单击"确定"按钮时，confirm 方法返回 true；而当单击"取消"按钮时，confirm 方法返回 false。本例中 confirm 方法返回的布尔值赋给变量 visited，使 visited 成为布尔型的变量；然后条件运算符"?:"根据变量 visited 的布尔值返回相应的字符串，再赋给变量 show_text；最后，document.write 方法把 show_text 的内容显示在页面中。

5.1.3　提示对话框

提示对话框由 prompt()方法显示，它不但可以显示信息，而且还提供一个文本框要求用户使用键盘输入信息，同时它还包含"确认"和"取消"按钮。如果用户单击"确认"按钮，则 prompt()方法返回用户在文本框中输入的内容（注：字符串类型）或者初始值（如果用户没有输入信息）；如果用户单击"取消"按钮，则 prompt()方法返回 null。

例 5.3　在 HTML 文档中编写 JavaScript 程序，使页面显示时先弹出一个提示对话框，要求用户输入姓名。本例页面文档 s0503.htm 代码如下。

```
<!DOCTYPE html PUBLIC "-//W3C//DTD XHTML 1.0 Strict//EN"
"http://www.w3.org/TR/xhtml1/DTD/xhtml1-strict.dtd">
<htmlxmlns="http://www.w3.org/1999/xhtml"><head><title>例5.3</title></head><body><p>
<script type="text/javascript">
     var name;
     name = prompt("请输入您的姓名:",""); //执行后,变量 name 的值是用户在文本框中输入的字符串
     document.write("尊敬的"+name+": 欢迎您进入我的主页! ");
</script>
</p></body></html>
```

该页面在 IE 中执行时先显示一个提示对话框。如果在这个提示对话框的文本框中输入"文涛"（如图 5.3 所示），然后单击"确定"按钮，那么将显示如图 5.4 所示的页面。

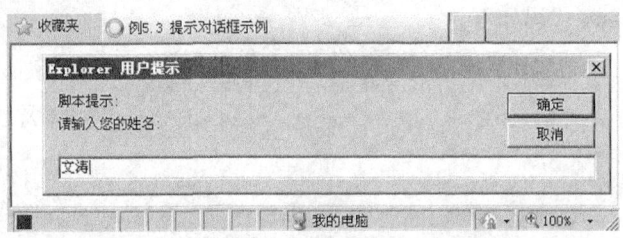

图 5.3 在 prompt() 方法显示的提示对话框中输入文本

图 5.4 在提示对话框中输入"文涛"后的页面显示结果

 说明：与 alert()、confirm() 方法不同，使用 prompt() 方法时，要在其圆括号 () 中放入两个字符串并且用逗号","分隔。其中第 1 个字符串作为对话框的提示文本，而第 2 个字符串作为对话框中文本框的初值。本例第 2 个字符串是 ""，因此在显示这个提示对话框时其文本框是空白的。

例 5.4 在 HTML 文档中编写 JavaScript 程序，使页面先显示一个提示输入某个网站 URL 的提示对话框，单击"确定"按钮后，使浏览器显示这个 URL 所指定的页面。本例页面文档 s0504.htm 代码如下。

```
<!DOCTYPE html PUBLIC "-//W3C//DTD XHTML 1.0 Strict//EN"
"http://www.w3.org/TR/xhtml1/DTD/xhtml1-strict.dtd">
<html xmlns="http://www.w3.org/1999/xhtml"><head><title>例5.4</title>
<script type="text/javascript">
     var url;
     url = prompt("请输入您想访问的站点地址:","http://www.sysu.edu.cn/");
     window.navigate(url);
</script>
</head><body></body></html>
```

该页面在 IE 中执行时先显示一个如图 5.5 所示的提示对话框，此时文本框中已有文本

"http://www.sysu.edu.cn/"。然后，在文本框中输入一个有效地址，再单击"确定"按钮，或者直接单击"确定"按钮，就可以使浏览器显示由这个文本框中的字符串所指定的页面。

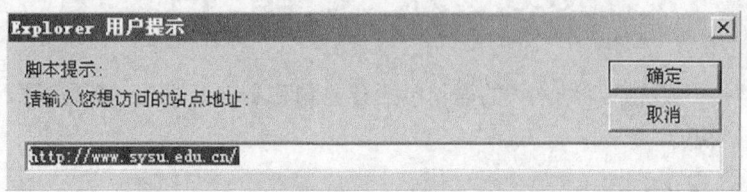

图 5.5　为提示对话框的文本框提供一个初值

（1）prompt()方法的第 2 个字符串可以为对话框中的文本框指定一个初值，这种初值可以是输入内容的一个样板，使用户便于输入一个有效的字符串。本例要求输入的是一个站点的 URL 地址，预先给出一个有效的 URL 地址，可以帮助用户避免输入一个格式无效的 URL。

（2）在脚本中使用了方法 window.navigate(url)，这个方法的作用是使浏览器转去显示 url 所指定的页面，如同用户在浏览器的地址栏中输入一个地址然后按一个回车键。如果用户输入的 URL 地址无效或者单击"取消"按钮，则执行 window.navigate(url)后浏览器将显示一个"该页无法显示"的提示页面。

5.2　顺序结构

通常，编写程序就是通过语句来实现所需要的功能。对于 JavaScript，脚本程序是由一系列的语句组成的。回顾前面的每个例子，可以体现这一点。如例 5.2 中的脚本：

```
<script type="text/javascript">
    var visited,show_text;
    visited = confirm("您来过中大吗? ");  //执行后,变量 visited 的值是 true 或 false
    show_text = visited?"您也认为中大很美吧! ":"欢迎您有机会来中大参观!";
    document.write(show_text);
</script>
```

在这段脚本中共有 4 条语句。其中的 var visited,show_text; 声明两个变量，就是一条变量声明语句，而后面的 visited=…和 show_text=…是两条赋值语句，最后的 document.write 是一条方法调用语句。

一个 JavaScript 程序可以有多条语句，通常，这些语句按照它们的书写顺序从头到尾依次执行。这就是程序执行的最简单流程，即顺序结构。除顺序结构之外，控制程序执行的基本结构还有后续几节介绍的分支结构和循环结构。

对于简单的一条语句，读者要注意以下几点。

（1）一般而言，独立成行的一个表达式就是一条表达式语句，如赋值语句、方法调用语句等形式。

（2）每条语句的后面都应当有一个分号（;），但是也可以不添加分号。如果要在一行中书写多条语句，那么在语句之间一定要加上分号，表示一个语句的正常结束。

（3）一个独立的分号（;）表示空语句。尽管它什么也不做，但在语法上仍然起着一条语句的作用。

5.3　分　支　结　构

支持分支结构（或称选择结构）的语句包括 if 语句和 switch 语句，都是根据一定的条件去执行一条语句或语句组。

5.3.1　if 语句

1．if…else 语句

if 语句的基本格式及其执行流程如图 5.6 所示。

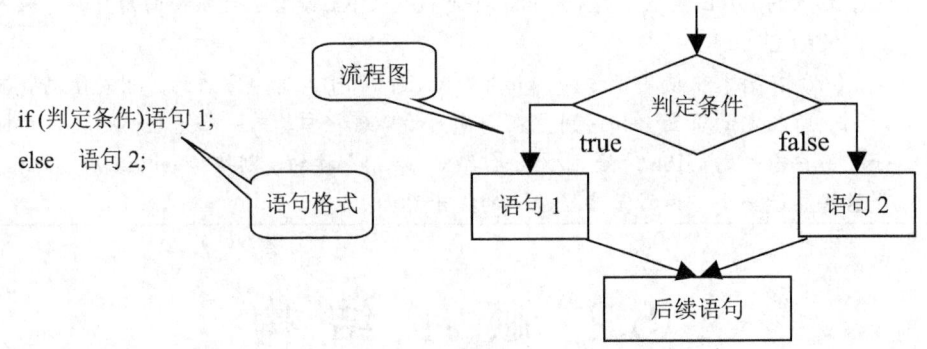

```
if (判定条件)语句 1;
else    语句 2;
```

图 5.6　if else 语句的格式及其控制流程图

在执行这种格式的 if 语句时，先计算"判定条件"表达式的值，如果返回 true，就执行"语句 1"，进而结束这条 if 语句的执行，此时不会执行"语句 2"；否则，"判定条件"返回 false，就执行 else 后面的"语句 2"，进而也结束这条 if 语句的执行，此时同样不会执行"语句 1"。此时，把"语句 1"称为 if 条件为真时执行的语句，而把"语句 2"称为 if 条件为假时执行的语句。

这种形式的 if 语句支持典型的二路选择结构，也就是，根据某种情况的判断，要么执行语句 A，要么执行语句 B。语句 A 和语句 B 不会同时执行。

例 5.5　分别输入两个数给变量 x,y,然后求出这两个变量的最大值。

编程思路：显然，如果 x 的值大于 y 的值，则 x 的值就是最大值，否则 y 的值就是最大值；另外，为了保存最大值，引入变量 max。据此，画出如图 5.7 所示的流程图。

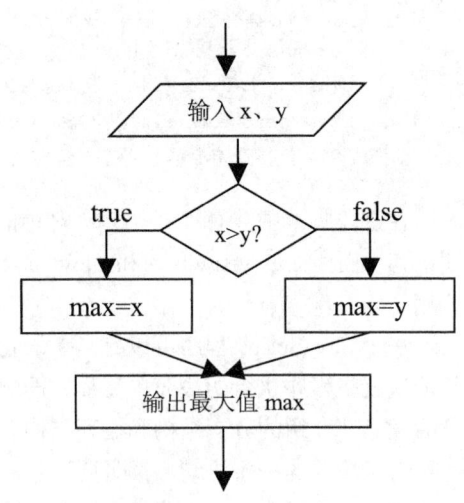

图 5.7　求两个数最大值的流程图

实现本例要求的页面文档 s0505.htm 代码如下。

```
<!DOCTYPE html PUBLIC "-//W3C//DTD XHTML 1.0 Strict//EN"
"http://www.w3.org/TR/xhtml1/DTD/xhtml1-strict.dtd">
```

```
<html xmlns="http://www.w3.org/1999/xhtml"><head><title>例5.5 </title>
<script type="text/javascript">
    var x,y,max,x_s,y_s;
    x_s = prompt("x=:","0");  x = parseFloat(x_s);
    y_s = prompt("y=:","0");  y = parseFloat(y_s);
    if (x>y)
        max=x;
    else
        max=y;
    alert("最大值是:" + max);
</script>
</head><body></body></html>
```

（1）由于脚本中没有使用 document.write 进行输出，因此把<script>块放入<head></head>标签对之间会更合适一点。

（2）程序中主要使用了3个变量x、y、max，其中x、y用于存放用户输入的数值，而max用于存放求出的变量x、y中的最大数值。

（3）由于prompt()返回的是字符串，而这时要求x、y都是数值，因此为了避免二义性的出现，先引入变量x_s和y_s接收prompt()返回的字符串，然后使用parseFloat()把它们明确地转换成浮点型（注：使用parseInt()也可以）。

2. 没有 else 部分的 if 语句

if 语句有一种更简单的形式，即缺少 else 部分的 if 语句：

```
if (判定条件) 语句;
```

也就是说，如果"判定条件"返回 true，就执行"语句"，否则就不执行它。

例5.6 改写例 5.5 中求两数最大值的程序，要求不使用 else 部分。

编程思路：也可以采用以下方法求两个数 x、y 的最大值，即先假定 x 最大，如果假定不成立，那么 y 的值就最大。因此，本例页面文档 s0506.htm 代码如下。

```
<!DOCTYPE html PUBLIC "-//W3C//DTD XHTML 1.0 Strict//EN"
"http://www.w3.org/TR/xhtml1/DTD/xhtml1-strict.dtd">
<html xmlns="http://www.w3.org/1999/xhtml"><head><title>例5.6 </title>
<script type="text/javascript">
    var x,y,max;
    x = parseFloat(prompt("x=:","0"));
    y = parseFloat(prompt("y=:","0"));
    max = x;       //先假设 x 的值最大
    if (max<y) max = y;   //如果假设不成立，即 x<y，则 y 的值最大
    alert("最大值是:" + max);
</script>
</head><body></body></html>
```

这种方法的好处是能够方便地把它改为求 3 个（如 x、y、z）甚至更多变量的最大值，如：

```
max = x;
if (max<y) max=y;
if (max<z) max=z;
…
```

3. 程序代码的书写格式问题

上例中的 if 语句没有 else 部分，并且写在同一行中。在 JavaScript 中，if 语句的书写格式是比较灵活的，if 语句的各个部分既可以分行书写，也可以在同一行中书写。如以下形式的书写格

式都是 JavaScript 所允许的：

```
if(x>y) max=x;else max=y;
```
　　　　或
```
if(x>y) max=x;
else max=y;
```
　　　　或
```
if(x>y)
max=x;else max=y;
```

其他语句（包括后面介绍的 switch、for 语句等）的书写也有类似的灵活性，这得益于 JavaScript 对程序代码的语法分析机制，它会忽略各语句元素之间不会影响程序执行效果的空格、Tab 符和换行符等格式符。

但是，读者在编写程序时不要滥用这种代码排版的灵活性，程序代码的随意编排将导致程序可读性的降低。对于上例中的 if 语句，建议的书写格式是：

```
if(x>y) max=x;else max=y; //如果 if 语句的各个部分代码比较少，那么在同一行中书写就比较简洁
```
　　　　或者
```
if(x>y)
    max=x; //作为条件为真而执行的语句部分，比 if 行缩进 2～4 个空格
else //else 与 if 对齐
    max=y; //else 部分的缩进与条件为真而执行的语句部分相同
```

而要避免书写成以下格式：

```
if(x>y)
max=x;else max=y;
```

或者（注：以下每行代码都不缩进，这是初学者最常见的坏习惯!）

```
if(x>y)
max=x;
else
max=y;
```

对于初学编程的读者，要有意识地参阅本书示例中的代码，学习如何排版程序中的各种语句。基本排版规则是：程序代码的书写结构要反映程序的流程结构。

要掌握、提高编程能力，必须坚持编写结构良好的、易于被他人或自己以后（如 1 个月后）能读懂的程序。

4. 使用语句组

前面例子中的 if 语句不管条件是 true 还是 false，都是执行一条语句，那么如果当一个条件成立时要执行的是几条语句，if 语句又如何书写呢？在这种情况下，可以将两条或多条语句用一对大括号{}括起来。用大括号括起来的一组语句序列称为语句组，语句组可以放置在任何一个单条语句可以放置的地方。即在语法上，语句组相当于一条语句。

例 5.7　分别输入两个数给变量 x,y，然后求出这两个变量的最大值和最小值。本例页面文档 s0507.htm 代码如下。

```
<!DOCTYPE html PUBLIC "-//W3C//DTD XHTML 1.0 Strict//EN"
"http://www.w3.org/TR/xhtml1/DTD/xhtml1-strict.dtd">
<html xmlns="http://www.w3.org/1999/xhtml"><head><title>例 5.7 </title>
<script type="text/javascript">
    var x,y,max,min; //max 存放最大值，而 min 存放最小值
    x = parseFloat(prompt("x=:","0"));
```

```
        y = parseFloat(prompt("y=:","0"));
        if (x>=y)
        {
            max = x;
            min = y;
        }
        else
        {
            max = y;
            min = x;
        }
        alert("最大值是:" + max +";最小值是:" + min);
</script>
</head><body></body></html>
```

（1）程序中两个变量（如 max、min）分别存放 x、y 中的最大值和最小值。

（2）如果 x>=y，显然最大值是 x，最小值是 y，故要执行 max=x 和 min=y。这两条赋值语句必须用大括号{}括起来，使之成为语句组，表示当 x>=y 时就执行语句组{max=x;min=y;}；否则就执行语句组{max=y;min=x;}。

（3）如果不使用{}，将出现语法错误。

5. 论变量的使用

编程时常使用很多变量，不过，每个变量的引入都是有一定用途的。变量的基本用途是存储算法的初始值和计算结果，例如在前面的例子中，引入变量 x、y 是为了保存输入的两个数，即初值；而引入变量 max、min 是为了保存最大值和最小值，即计算结果。有时，也会根据算法（即编程思路）的需要而引入一些中间变量。

例 5.8　分别输入两个数给变量 x、y，然后对这两个数进行由小到大的排序，使 x、y 分别存储这两个数中的最小值和最大值。

编程思路：

（1）如果 x<=y，则满足题意，不必进行其他处理。

（2）如果 x>y，就要把 x、y 这两个变量中的值进行互换，即把 y 的值赋给 x，而把 x 的值赋给 y。如果直接用以下两条语句：

```
    x=y;  y=x;  //错误
```

将使得 x、y 的值一样，都是变量 y 所存储的值。为什么会这样呢？原因在于：执行赋值语句 x=y 后，x 具有了 y 的值，但却丢失了原来所存储的值，使得赋值语句 y=x 不能使 y 获得 x 原来存储的值。解决这个问题的方法就是在执行赋值语句 x=y 之前把 x 存储到其他地方，这时就应当引入一个中间变量 temp，先执行 temp=x，使 temp 先保存 x 原来的值，然后执行 x=y，再把 temp（注：它存储的是 x 的原值）赋给 y。这样，最终使用以下语句序列，实现 x、y 这两个变量值的互换：

```
    temp=x;  x=y;  y=temp;
```

据此，本例页面文档 s0508.htm 代码如下。

```
<!DOCTYPE html PUBLIC "-//W3C//DTD XHTML 1.0 Strict//EN"
"http://www.w3.org/TR/xhtml1/DTD/xhtml1-strict.dtd">
<html xmlns="http://www.w3.org/1999/xhtml"><head><title>例 5.8 </title>
<script type="text/javascript">
    var x,y,temp;
```

```
    x = parseFloat(prompt("x=:","0"));
    y = parseFloat(prompt("y=:","0"));
    if (x>y)
    {//交换变量 x,y 的值
        temp = x;   //使用临时变量 temp 先保存 x 的值
        x = y;        //变量 x 得到 y 的值，但失去了原值
        y = temp;   //将临时变量 temp（它存储的是 x 被赋值前的值）赋给变量 y
    }
    alert("排序后,x=" + x +";y=" + y);
</script>
</head><body></body></html>
```

6. if 语句的嵌套

在一个 JavaScript 程序中，可以把一条 if 语句当成另外一条 if 语句的语句部分来用，这就是所谓的 if 语句的嵌套。

例 5.9 根据成绩给出学生的考评：如果成绩>=85，就考评"优"；否则如果成绩>=60，就考评"及格"，否则考评为"不及格"。

编程思路：

（1）根据题意，可画出如图 5.8 所示的流程图。

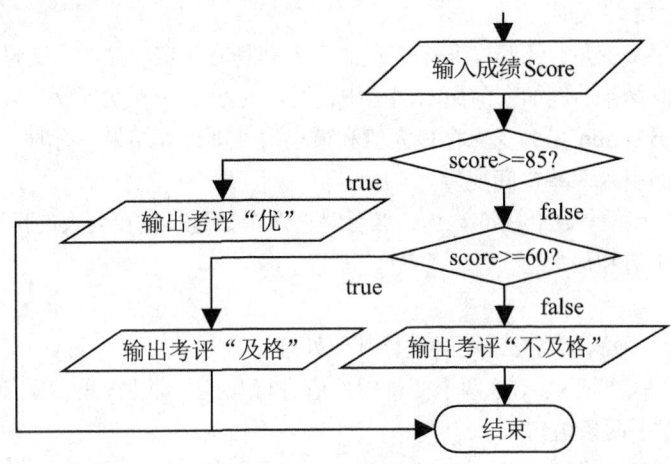

图 5.8 学生考评流程图

（2）为了统一输出，可引入变量 grade 存储考评结果。据此，编写页面文档 s0509.htm 代码如下。

```
<!DOCTYPE html PUBLIC "-//W3C//DTD XHTML 1.0 Strict//EN"
"http://www.w3.org/TR/xhtml1/DTD/xhtml1-strict.dtd">
<html xmlns="http://www.w3.org/1999/xhtml"><head><title>例 5.9 </title>
<script type="text/javascript">
    var score,grade;
    score = parseFloat(prompt("请输入学生的成绩:","0"));
    if (score>=85)
        grade="优";
    else
    {//由于是 else 部分，因此 score<85
        if (score>=60)   //注意：此处条件判定式没有必要写成：score<85 && score>=60
```

```
            grade="及格";
        else
            grade="不及格";
    }
    alert("根据学生成绩:" + score +",评定为:" + grade);
</script>
</head><body></body></html>
```

由于上面代码第 1 个 else 部分中只有 1 条语句（即另一条完整的 if 语句），因此可以把大括号{}省掉，如图 5.9（a）所示。

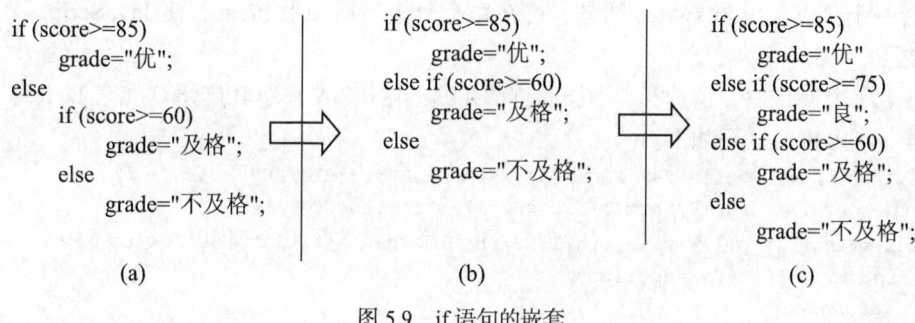

图 5.9　if 语句的嵌套

JavaScript 规定，在没有用大括号{}分隔多个 if...else 语句的情况下，符号 else 是与前面代码中最近的 if 匹配的（即：else 最近匹配规则），因此图 5.9（a）所示代码中后面的 if...else 对是一条独立的语句，故而加不加大括号{}效果一样，都是前一个 if 语句的 else 部分。更进一步，JavaScript 在执行时会忽略语句之前的空格和换行符，因此可以把上述代码改写成图 5.9（b）所示的 if...else if...else...格式。

使用这种嵌套形式，使得我们可以使用 if 语句处理多路分支情况，即依次判断各个 if 条件，如果为真就执行对应的 if 为真的语句，否则都不为真就执行 else 部分的语句。例如，可以很容易地为上例增加一个考评级别"良"，如图 5.9（c）所示。

尽管如上形式的 if 嵌套格式一目了然，读者在处理含有多个 if...else 结构的语句时还是要慎重处理符号 if 和 else 的匹配问题。

5.3.2　switch 语句

最典型的多路分支结构是 switch 语句，它根据 switch 表达式的值，选择不同的分支执行。其基本格式是：

```
switch(表达式)
{
case 表达式1:
  语句1;    [break;]
case 表达式2:
  语句2;    [break;]
…
case 表达式n:
  语句n;    [break;]
default:
  语句n+1;    [break;]
```

JavaScript 程序设计基础教程（第 2 版）

```
    }
```

其中，每个 case 后面的表达式一般为整型或字符串常量，且关键字 case 与其表达式之间必须有空格。

当 JavaScript 执行 switch 语句时，首先计算 switch 后面括号内的表达式；当此表达式的值与某个 case 表达式的值相等时，就执行此 case 后面的语句；如果所有 case 表达式的值都不与 switch 表达式相等，就执行 default 后面的语句。

当执行某个 case 后面的语句时，如果遇到 break 语句，就结束这条 switch 语句的执行。如果没有 break 语句，就会一直执行到结束这条 switch 语句的结束标记，即右大括号 "}"。为了在执行一个分支后跳出 switch 语句，可在每个分支后面加上 break，使 JavaScript 只执行匹配的分支。

例 5.10 常识问答，请选择 "中国的首都在哪个城市? A.香港 B.广州 C.北京 D.上海"。本例页面文档 s0510.htm 代码如下。

```
<!DOCTYPE html PUBLIC "-//W3C//DTD XHTML 1.0 Strict//EN"
"http://www.w3.org/TR/xhtml1/DTD/xhtml1-strict.dtd">
<html xmlns="http://www.w3.org/1999/xhtml"><head><title>例 5.10 </title>
<script type="text/javascript">
    var answer;
    answer = prompt("中国的首都在哪个城市?\nA.香港\tB.广州\tC.北京\tD.上海","E");
    switch(answer)
    {
    case "a":
    case "A":
        alert("错! 香港是中国的特别行政区");
        break;
    case "b":
    case "B":
        alert("错! 广州是中国南部的大城市");
        break;
    case "c":
    case "C":
        alert("对! 北京是中国的首都，在中国北方");
        break;
    case "d":
    case "D":
        alert("错! 上海是中国东部的大城市");
        break;
    default: //当 answer 不与上述所有 case 表达式相同时，就执行此处所列的语句
        alert("选择错误!只能选填字母 A、B、C 或 D");
        break;
    }
</script>
</head><body></body></html>
```

说明

（1）在 prompt() 方法使用的字符串中含有转义字符\n（换行）和 \t（制表符，使后续文本从下一个制表位输出），用来控制文本在对话框中的显示。其执行效果如图 5.10 所示。

（2）如果在提示对话框中输入大写字母 "B"，变量 answer 将被赋值字符串 "B"，switch 语句就用 answer 的值依次比较它的各个 case 值，发现有与 answer 匹配的 case"B"，于是就

执行其后的语句 alert("错！广州是中国南部的大城市")而显示一个警示对话框，用户单击"确定"按钮后，就执行后面的 break 语句，其作用是结束它所在的 switch 语句。

（3）如果在提示对话框中输入小写字母"b"，switch 语句将发现有与 answer 匹配的 case "b"，于是就执行其后的语句。但是 case "b" 后面没有语句，只有 case "B"，由于此时还没有执行 break 语句，因此 JavaScript 会忽略这个标号 case "B"，直接执行该标号后的语句，即"alert("错！广州是中国南部的大城市")"，此后的执行就与用户输入"B"的情况相同。

（4）如果用户没有输入字母 A、B、C、D（或 a、b、c、d），switch 语句将不会找到任何与 answer 匹配的 case 值。但是，本例有标号 default，于是就执行该标号后的语句。

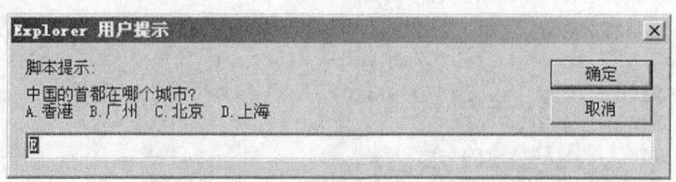

图 5.10　常识问答中的提问

5.4　循　环　结　构

当一些语句需要反复执行时，就要用到循环结构的语句，即循环语句。可以在循环语句中指定语句重复执行的次数，也可以指定重复执行的条件。JavaScript 的常用循环语句主要是 for 语句、while 语句和 do…while 语句。

5.4.1　for 语句

for 语句是最常用的循环语句，通常，它使用一个变量作为计数器来指定重复执行的次数，这个变量称为循环变量。for 语句的格式是：

for(初值表达式；循环判定式；更新表达式) 循环体语句；

如图 5.11 所示，for 语句的执行步骤如下。

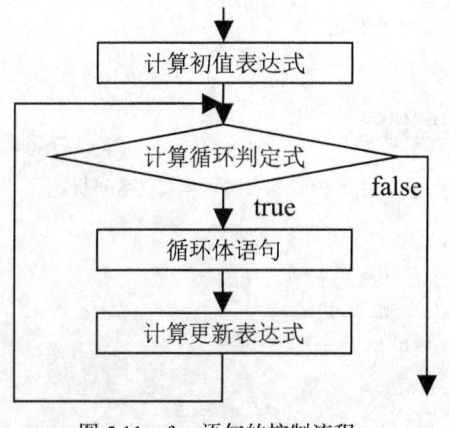

图 5.11　for 语句的控制流程

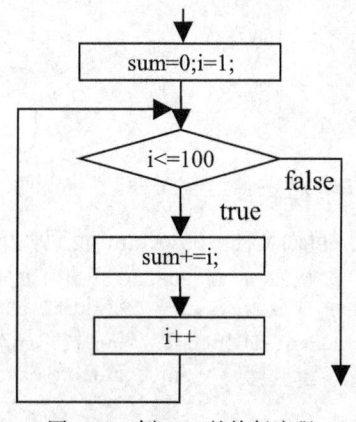

图 5.12　例 5.11 的执行流程

第 1 步：计算初值表达式；

第 2 步：计算循环判定式（即条件表达式）的值；

第 3 步：如果循环判定式的值为 true 就执行步骤 4，否则退出 for 语句；

第 4 步：执行循环体语句，之后再计算更新表达式；

第 5 步：重复执行步骤 2、3、4，直至退出循环。

例 5.11 求 1+2+3+…+100 的累计和。

编程思路：根据题意，可画出图 5.12 所示的流程图。使用变量 i 作为循环变量，从 1 开始，每次加 1，直至 100；而 sum 作为累加器变量，累加 i 所遍历的值，其效果就是计算 1+2+3+…+100 的值，即 5050。

据此，本例页面文档 s0511.htm 代码如下。

```
<!DOCTYPE html PUBLIC "-//W3C//DTD XHTML 1.0 Strict//EN"
"http://www.w3.org/TR/xhtml1/DTD/xhtml1-strict.dtd">
<html xmlns="http://www.w3.org/1999/xhtml"><head><title>例 5.11 </title>
<script type="text/javascript">
     var i,sum=0; //sum 是累加器变量，初值 0
     for(i=1;i<=100;i++)
     {//在每次循环时，循环变量 i 的值依次是 1,2,3,…,100
        sum += i;  //累加循环变量 i 所遍历的值 1,2,3,…,100
     }
     alert("1+2+3+...+100="+sum);
</script>
</head><body></body></html>
```

初学者在写 for 语句的一个常见错误是在循环体语句之前添加一个分号";"。如图 5.13 所示，这种情况下的分号（;）表示空语句，成为该 for 语句的实际循环体语句。

例 5.12 通过脚本在页面上显示如图 5.14 所示的 6 级标题。

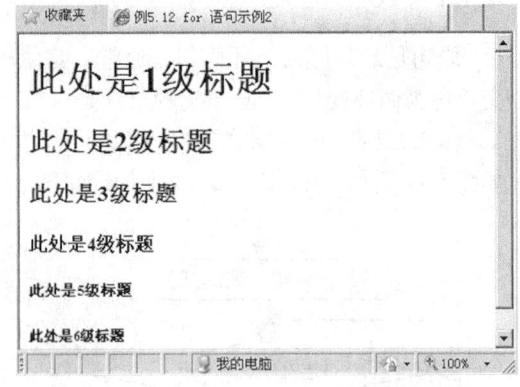

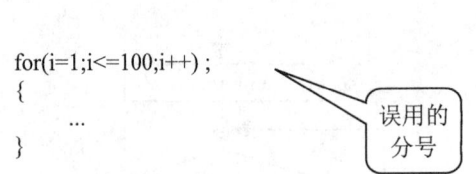

图 5.13　一个独立的分号（;）表示空语句　　　　图 5.14　通过脚本生成的 6 级标题

本例页面文档 s0512.htm 代码如下。

```
<!DOCTYPE html PUBLIC "-//W3C//DTD XHTML 1.0 Strict//EN"
"http://www.w3.org/TR/xhtml1/DTD/xhtml1-strict.dtd">
<html xmlns="http://www.w3.org/1999/xhtml"><head><title>例 5.12</title></head><body>
<script type="text/javascript">
     var i;
     for(i=1;i<=6;i++)
```

```
    {
        document.write("<h"+i+">此处是"+i+"级标题</h"+i+">");
    }
</script>
</body></html>
```

5.4.2　while 语句

while 语句是另一种基本的循环语句，格式如下：

```
while(循环判定式) 循环体语句;
```

表示当循环判定式为真时执行循环体语句。

如图 5.15 所示，while 循环的执行步骤如下。

第 1 步：计算循环判定式的值；

第 2 步：如果循环判定式的值为 true，则执行循环体语句，否则退出循环；

第 3 步：重复执行步骤 1、2，直至退出循环。

例 5.13　使用 while 语句求 1+2+3+…+100 的累计和。

编程思路：

（1）根据题意，可画出图 5.16 所示的 while 实现流程图。

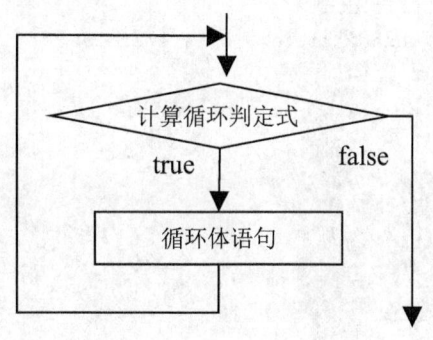

图 5.15　while 语句的控制流程

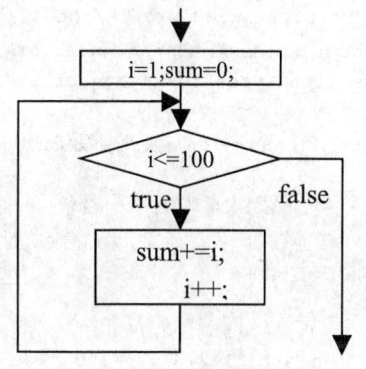

图 5.16　使用 while 语句求 1~100 之和

（2）在 while 语句中通常要使用循环变量控制循环的结束。此处的循环变量 i 先在 while 语句之前进行了初始化（即 i=1，使 i 的值从 1 开始）；然后出现在循环判定式 (i<=100) 中，并且在循环体中有语句 i++ 使 i 的值每循环一次就递增 1，确保循环判定式 (i<=100) 在某个时刻返回 false 值，从而结束 while 循环。

据此，本例页面文档 s0513.htm 代码如下。

```
<!DOCTYPE html PUBLIC "-//W3C//DTD XHTML 1.0 Strict//EN"
"http://www.w3.org/TR/xhtml1/DTD/xhtml1-strict.dtd">
<html xmlns="http://www.w3.org/1999/xhtml"><head><title>例 5.13 </title>
<script type="text/javascript">
    var i,sum;
    i=1;sum=0;//i 是循环变量，初值 1；而 sum 是累加器变量，初值 0
    while (i<=100)
    {//在每次循环时，循环变量 i 的值依次是 1,2,3,…,100
        sum += i;  //累加循环变量 i 所遍历的值 1,2,3, …,100
        i++;
    }
```

```
        alert("1+2+3+...+100="+sum);
</script>
</head><body></body></html>
```

5.4.3　do while 语句

do while 语句是 while 语句的变体，格式如下。

```
   do 循环体语句 while(循环判定式);
```

如图 5.17 所示，do while 循环的执行步骤如下。

第 1 步：执行循环体语句；

第 2 步：计算循环判定式的值；

第 3 步：如果循环判定式的值为 true，则转去执行步骤 1，否则退出循环。

可见，do while 语句是先执行循环体，再进行是否继续循环的判定。这使得 do while 语句至少执行一次循环体中的语句（注：循环语句的循环次数是指循环体的执行次数），这是 do while 语句和 while 语句的主要区别。因为在 while 语句中，如果第一次计算循环判定式就返回 false 时，就一次也不执行其循环体中的语句。

例 5.14　使用 do…while 语句求 1+2+3+…+100 的累计和。本例页面文档 s0514.htm 代码如下。

```
<!DOCTYPE html PUBLIC "-//W3C//DTD XHTML 1.0 Strict//EN"
 "http://www.w3.org/TR/xhtml1/DTD/xhtml1-strict.dtd">
<html xmlns="http://www.w3.org/1999/xhtml"><head><title>例 5.14 </title>
<script type="text/javascript">
    var i,sum;
    i=1;sum=0;//i 是循环变量；sum 是累加器变量
    do
    {//在每次循环时，循环变量 i 的值依次是 1,2,3,…,100
        sum += i;  //累加循环变量 i 所遍历的值 1,2,3,…,100
        i++;
    }
    while (i<=100);
    alert("1+2+3+...+100="+sum);
</script>
</head><body></body></html>
```

说明　本例的控制流程如图 5.18 所示。与例 5.13 比较可看出 do while 与 while 的效果基本一样，只不过在形式上 do while 语句把判定式 while(i<=100) 放在语句后部。另外，为了避免二义性，在 while(i<=100) 后面必要加上分号 "；"，表示 do while 语句的结束。

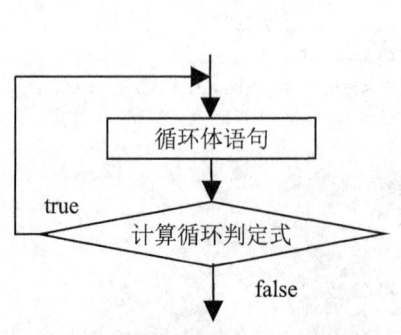

图 5.17　do … while 语句的控制流程

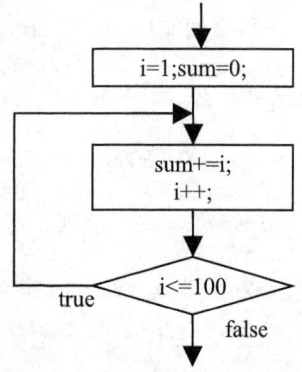

图 5.18　使用 do…while 语句求 1~100 之和

do while 语句的特点是至少执行一次循环体语句，这种特性使得我们在编写有些循环语句时会选择使用 do while 循环，以便更好地表现算法思路。下面就举一个适于使用 do while 的例子。

例 5.15　编写一个二位整数相加的测试程序。要求程序随机生成两个二位整数，提示用户回答它们的相加结果，根据用户回答给出"答对"或"答错"的提示，并且允许用户决定是否继续答题，如果继续就再出题，否则就结束。

编程思路：

（1）根据题意，要求程序执行后就给出测试题，故其流程图如图 5.19 所示。

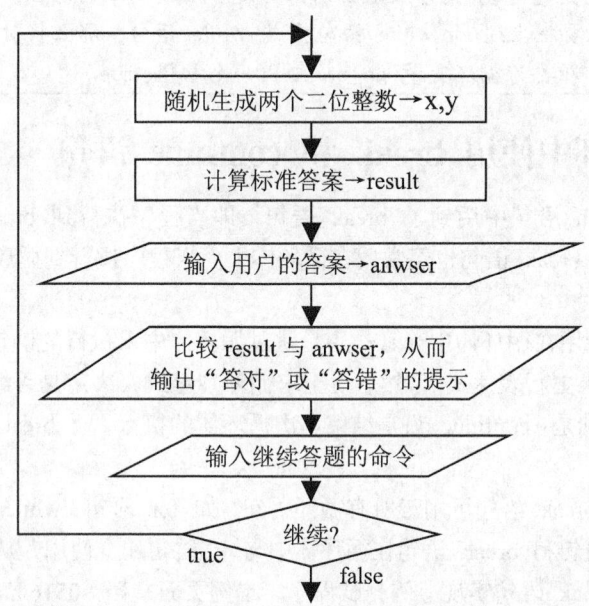

图 5.19　测试二位整数相加的流程图

（2）使用 Math.random() 方法可以随机生成一个 0 至 1 之间的一个纯小数，每次调用时返回的值都不同；而 Math.floor(x) 方法返回不大于 x 的最大整数。因此表达式 Math.floor(Math.random()*90)+10 可以生成 10 到 99（注：因 Math.random()<1，故 Math.floor (Math.random() *90) 的最大值是 89）之间的随机二位整数。

据此，本例页面文档 s0515.htm 代码如下。

```
<!DOCTYPE html PUBLIC "-//W3C//DTD XHTML 1.0 Strict//EN"
"http://www.w3.org/TR/xhtml1/DTD/xhtml1-strict.dtd">
<html xmlns="http://www.w3.org/1999/xhtml"><head><title>例 5.15 </title>
<script type="text/javascript">
    var x,y,result,answer_s,answer,prompt_msg,go_on;
    do
    {//先出题，再答题
        x = Math.floor(Math.random() *90)+10; //随机生成两个二位整数
        y = Math.floor(Math.random() *90)+10;
        result = x+y; //计算标准答案
        answer_s = prompt(x + "+" + y + "=","0"); //接收用户答案(字符串型)
        answer = parseFloat(answer_s); //将字符串型用户答案转换为数值
        prompt_msg = (answer==result?"答对":"答错"); //生成提示信息
```

```
        prompt_msg += "! \t 继续测试吗?";  //生成提示信息
        go_on = confirm(prompt_msg);
    }
    while(go_on);
</script>
</head><body></body></html>
```

（1）循环变量 go_on 接收 confirm(…) 返回的布尔值。从而控制当用户单击"确定"按钮返回 true 时就继续测试下一道题，否则单击"取消"按钮返回 false，就结束提问。在此，循环变量 go_on 充分反映了用户对是否继续测试的响应，从而控制循环。

（2）如果要把上述 do while 语句换成 while 语句，那么将对循环变量 go_on 进行适当的处理，即要为循环变量 go_on 给出一个初值 true。

5.4.4　在循环中使用 break 和 continue 语句

前面已经在 switch 语句中用到了 break 语句，即当程序执行到 break 语句时就直接跳出 switch 语句。实际上，break 语句也经常用在循环体中。当程序执行到循环体中的 break 语句时就结束整个循环语句。

continue 语句只能用在循环体中，其作用是跳过循环体中未执行的语句，结束本次循环（对于 for 语句，先跳至求更新表达式），然后跳至求循环判定式，决定是否继续循环。continue 语句和 break 语句的区别是：continue 只是结束本次循环体的执行，而 break 则是结束整个循环语句的执行。

continue 语句和 break 语句可用于所有循环语句，如 for 语句、while 语句和 do…while 语句。通常，continue 语句和 break 语句在循环体中与 if 语句配合使用，从而控制循环。

例 5.16　使用 break 语句实现上例测试程序。本例页面文档 s0516.htm 代码如下。

```
<!DOCTYPE html PUBLIC "-//W3C//DTD XHTML 1.0 Strict//EN"
"http://www.w3.org/TR/xhtml1/DTD/xhtml1-strict.dtd">
<html xmlns="http://www.w3.org/1999/xhtml"><head><title>例5.16 </title>
<script type="text/javascript">
    var x,y,result,answer,go_on;
    while(true)
    {//先出题，再答题
        x = Math.floor(Math.random() *90)+10;  //随机生成两个二位整数
        y = Math.floor(Math.random() *90)+10;
        result = x+y;  //计算标准答案
        answer = parseFloat(prompt(x + "+" + y + "=","0"));  //接收用户答案
        go_on = confirm((answer==result?"答对":"答错")+"! \t 继续测试吗?");
        if(!go_on) break;  //若单击"取消"按钮则返回 false，即结束提问
    }
</script>
</head><body></body></html>
```

while(true)… 形式的循环语句称为"死"循环语句，其循环判定式永远为 true（即恒真式），因此会一直执行循环体中的语句。为了结束循环，必须在循环中加入 break 语句。在本例的循环体中有一条 if 语句，其作用是根据用户在确认对话框中是否单击"取消"按钮而结束循环。

例 5.17　累加用户输入的正数，如果输入字符"Q"，就不继续输入，并显示累加结果。本例页面文档 s0517.htm 代码如下。

```
<!DOCTYPE html PUBLIC "-//W3C//DTD XHTML 1.0 Strict//EN"
"http://www.w3.org/TR/xhtml1/DTD/xhtml1-strict.dtd">
<html xmlns="http://www.w3.org/1999/xhtml"><head><title>例5.17 </title>
<script type="text/javascript">
    var input,input_number,sum;
    for(sum=0; ; ) //sum 作为累加器，初值为 0
    {
        input = prompt("sum="+sum + "\n 请输入新的累加数(输入Q结束):","0");
        if (input=="Q" || input=="q") break;  //结束累加
        input_number = parseFloat(input);
        if (isNaN(input_number)) continue;  //不能累加 NaN
        if (input_number<=0) continue;     //不累加非正数
        sum += input_number;    //累加有效正数
    }
    alert("sum="+sum);
</script>
</head><body></body></html>
```

（1）for(…;…;…)语句相当灵活，括号中的 3 个表达式都可以忽略不写，但是必须保留用于分隔这 3 个表达式的分号。如果不写第 2 个表达式，那么此时的 for 语句就是"死"循环。

（2）语句"if(isNaN(input_number)) continue;"中的 continue 语句使得当用户输入一个无效数字时，就结束本次循环，也就是不执行其后续的语句，重新判断循环，提示用户输入。

（3）语句"if (input_number<=0) continue;"保证只累加正数。

（4）当执行到循环体的最后一条语句"sum += input_number;"时，变量 input_number 中的值就是用户输入的一个有效正数了。

5.4.5　循环的嵌套

在一条循环语句的循环体中也可以包含另一条循环语句，这称为循环的嵌套。3 种循环语句（for 循环、while 循环和 do…while 循环）都是可以互相嵌套的。

如果循环语句 A 的循环体包含循环语句 B，而且循环语句 B 不包含其他循环语句，那么就把循环语句 A 所包括的整个循环结构称为双重循环，并称循环语句 A 为外层循环，而把循环语句 B 称为内层循环。如果内层循环的循环体又包含一个循环语句，则形成多重循环结构。

例 5.18　在页面上显示一个"9×9 乘法表"，如图 5.20 所示。

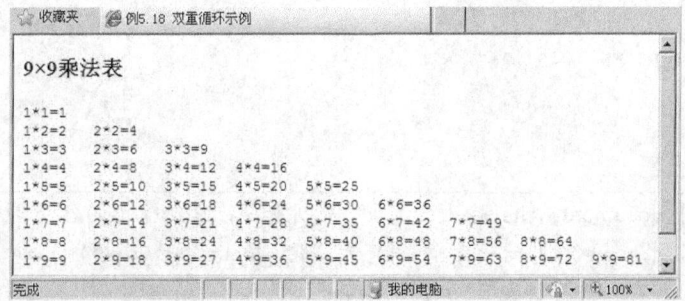

图 5.20　使用双重循环显示 9×9 乘法表

编程思路：

（1）9×9 乘法表的规律是第 1 列显示 1 与 1~9 依次相乘的结果，第 2 列显示 2 与 1~9 依次相乘的结果，……，依此类似，也就是第 j 列显示 j 与 1~9 依次相乘的结果。另外，为了避免重复，把左乘数大于右乘数的所有相乘项去掉。

（2）也可以把 9×9 乘法表看成 9×9 的矩阵，其中的每一项可以由行号和列号定位。不难看出，9×9 乘法表的每一项其实就是"列号*行号"。

（3）由于页面的输出显示通常只能按行输出，因此根据行号设计外层循环，在此用变量 i 表示行号 i，从第 1 行到第 9 行依次显示输出，即

```
for(行号 i=1; i<=9; i++){…; 换行;}
```

对于每行 i，要输出这行中的每列相乘项，即从第 1 列至第 9 列，这时可以用变量 j 遍历每一列，即

```
for(列号 j=1; j<=9; j++){输出行号 i 和列号 j 所指定的相乘项;}
```

另外，由于每一项就是"列号*行号"并且要避免重复，因此可以把每行的输出改写成

```
for(列号 j=1; j<=i; j++){输出 j*i;}   //即第 i 行有 i 个相乘项
```

综合起来，整个程序的主体循环结构就是双重循环：

```
for(行号 i=1; i<=9; i++)
{
    for(列号 j=1; j<=i; j++){输出 j*i;}
    换行;
}
```

因此，本例页面文档 s0518.htm 代码如下。

```
<!DOCTYPE html PUBLIC "-//W3C//DTD XHTML 1.0 Strict//EN"
"http://www.w3.org/TR/xhtml1/DTD/xhtml1-strict.dtd">
<html xmlns="http://www.w3.org/1999/xhtml"><head><title>例5.18</title></head><body>
<h3>9×9乘法表</h3>
<pre>
<script type="text/javascript">
    var i,j
    for(i=1;i<=9;i++) //外循环: 行号i从1~9
    {
        for(j=1;j<=i;j++) //内循环: 列号j从1~i
        {
            if(j>1) document.write("\t");   //使输出各项上下对齐
            document.write(j+"*"+i+"="+j*i); //9×9乘法表的每一项是"列号j*行号i"
        }
        document.writeln(); //换行
    }
</script>
</pre>
```

说明　　使用 document.write 输出的 "\t" 是制表符，它使输出的各项按列对齐。将脚本块放在标签对 <pre></pre> 之间，是为了使 document.write("\t") 和 document.writeln() 输出的制表符和换行符在页面显示中有效。

5.5　调 试 程 序

编写程序时，不可避免地会出现错误。出错的情况很多，但大体上可以分为两类：一类是语法错误；另一类是语义错误。调试程序就是排除程序中的错误。

5.5.1　排除语法错误

语法错误是指写出的程序代码不符合语法规则，比如，变量名使用关键字，括号不匹配，if 语句中判定条件式没有用圆括号括起来，continue 用于非循环语句，等等。

当浏览器解释执行含有语法错误的脚本时，通常不会继续执行其后续脚本，而是以某种方式告诉用户页面出现了错误及其出错位置。根据提示，我们就能够很容易地排除这种错误。

例 5.19　以下程序有语法错误，请排除。本例页面文档 s0519.htm 代码如下。

```
<!DOCTYPE html PUBLIC "-//W3C//DTD XHTML 1.0 Strict//EN"
"http://www.w3.org/TR/xhtml1/DTD/xhtml1-strict.dtd">
<html xmlns="http://www.w3.org/1999/xhtml">
<head>
<title>例5.19 程序有语法错误</title>
<script type="text/javascript">
    var x,y,max;
    x = parseFloat(prompt("x=","0"));
    y = parseFloat(prompt("y=","0"));
    if x>y  //将出错,if中的条件表达式必须用圆括号括起来
        max=x;
    else
        max=y;
    alert("最大值是:" + max);
</script>
</head><body></body></html>
```

根据代码中的注释，可以知道在第 10 行中有错误，即应当写成"if(x>y)"。当用 IE 8.0 浏览这个页面时，其状态栏最左端将出现如图 5.21 所示的带有感叹号的黄色三角符，说明页面有错误。

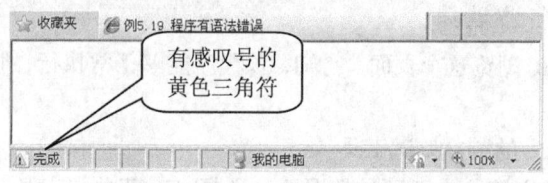

图 5.21　显示一个有脚本错误的页面

双击这个黄色三角符，将出现如图 5.22 所示的对话框，显示其详细错误信息，即指出页面代码中第 10 行第 5 个字符位置"缺少'('"。有了这种提示，相信读者就不难解决所遇到的语法出错问题。

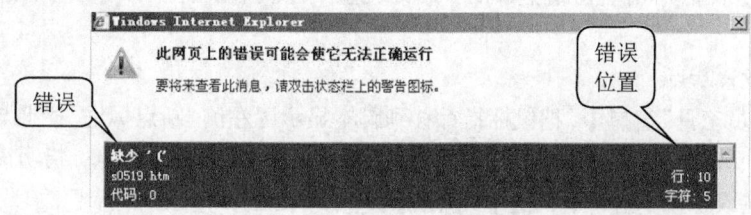

图 5.22　显示网页错误的详细信息

5.5.2　排除语义错误

语义错误是指编写的程序代码符合 JavaScript 的语法规则，能够正常执行，但是执行的结果不符合要求。

导致语义错误的原因有很多，有可能是对要解决的问题没有弄清楚，也有可能是设计的算法有误。对于出现这么大的问题，就必须重新设计整个程序了，在此不必多说。

对于初学者而言，导致语义错误的常见情况是（可能是因为疏忽）对流程控制语句使用不当或者对变量赋予了一个不恰当的值。对于这种情况，可以使用专业的调试工具，通过跟踪程序的一步步执行并且查看执行中变量值的变化情况来排除程序中的语义错误。

5.5.3　使用 IE 8.0 的脚本调试功能

目前，许多浏览器除具备常规的页面浏览功能之外，也为 Web 开发者配置了脚本调试工具。本小节通过一个简单例子介绍如何使用 IE 8.0 自带的调试工具。

例 5.20　以下程序要求交换两个变量 x,y 的值，但有错误，请排除。本例页面文档 s0520.htm 代码如下。

```
<!DOCTYPE html PUBLIC "-//W3C//DTD XHTML 1.0 Strict//EN"
"http://www.w3.org/TR/xhtml1/DTD/xhtml1-strict.dtd">
<html xmlns="http://www.w3.org/1999/xhtml">
<head>
<title>例 5.20 程序有语义错误</title>
<script type="text/javascript">
        //要求交换变量 x,y 的值
        //即:如果交换前 x=100,y=200,那么交换后 x=200,y=100.
        var x,y;
        x=100;  y=200;
        x=y;
        y=x;
        alert("交换后,x=" + x +";y=" + y) ;
</script>
</head><body></body></html>
```

第 1 步：使用 IE 8.0 浏览这个页面。易知，该程序能够正常执行，但执行后的结果是 x=200，y=200，不符合要求。

第 2 步：启动 IE 8.0 的脚本调试工具。

在保持 IE 8.0 仍然浏览这个页面的情况下，选择 IE 菜单"工具"→"开发人员工具"命令打开"开发人员工具"窗口。如图 5.23 所示，先单击左窗格上部的"脚本"选项卡按钮，显示待调试的页面脚本；再单击"启动调试"按钮使脚本显示区处于调试状态，而该按钮标题改为"停止调试"；然后单击右窗格上部的"局部变量"选项卡按钮，以便动态显示脚本执行时变量的值。

第 3 步：设置断点。

在"开发人员工具"窗口中，把鼠标指针移到脚本显示区左侧"断点标记"栏上与语句"x=100;"同行的位置上。如图 5.24 所示，单击一下鼠标左键，该处将出现一个红点，指明该语句行是一个断点行。如果在该处又单击一下，这个红点将消失，即该处又不是断点行了。

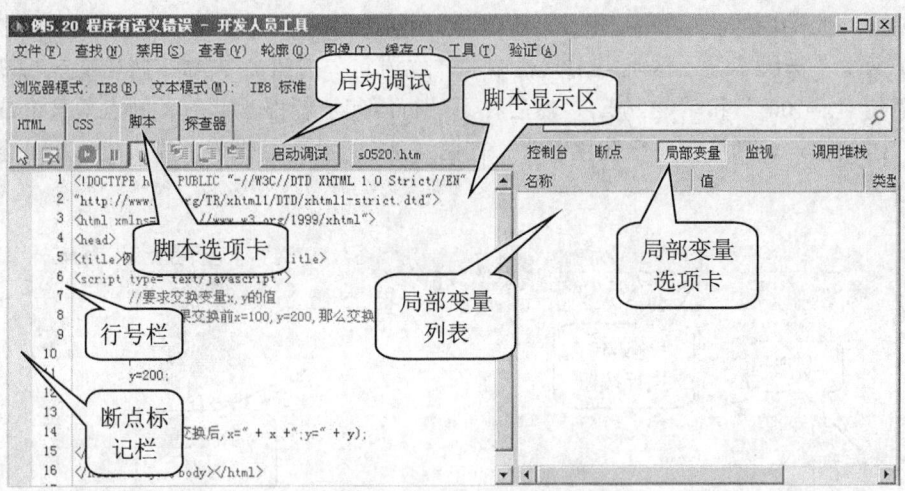

图 5.23　IE 8.0 的脚本调试工具

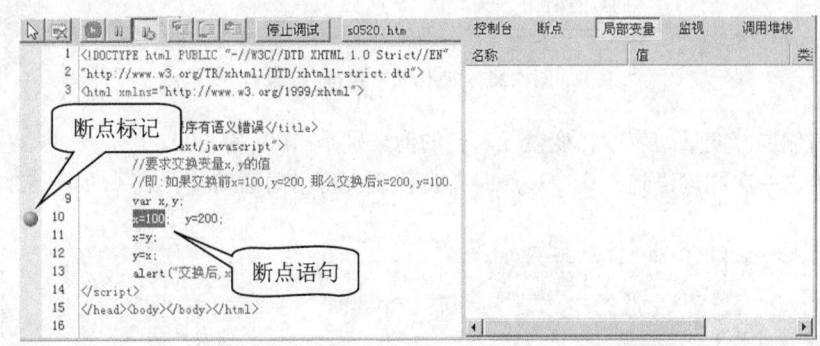

图 5.24　设置断点

第 4 步：执行至断点。

先切换回 IE 浏览器窗口，执行其菜单命令"查看"→"刷新"命令。然后，切换回"开发人员工具"窗口中，易知此时以调试方式执行当前页面中的脚本，并且执行至断点暂停，即执行到语句"x=100;"。断点处的红点将变成带黄色箭头的红点，如图 5.25 所示。

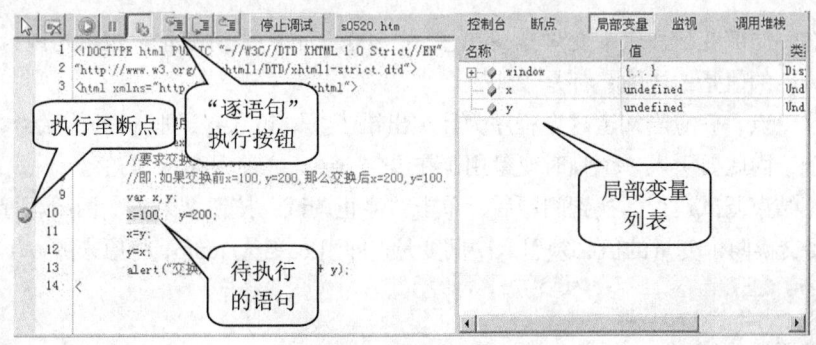

图 5.25　执行到断点时暂停

说明

在右侧局部变量列表中，变量 x、y 的值显示为 undefined，因为它们还没有被赋值。

第 5 步：逐语句执行，观察变量 x、y 值的变化。

（1）两次单击脚本显示区上方工具栏中的"逐语句"按钮命令 ，将依次执行断点行上的两条语句"x=100;"和"y=200;"，然后在下一行语句上暂停。此时，断点处又变成红点，而下一行语句"x=y;"将有一个黄色箭头，如图 5.26 所示，说明黄色箭头表示下一条要执行的语句行。

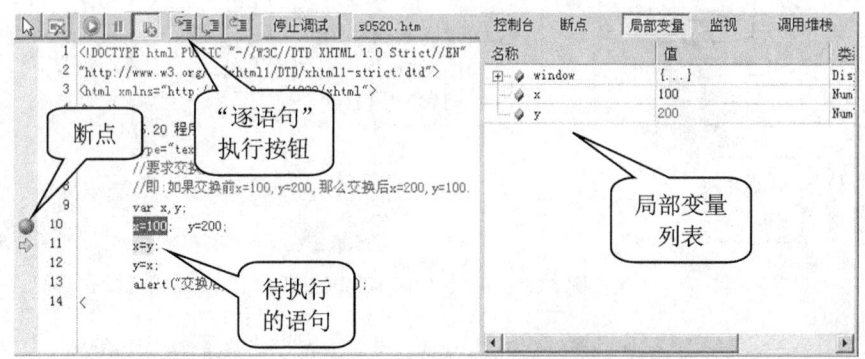

图 5.26 "逐语句"执行

注意：右侧局部变量列表中，变量 x、y 的值分别是 100 和 200。

（2）再单击一次"逐语句"命令，此时，黄色箭头将指向语句"y=x;"，如图 5.27 所示。

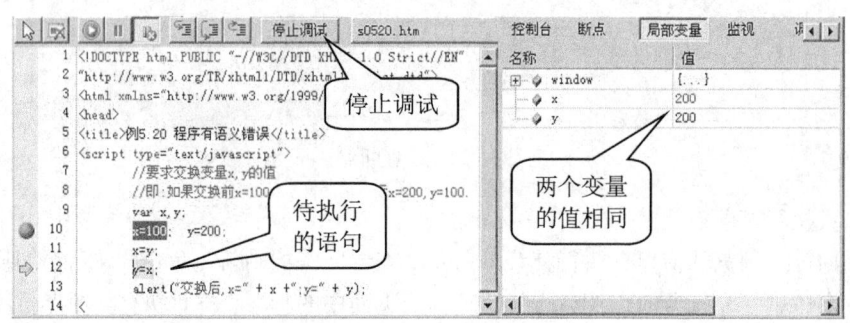

图 5.27 查看变量值的变化

此时，右侧局部变量列表中变量 x 的值变为 200，而 y 没有变化。也就是说，执行到这一步，变量 x、y 的值是一样的，都是 200。

观察到这一点，就应当知道这个程序为什么出错了。语句 x=y; 把 y 的值赋给 x，而 x 原来的值不见了，因此要引入一个临时变量用于在语句 x=y; 之前保存 x 的值。

第 6 步：结束调试运行。找到问题后，单击"停止调试"按钮结束本次调试运行。

显然，要交换两个变量的值必须引入中间变量。即引入变量 temp，将原来的以下 2 条语句：

```
x=y;
y=x;
```

改为 3 条语句：

```
temp=x;
x=y;
y=temp;
```

习　题

一、判断题

（1）一个只有分号（;）的空语句也是语句。

（2）一个用 switch 语句实现的多路分支结构的程序段不能改写为用 if 语句实现。

（3）任何循环语句的循环体至少要执行一次。

（4）循环语句是可以嵌套的，不仅可以嵌套同类型的循环语句，也可以嵌套不同类型的循环语句（如 for、while、do while 等）。

（5）任何循环结构的程序段，都可以改写为用 while 循环语句实现。

（6）break 语句可以出现在各种循环语句的循环体中。

（7）continue 语句只能出现在循环语句的循环体中。

（8）要排除程序中的错误只能使用专业化的调试工具。

二、单选题

（1）一般情况下，作为 if…else 语句的第一行，下列选项中哪一个是有效的？

　　A. if（x=2）　　　　B. if（y<7）　　　C. else　　　　　D. if（x==2&&）

（2）下列关于 switch 语句的描述中，_____是正确的。

　　A. default 子句是可以省略的

　　B. 每个 case 子句都必须包含 break 语句

　　C. 至少一个 case 子句必须包含 break 语句

　　D. case 子句的数目不能超过 10 个

（3）在条件和循环语句中，使用什么来标记语句组？

　　A. 圆括号()　　　　B. 方括号[ ]　　　C. 花括号{ }　　　D. 大于号>和小于号<

（4）一般情况下，下列选项中哪一个可以作为 for 循环的有效的第一行？

　　A. for（x=1;x<6;x+=1）　　　　　　B. for（x==1;x<6;x+=1）

　　C. for（x=1;x=6;x+=1）　　　　　　D. for（x+=1;x<6;x=1）

（5）循环语句 "for（var i=0,j=10;i=j=10;i++,j--）;" 的循环次数是_____。

　　A. 0　　　　　　B. 1　　　　　　C. 10　　　　　D. 无限

（6）以下哪个 while 循环判定式最有可能是因程序员失误而写出的代码？

　　A. while（x<=7）　　　　　　　　　B. while（x=7）

　　C. while（x<7）　　　　　　　　　　D. while（x!=7）

（7）语句 "var i;while（i=0） i--;" 中 while 语句的循环次数是_____。

　　A. 0　　　　　　B. 1　　　　　　C. 5　　　　　D. 无限

（8）下述关于循环语句的描述中，哪一个是错误的？

　　A. 循环体内可以包含有循环语句

　　B. 循环体内必须同时出现 break 语句和 continue 语句

　　C. 循环体内可以出现 if 语句

　　D. 循环体可以是空语句，即循环体中只出现一个分号（;）

（9）下述关于 break 语句的描述中，哪一个是错误的？

    A. 当 break 语句用于循环语句时，它表示退出该重循环

    B. 当 break 语句用于 switch 语句时，它表示退出该 switch 语句

    C. 当 break 语句用于 if 语句时，它表示退出该 if 语句

    D. break 语句在一个循环体内可以出现多次

（10）有语句"var x=0;while（_____）x+=2;"，要使 while 循环体执行 10 次，空白处的循环判定式应写为

    A. x<10   B. x<=10   C. x<20   D. x<=20

三、综合题

（1）编写程序，通过用户输入的年龄判断是哪个年龄段的人（儿童：年龄<14；青少年:14<=年龄<24；青年:24<=年龄<40；中年:40<=年龄<60；老年：年龄>=60），并在页面上输出判断结果。

（2）编写程序，根据用户输入的一个数字（0～6），通过警示对话框显示对应的星期几（即，0：星期日；1：星期一；……；6：星期六）。

（3）编写程序，计算 10!（即 1*2*3*…*10）的结果。

（4）编写程序，计算 1!+2!+3!+…+10! 的结果。

（5）在页面上输出如下数字图案：

```
1
1 2
1 2 3
1 2 3 4
1 2 3 4 5
```

其中，每行的数字之间有一个空格间隔。

（6）在页面上输出如下图案：

```
        *
      * *
    * * *
  * * * *
* * * * *
```

其中，每行的星号"*"之间有一个空格间隔。

（7）有些三位数 x，被 4 除余 2，被 7 除余 3，被 9 除余 5，请求出这些数。

（8）取 1 元、2 元和 5 元纸币共 10 张，付给 18 元，有几种付法。

（9）求所有满足条件的四位数 ABCD，它是 13 的倍数，且第 3 位数加上第 2 位数等于第 4 位数（即：A=B+C）。（提示：对于四位数的整数 x，通过 Math.floor（x/1000） 可求出第 4 位的数字，其他位数的提取也类似）

（10）求出所有和为 1 000 的连续正整数，如 198、199、200、201、202 这几个连续整数累加后为 1 000。

第6章
函数

对于要重复使用的一段代码，最好将其编写为一个函数。另外，将实现特定功能的代码段组织为一个函数也便于编写大的程序。

本章介绍 JavaScript 函数的定义和调用方法，以及与之相关的作用域概念。

6.1 函数概述

6.1.1 什么是函数

函数是编写程序时定义的一个语句序列，其作用是实现一项或多项任务。例如，一个函数可能是输出一行文本，也可能是计算一个数值并把它返回给主程序。

在 JavaScript 中，既可以使用预定义的函数，也可以使用自定义的函数。

使用函数的一个显而易见的好处在于它的可重用性。例如，如果一段完成特定功能的程序代码需要在程序中多处使用，就可以先把它定义为函数，然后在所有需要这种功能的地方调用它，这样就不必在程序多处重写这段代码。

使用函数的另一个好处在于它能够降低程序的复杂度。通过函数可以把较大的程序分解成几个较小的程序段，从而把一项复杂的大任务分解成多个容易解决的小任务。例如，有一项任务要求把一段英文翻译成对应的中文段落，如下图所示。

为了完成这项任务，可以引入两个子任务：先从英文段落中识别出每个英文单词，然后再把单个单词翻译成对应的中文单词，如下图所示。

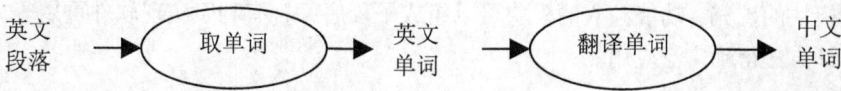

显然，"取单词"和"翻译单词"是两项较易实现的任务，而对于原任务"翻译段落"来说通过利用这两个子任务可以较易地完成对整个段落的翻译工作。更进一步，在实现"取单词"和"翻译单词"这两个子任务时，为了简化实现，也可能引入更小的子任务。

在程序中，这些任务可以由函数这种机制来表达和实现。例如，"翻译段落"由函数 translate() 实现，而子任务"取单词"和"翻译单词"分别由函数 GetWord() 和 TranslateWord() 实现，而在函数 translate() 的实现中会调用函数 GetWord() 和 TranslateWord()。

6.1.2 结构化程序设计

在编写 JavaScript 程序时，可以使用结构化程序设计方法。其中，函数是"模块"概念的基本表现形式。

结构化程序设计方法[1]是指按照模块化、层次化的方法来设计程序，以提高程序的可读性和可维护性。其核心思想包括以下 3 个方面。

（1）程序模块化：是指把一个大程序分解成若干个小程序（即模块）。通常按功能划分模块，使每个模块实现相对独立的功能，并且使模块之间的联系尽可能简单。

（2）语句结构化：是指每个模块用顺序、选择和循环 3 种流程结构来实现，如图 6.1 所示。这 3 种结构的共同特点是：每种结构只有一个入口和一个出口，这对于保证程序的良好结构、检验程序的正确性是十分重要的。

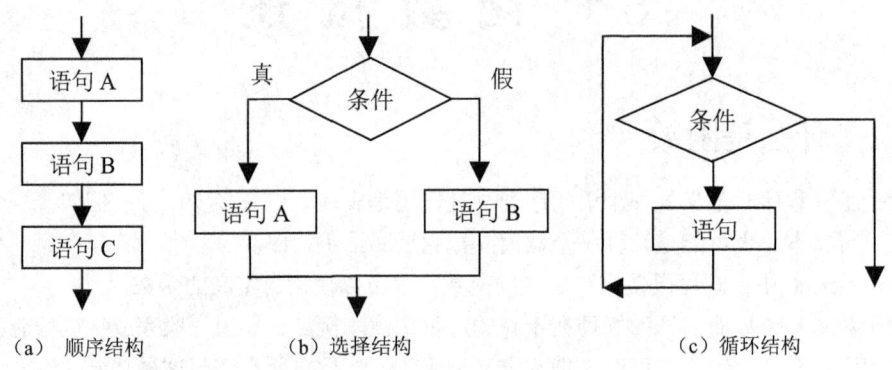

（a）顺序结构　　　　　　（b）选择结构　　　　　　（c）循环结构

图 6.1　结构化程序设计的 3 种基本流程结构

（3）自顶向下、逐步求精的设计过程：一方面是指将一个复杂问题的求解过程分解和细化成由若干个模块组成的层次结构；另一方面是指将每个模块的功能逐步分解、细化为一系列的处理步骤，直至分解为 3 种基本控制结构（顺序、选择、循环）的组合。

例 6.1　某班 80 名学生，求该班成绩的不及格率。请使用结构化程序设计方法加以实现。

根据题意，首先将任务"求不及格率"分解成 2 个子模块"输入成绩"和"统计不及格人数"，如图 6.2（a）所示；然后使用流程图分别描述这些模块的实现算法，如图 6.2（b）、（c）、（d）所示；最后使用某种程序设计语言实现这些流程图所描述的算法。

结构化程序设计有很多优点：各模块可以分别编程，使程序易于阅读、理解、调试和修改；方便新功能模块的扩充；功能独立的模块可以组成子程序库，有利于实现软件重用等。因此，结构化程序设计方法得到广泛应用。

---

[1] 结构化程序设计的概念最早由著名计算机科学家 E.W.Dijkstra 提出。1965 年他在一次会议上指出："可以从高级语言中取消 GOTO 语句"。1966 年，Bohm 和 Jacopini 证明了"只用 3 种基本的控制结构就能实现任意单入口和单出口的程序"，这 3 种基本控制结构是顺序结构、选择结构和循环结构。

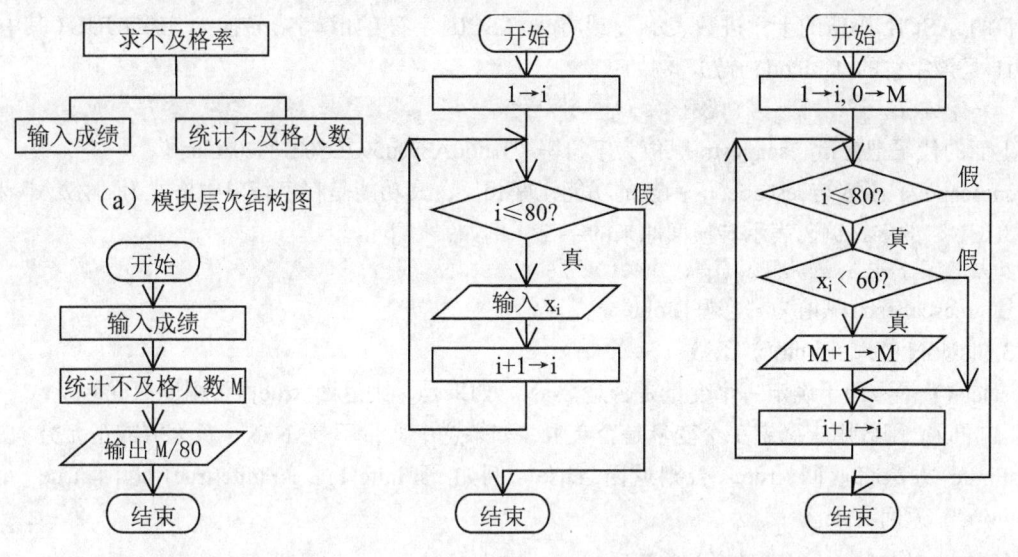

(a) 模块层次结构图

(b) "求不及格率" 顶层流程图　　　(c) "输入成绩" 流程图　　　(d) "统计不及格人数" 流程图

图 6.2　"求不及格率" 的模块结构图和流程图

6.2　使用预定义函数

在前面的例子中, 已经使用了一些 JavaScript 预定义的函数, 其实 JavaScript 为开发者提供了许多预定义函数。对这些预定义函数的了解和使用, 能够提高编程的效率, 避免编写已有的基本函数代码。

本节介绍几个用于完成一些常用功能的预定义函数, 它们是 eval()、escape()、unscape()、isNaN()、isFinite()、parseFloat() 和 parseInt()。

1. eval()函数

eval() 函数用于计算存放在字符串中的表达式的值, 如函数调用 eval("123*321/9") 的返回值是 4 387。

例 6.2　求用户在提示对话框中输入的任意常量表达式的值。本例页面文档 s0602.htm 代码如下。

```
<!DOCTYPE html PUBLIC "-//W3C//DTD XHTML 1.0 Strict//EN"
"http://www.w3.org/TR/xhtml1/DTD/xhtml1-strict.dtd">
<html xmlns="http://www.w3.org/1999/xhtml"><head><title>例 6.2 </title>
<script type="text/javascript">
    var const_exp;
    const_exp=prompt("请输入一个常量表达式,运算符可以是 JavaScript 所允许的任何运算符,\n"
            + "而操作数只能是常量,如 123*321/9。","0");
    alert(const_exp + "=" + eval(const_exp));
</script>
</head><body></body></html>
```

2. escape()、unescape() 函数

escape() 函数的功能是将字符串中的非字母数字的 ASCII 字符转换为 %AA (其中, AA 是

该字符的 ASCII 码值的十六进数表示），或将非 ASCII 字符（如汉字）转换为 %uUUUU（其中，UUUU 是该字符的 Unicode 码）。例如：

```
var escapestr=escape("您好! John");
```

上面的代码把变量 escapestr 赋值为字符串 "%u60A8%u597D%21%20John"。

unescape() 函数与 escape() 函数的功能正好相反，其功能是将字符串中格式为 "%AA" 和 "%uUUUU" 的字符编码表示转换回原来的字符。例如，以下语句：

```
var unescapestr=unescape("%u60A8%u597D%21%20John");
```

将变量 unescapestr 赋值为 "您好! John"。

3. isNaN()、isFinite() 函数

isNaN() 函数用于确定一个变量是否是 NaN。如果是，则返回 true；否则返回 false。

isFinite() 函数用于确定一个变量是否有限，如果这个变量不是 NaN、负无穷或正无穷，那么 isFinite 方法将返回 true，否则返回 false。例如 isFinite(1)、isFinite(true) 返回 true，而 isFinite("a") 返回 false。

4. parseFloat()、parseInt() 函数

parseFloat() 函数用于将字符串开头的整数或浮点数分解出来，转换为浮点数。若字符串不是数字开头，则返回 NaN。例如，parseFloat("123.45")、parseFloat("123.45abc") 都返回浮点数 123.45，而 parseFloat("abc123.45") 和 parseFloat(true) 返回 NaN。

parseInt() 函数与 parseFloat() 类似，用于将字符串开头的整数分解出来，转换为整数。若字符串不是数字开头，则返回 NaN。例如，parseInt("123")、parseInt("123.45")、parseInt("123.45abc") 都返回整数 123，而 parseInt("abc123") 和 parseInt(true) 返回 NaN。

6.3 函数定义和函数调用

6.3.1 函数定义

要使用自已定义的函数，必须先定义函数。定义函数时使用以下格式：

```
function 自定义函数名( )
{
    函数体
}
```

函数定义以关键字 function 标识，后面是函数名以及一对圆括号。在圆括号之后是一对大括号，在大括号内就是函数所包含的语句组，称为函数体。

每个函数都必须有一个函数名，函数名的命名规则与变量名一样。但要注意，在同一文件中的两个函数不能同名。

在 HTML 文档中，函数定义通常放在 <head></head> 标签对之间，以确保函数先定义后使用。

例 6.3 定义一个函数 Hello( )，这个函数的功能是在页面中输出文字"您好!"。本例页面文档 s0603.htm 代码如下。

```
<!DOCTYPE html PUBLIC "-//W3C//DTD XHTML 1.0 Strict//EN"
"http://www.w3.org/TR/xhtml1/DTD/xhtml1-strict.dtd">
<html xmlns="http://www.w3.org/1999/xhtml"><head><title>例 6.3 定义函数示例</title>
```

```
<script type="text/javascript">
function Hello()
{
    document.write("您好!");
}
</script>
</head><body></body></html>
```

本例在<head></head> 标签对之间定义了一个非常简单的函数 Hello( ),其函数体只有一条输出语句。但是，当用 IE 浏览这个文档时却发现该页面不显示任何内容。为什么会这样呢? 原因在于当用 function 定义一个函数时，其效果只是相当于用一个函数名标识了一段代码，这段代码的执行要由一个称为"函数调用"的机制来激活。

6.3.2　函数调用

与调用预定义函数一样，对自定义函数的调用形式也是"函数名( )"。函数调用可以以一条语句的形式出现（注：另一种形式是出现在表达式中），如：

```
Hello( );
```

函数调用必须使用圆括号( )，指明此时对标识符 Hello 的使用是函数调用。

例 6.4　改写例 6.3，通过函数调用使它执行时能够在页面中输出文字"您好!"。本例页面文档 s0604.htm 代码如下。

```
<!DOCTYPE html PUBLIC "-//W3C//DTD XHTML 1.0 Strict//EN"
"http://www.w3.org/TR/xhtml1/DTD/xhtml1-strict.dtd">
<html xmlns="http://www.w3.org/1999/xhtml"><head> <title>例 6.4 函数调用示例</title>
<script type="text/javascript">
function Hello()
{
    document.write("您好!");
}
</script>
</head><body><p>
<script type="text/javascript">
    Hello();
</script>
</p></body></html>
```

（1）注意在本例的 HTML 文档中使用了两个 <script> 脚本块。其实，HTML 文档允许出现多个 <script> 脚本块。如果一个函数在某个 <script> 脚本块中进行了定义，那么在该文档的任何 <script> 脚本块中都可以调用这个函数。通常，把函数定义放在 <head></head> 之间的 <script> 脚本块中，而把要执行 document.write 的语句放在 <body></body> 之间的 <script> 脚本块中。

（2）JavaScript 按书写顺序执行程序中的代码，当看到关键字"function"时知道有一个函数 Hello( ) 的定义，但还不执行它，只是记住它的存在。当执行到语句"Hello( );"时知道这是一个对函数 Hello( ) 的调用，于是就执行函数 Hello( ) 定义中的函数体语句，即"document.write("您好!");"，它把字符串 "您好! " 输出到页面上；这条语句执行后，遇到了函数体的结束标记"}"，知道 Hello( ) 函数的这次执行结束了，也就是刚才的函数调用 Hello( ) 完成了；于是再转去执行其后的语句。该函数调用的执行流程如图 6.3 所示。

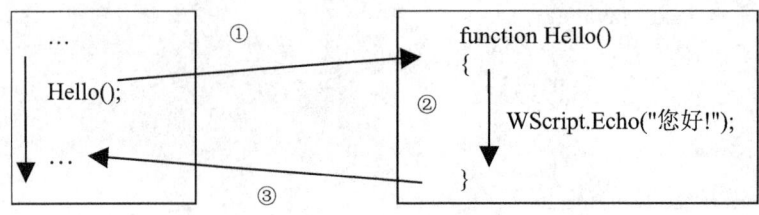

图 6.3　函数调用流程
① 函数调用；② 执行函数体；③ 控制流转向该调用后的下一条语句

6.4　函数参数的使用

6.4.1　给函数添加参数

在 JavaScript 中定义函数的完整格式是

```
function 自定义函数名(形参 1, 形参 2, ...)
{
    函数体
}
```

在定义函数时，在函数名后面的圆括号内可以指定一个或多个参数（用逗号“,”分隔）。指定参数的作用在于当调用函数时可以为被调用的函数传递一个或多个值。

我们把定义函数时指定的参数称为形式参数，简称形参；而把调用函数时为形参实际传递的值称为实际参数，简称实参。

如果定义的函数有参数，那么对这种函数的调用形式就是

```
函数名(实参 1, 实参 2, ...)
```

通常，如果在定义函数时使用了多少个形参，那么在函数调用时也必须给出同样数目的实参，并且在实参之间也必须用逗号“,”分隔。

例 6.5　定义一个含有参数的函数 Show(text)，它能够把参数 text 中的字符串显示在页面上。本例页面文档 s0605.htm 代码如下。

```
<!DOCTYPE html PUBLIC "-//W3C//DTD XHTML 1.0 Strict//EN"
"http://www.w3.org/TR/xhtml1/DTD/xhtml1-strict.dtd">
<html xmlns="http://www.w3.org/1999/xhtml"><head><title>例 6.5 </title>
<script type="text/javascript">
function Show(text)
{//定义一个含有形参 text 的函数。使调用这个函数时必须给出实参
    document.write(text);
}
</script>
</head><body><p>
<script type="text/javascript">
Show("JavaScript 真棒!"); // 调用函数 Show()，并给出实参“JavaScript 真棒!”
</script>
</p></body></html>
```

（1）在函数体内，形参其实就是一个变量（为了区别，可以把它称为形参变量），具体有什么值，这时还不能确定，要依赖于对这个函数调用时传递的实参值。

（2）函数调用 Show("JavaScript 真棒!") 有一个实参 "JavaScript 真棒!"。当执行这个函数调用时，其执行流同样要进入函数 Show() 的函数体。但与没有参数的函数调用不同，JavaScript 在执行其函数体之前会先把实参值 "JavaScript 真棒!" 传递给形参 text。这样，在执行函数体时，作为变量的形参 text 就有了确切的值。

6.4.2　使用多个参数

根据需要，在定义函数时也可能引入多个参数。必须注意的是，当使用多个参数时，函数调用所给出的各个实参按照其排列的先后顺序依次传递给函数定义中的形参。

例 6.6　在页面上输出一些字体大小不一的文字。本例页面文档 s0606.htm 代码如下。

```
<!DOCTYPE html PUBLIC "-//W3C//DTD XHTML 1.0 Strict//EN"
"http://www.w3.org/TR/xhtml1/DTD/xhtml1-strict.dtd">
<html xmlns="http://www.w3.org/1999/xhtml"><head><title>例 6.6 </title>
<script type="text/javascript">
function Show(text,size)
{//按指定大小 size 显示文本 text
    document.write("<span style='font-size: "+size+"'>"+text+"</span>");
}
</script>
</head><body><p>
<script type="text/javascript">
Show("J","20pt");  //字体大小为 20pt
Show("avaScript 是一门比较容易入门的编程语言!","14pt"); //字体大小为 14pt
</script>
</p></body></html>
```

（1）函数 Show() 定义使用了两个形参 text 和 size，分别表示要显示的文本和字体大小。

（2）函数的第一次调用 Show("J","20pt") 有两个实参，即字符串 "J" 和 "20pt"，当 JavaScript 执行这个函数调用时，JavaScript 依次把这两个实参值传递给函数 Show 的两个形参，即把字符串 "J" 传递给形参 text，而把字符串 "20pt" 传递给形参 size，从而显示字体大小为 20pt 的字符 J。必须注意这两个实参给出的先后顺序，如果写成 Show("20pt","J")，那么显示出来的文本是"20pt"。

（3）本例函数 Show 被调用了两次，说明一个函数被定义后可以被多次调用执行，从而多次发挥作用。

本例页面的执行效果如图 6.4 所示。

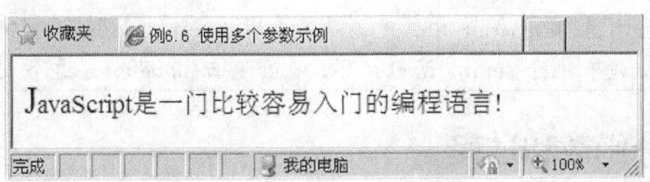

图 6.4　输出字体大小不一的文字

6.5 使用函数返回值

对于函数调用，一方面可以通过参数向函数传递数据，另一方面也可以从函数获取数据，也就是说函数可以返回值。

6.5.1 给函数添加返回值

在 JavaScript 中，可以使用 return 语句为函数返回一个值：

```
return 表达式;
```

这条语句的作用是结束函数体的执行，并把其后的表达式的值作为函数的返回值。函数返回值可以直接赋予变量或用于表达式中，也就是说函数调用可以出现在表达式中。

例 6.7 编写一个求两个数中的最大值的函数 Max(x,y)。本例页面文档 s0607.htm 代码如下。

```
<!DOCTYPE html PUBLIC "-//W3C//DTD XHTML 1.0 Strict//EN"
"http://www.w3.org/TR/xhtml1/DTD/xhtml1-strict.dtd">
<html xmlns="http://www.w3.org/1999/xhtml"><head><title>例 6.7 </title>
<script type="text/javascript">
function Max(x,y)
{//求 x,y 中的最大值
    var max;   //JavaScript 是区分大小写的, max 和 Max 是不同的标识符
    if (x>y)
        max=x;
    else
        max=y;
    return max;   //结束函数运行, 并把变量 max 的值作为函数的返回值
}
var m;
m = Max(100,200);
alert("Max(100,200)=" + m);
</script>
</head><body></body></html>
```

由于函数 Max() 有返回值，说明函数调用 Max(100,200) 是有值的，因此，可以把函数调用 Max(100,200) 像变量或常量一样直接放入某个表达式中。例如，可以改写本例中的程序，直接把 Max(100,200) 放入 alert() 调用中，从而可以不使用变量 m：

```
alert("Max(100,200)=" + Max(100,200));
```

对于 return 语句，也可以不带表达式，即

```
return;
```

这条语句同样是结束当前函数的执行。但是它还是会返回一个值，这个值就是 undefined，即未定义值。

实际上，在 JavaScript 中，无论是否出现 return，每个函数都会有一个返回值。如果一个函数没有执行 return 语句，那么也会返回 undefined 这个未定义值。

6.5.2 区分函数和过程

作为一种好的编程方法,有必要把只返回 undefined 的函数从返回正常值的函数中区分开来,

从而把只返回 undefined 的函数称为过程。例如，前面示例中的函数 Show( ) 没有明确指定返回值，故实际上应当称为过程。

过程和函数的一个显著区别是：过程调用单独构成一条语句，而函数调用出现在表达式中。下面再举一个使用函数的例子。

例 6.8　通过自己编写的函数 IsPrime(p) 判断用户输入的一个数是否为素数（即只能被 1 或自己整除的正整数）。

编程思路：根据素数定义，可以这样判断一个正整数 p 是否为素数：如果 p 能够被 2、3、4、……、p-1 之中的任何数整除，那么 p 就不是一个素数，否则就是素数。据此编制页面文档 s0608.htm 代码如下。

```
<!DOCTYPE html PUBLIC "-//W3C//DTD XHTML 1.0 Strict//EN"
"http://www.w3.org/TR/xhtml1/DTD/xhtml1-strict.dtd">
<html xmlns="http://www.w3.org/1999/xhtml"><head><title>例 6.8 </title>
<script type="text/javascript">
function IsPrime(p)
{//函数返回值: 如果 p 是素数, 则返回 true; 否则 p 不是素数, 返回 false
    if(p<1) return false;  //若<1, 则是异常情况, 当作不是素数
    var i,is_prime;
  is_prime = true; //先假定是素数
    for(i=2;i<p;i++)
    {//如果 p 能够被 2、3、4、…、p-1 之中的任何数整除, 那么 p 就不是一个素数
        if (p%i==0)
        {
            is_prime=false;
            break;  //已判断为不是素数, 故不必再继续测试
        }
    }
    return is_prime;  //返回是否为素数的判断
}
var x;
x=parseInt(prompt("x=","1"));
alert("IsPrime("+x+")="+IsPrime(x));
</script>
</head><body></body></html>
```

6.6　函数的嵌套调用

6.6.1　函数嵌套调用的形式

通常，一个完成较大任务的函数会调用其他实现较小任务的函数。在 JavaScript 中，允许在一个函数定义的函数体语句中出现对另一个函数的调用，这就是所谓的函数嵌套调用，如图 6.5 所示。

当一个函数调用另一个函数时，应该在定义

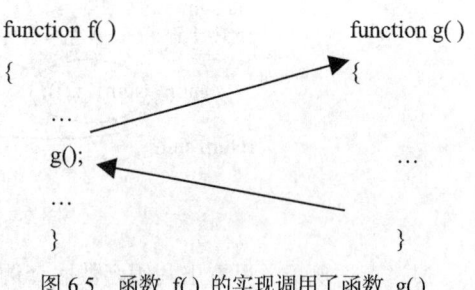

图 6.5　函数 f( ) 的实现调用了函数 g( )

调用函数之前先定义被调用函数。

例 6.9   输入 1 个数 n，求 $1+(1+2)+(1+2+3)+\cdots+(1+2+\cdots+n)$ 的值。例如，如果 n=100，可计算出结果为 171 700。

编程思路：该题显然是求 1 到 $1\sim n$ 的累加和的累加和，故可引入只求 $1\sim n$ 的累加和函数 sum1_n(n)，那么 1 到 $1\sim n$ 的累加和分别是 sum1_n(1)、sum1_n(2)、sum1_n(3)、……、sum1_n(n)，最终将这些累加和加起来就可求解。据此编制页面文档 s0609.htm 代码如下。

```
<!DOCTYPE html PUBLIC "-//W3C//DTD XHTML 1.0 Strict//EN"
"http://www.w3.org/TR/xhtml1/DTD/xhtml1-strict.dtd">
<html xmlns="http://www.w3.org/1999/xhtml"><head><title>例 6.9 </title>
<script type="text/javascript">
function sum1_n(n)
{//求 1+2+…+n 的累加和
    var sum=0,i;
    for(i=1;i<=n;i++) sum+=i;
    return sum;
}
function sum_all(n)
{//求 1+(1+2)+(1+2+3)+…+(1+2+…+n)
    var sum=0,i;
    for(i=1;i<=n;i++)
    {//累加 sum1_n(1)+sum1_n(2)+…+sum1_n(n)
        sum+=sum1_n(i);     //调用函数 sum1_n(i)求 1~i 的累加和
    }
    return sum;
}
var n;
n=parseInt(prompt("n=","0"));
alert(sum_all(n));
</script>
</head><body></body></html>
```

（1）引入函数 sum1_n()，简化了对 $1+(1+2)+(1+2+3)+\cdots+(1+2+\cdots+n)$ 的求解。

（2）如图 6.6 所示，在函数 sum_all( ) 的函数体中，当执行到其循环语句中的赋值语句 sum+=sum1_n(i) 时，先执行函数调用 sum1_n(i)；此时，JavaScript 把控制流转去执行函数 sum1_n( ) 中的语句，函数 sum1_n( ) 执行完成后返回一个值；JavaScript 再把控制流转回函数 sum_all( )，去执行语句 sum+=sum1_n(i) 中的赋值运算"+="。

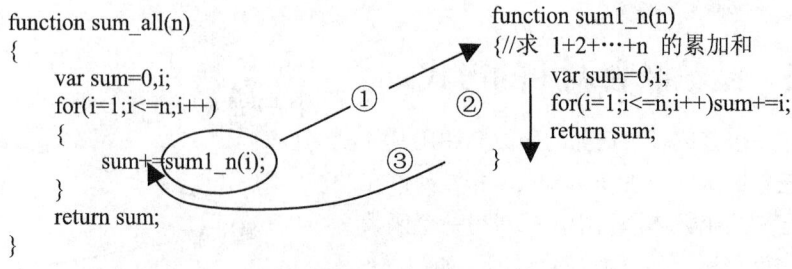

图 6.6   函数的嵌套调用

通过上述例子，可看出利用函数嵌套调用机制可简化问题的求解，并且使编写出来的程序结构性比较好，程序代码较易读懂。

6.6.2　解决嵌套调用引起的效率问题

有时，当使用多个函数时，可能会引起程序运行效率不高的问题。在下面的示例中，将采用一种求解速度比较快的算法来实现例 6.9 所提问题。

例 6.10　使用单重循环求 1+(1+2)+(1+2+3)+…+(1+2+…+n) 的值。

编程思路：考查上例中的 sum1_n(n) 函数体，注意其 for 循环中累加器变量 sum 值的变化规律：第 1 次循环后 sum 是 1 的累加和，第 2 次循环后 sum 是 1+2 的累加和，第 3 次循环后 sum 是 1+2+3 的累加和，……，即第 i 次循环后 sum 是 1+2+3+…+i 的累加和。因此可引入另一个累加器变量（如 total），使该变量在每次循环时累加变量 sum 的值，使循环结束后，total 的值就是最终所要求解的值。据此编制页面文档 s0610.htm 代码如下。

```
<!DOCTYPE html PUBLIC "-//W3C//DTD XHTML 1.0 Strict//EN"
"http://www.w3.org/TR/xhtml1/DTD/xhtml1-strict.dtd">
<html xmlns="http://www.w3.org/1999/xhtml"><head><title>例 6.10 </title>
<script type="text/javascript">
function sum_all(n)
{//求 1+(1+2)+(1+2+3)+…+(1+2+…+n)
    var i,sum,total;
    sum=total=0; //累加器变量初值 0
    for(i=1;i<=n;i++)
    {
        sum += i;  //变量 sum 遍历每项累加和，即 1、(1+2)、(1+2+3)、……、(1+2+…+n)
        total+= sum; //累加变量 sum 遍历的每项累加和
    }
    return total;
}
var n;
n=parseInt(prompt("n=","0"));
alert(sum_all(n));
</script>
</head><body></body></html>
```

本例和例 6.9 的实现程序都能正确求解，其主要差异是运行速度。如果输入一个比较大的数（如 n=10 000），那么本例程序将立刻算出结果，即 166 716 670 000；而对于例 6.9 中的程序，则明显感觉其运行时间较长，原因在于例 6.9 实际上使用了双重循环来计算。

可读性和运行效率都是编写高质量软件的要素。但对于初学编程的读者来说，还是优先考虑程序的可读性，把程序写好写对是第一位的；当有了一定的编程经验后，才知道有必要在程序中经常要执行的关键部分改进算法，提高运行速度。

6.7　递 归 函 数

允许函数嵌套调用的一种特殊情况是在一个函数定义的函数体中出现对自身函数的直接（或

间接）调用，这样的函数称为递归函数。

递归函数的引入来自于对问题的递归解决方法。比如，对于求阶乘 10!，可以采用递归算法。也就是，先计算 9! 的值，然后通过 10*9! 可得出结果，而要计算 9!，又可以分解为 9*8!，依此类推，直至 2*1!，而 1! 等于 1。这种思路的结果是可以得出阶乘的递归定义：对于 n!，若 n<=1，则 n!=1；否则 n!=n*(n-1)!。对于这样的递归数学公式，可以很容易地以函数形式来描述它。也就是引入函数 f(n) 表示计算 n! 的值，若 n<=1，则 f(n)=1；否则 f(n)=n*f(n-1)。

例 6.11 设计一个递归函数，求阶乘 n! 的值。本例页面文档 s0611.htm 代码如下。

```
<!DOCTYPE html PUBLIC "-//W3C//DTD XHTML 1.0 Strict//EN"
"http://www.w3.org/TR/xhtml1/DTD/xhtml1-strict.dtd">
<html xmlns="http://www.w3.org/1999/xhtml"><head><title>例 6.11 </title>
<script type="text/javascript">
function Factorial(n)
{//求阶乘,n!=n*(n-1)!
    var fac;
    if (n<=1)
        fac = 1; //不再递归
    else
        fac = n*Factorial(n-1); //递归调用
    return fac;
}
var n;
n=parseInt(prompt("n=","0"));
alert(Factorial(n));
</script>
</head><body></body></html>
```

这个程序的执行流程如图 6.7 所示，如果输入的 n=10，可计算出 10!=3 628 800。

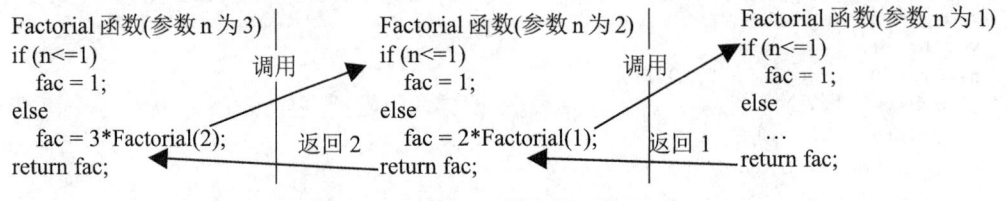

图 6.7 Factorial 函数的递归调用过程

在递归函数中有两个必不可少的要素。

（1）有一个测试是否继续递归调用的条件，如上例中的"if(n<=1)"，如果满足则执行"fac=1;"，不再递归。

（2）有一个递归调用的语句，如上例中的 "fac=n*factorial(n-1);"。在递归函数中，应该是先测试，后进行递归调用，并且递归调用的参数应该是逐渐逼近递归结束的条件。

下面再举一个递归函数的例子。

例 6.12 输入两个正整数，编程求出它们的最大公约数。

编程思路：求两数 m、n 最大公约数的递归算法是：如果 m 能够被 n 整除，那么 n 就是最大公约数；否则先求出 m 整除 n 后的余数 q，然后求除数 n 和余数 q 的最大公约数，就是 m 和 n 的最大公约数。据此编制页面文档 s0612.htm 代码如下。

```
<!DOCTYPE html PUBLIC "-//W3C//DTD XHTML 1.0 Strict//EN"
"http://www.w3.org/TR/xhtml1/DTD/xhtml1-strict.dtd">
```

```
<html xmlns="http://www.w3.org/1999/xhtml"><head><title>例 6.12 </title>
<script type="text/javascript">
function GCD(m,n)
{//求两个数 m,n 的最大公约数
    var q,result;
    q = m%n;  //q 存放 m 整除 n 后的余数
    if (q==0) //如果 m 能够被 n 整除，那么 n 就是最大公约数
        result = n;
    else //否则，除数 n 和余数 q 的最大公约数就是 m 和 n 的最大公约数
        result = GCD(n,q);
    return result;
}
var x,y;
x=parseInt(prompt("x=","0"));
y=parseInt(prompt("y=","0"));
alert("GCD("+x+","+y+")="+GCD(x,y));
</script>
</head><body></body></html>
```

在浏览器中运行这个程序，然后依次输入 234、432，可求出 GCD(234,432)=18。

6.8   变量的作用域

6.8.1   全局变量作用域

在前面的一些例子中，有些变量名既在函数中进行了定义，又在函数外也进行了定义和使用。这会不会发生冲突呢？要回答这个问题，就必须理解变量作用域的概念。

变量的作用域是指变量起作用的范围，在该范围内可引用该变量。变量的作用域取决于这个变量是哪一种变量。

在 JavaScript 中，变量一般分为全局变量和局部变量。全局变量在所有函数之外定义，其作用域范围是同一个页面文件中的所有脚本；而局部变量是定义在函数体之内（也包括形参变量），只对该函数是可见的，而对其他函数则是不可见的。

例 6.13   阅读以下程序，理解全局变量的作用域。本例页面文档 s0613.htm 代码如下。

```
<!DOCTYPE html PUBLIC "-//W3C//DTD XHTML 1.0 Strict//EN"
"http://www.w3.org/TR/xhtml1/DTD/xhtml1-strict.dtd">
<html xmlns="http://www.w3.org/1999/xhtml"><head><title>例 6.13 </title>
<script type="text/javascript">
function Add_10()
{
    x += 10;  //因该函数未声明 x，故 x 是对全局变量 x 的引用
}
function Add_100()
{
    x += 100;  //因该函数未声明 x，故 x 是对全局变量 x 的引用
}
</script>
</head><body><p>
<script type="text/javascript">
```

```
var x=0; //声明 x 为全局变量，因该语句在任何函数之外
document.write("x="+x+"<br />");
x += 1; //对全局变量 x 增1
document.write("执行 x+=1 后，x="+x+"<br />");
Add_10();
</script>
```
调用 Add_10()后:

```
<script type="text/javascript">
document.write("x="+x+"<br />");
x += 1; //对全局变量 x 增1
document.write("执行 x+=1 后，x="+x+"<br />");
Add_100();
</script>
```
调用 Add_100()后:

```
<script type="text/javascript">
document.write("x="+x+"<BR>");
x += 1; //对全局变量 x 增1
document.write("执行 x+=1 后，x="+x+"<br />");
</script>
</p></body></html>
```

（1）在第 2 个 <script> 脚本块中用 "var x" 声明了一个全局变量 x。

（2）在第 1 个 <script> 脚本块中，由于函数 Add_10() 和 Add_100() 内部都没有使用 var 声明 x，因此在函数体内使用的 x 是在第 2 个 <script> 脚本块中定义的全局变量 x。

（3）在第 3、4 个 <script> 脚本块中的 x 也是对全局变量的引用。

本例页面的执行效果如图 6.8 所示。

6.8.2　使用局部变量避免冲突

如果一个全局变量和一个局部变量同名（如 x），那么在局部范围内的变量 x 引用是指局部变量，而局部范围以外的变量 x 引用则是指全局变量 x。

一般而言，在编写函数的函数体时，尽量不要使用全局变量，而是将函数内需要使用的所有临时变量声明为局部变量，以避免与全局变量冲突。

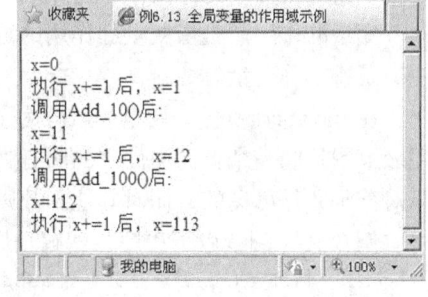

图 6.8　全局变量的作用域示例

例 6.14　在页面中显示 1～100 的所有素数，并且控制每行显示 5 个素数。本例页面文档 s0614.htm 代码如下。

```
<!DOCTYPE html PUBLIC "-//W3C//DTD XHTML 1.0 Strict//EN"
"http://www.w3.org/TR/xhtml1/DTD/xhtml1-strict.dtd">
<html xmlns="http://www.w3.org/1999/xhtml"><head><title>例 6.14 </title>
<script type="text/javascript">
function IsPrime(n)
{//函数返回值: 若 n 是素数，则返回 true，否则返回 false
 //n 声明为形参，也是局部变量，与外部的全局变量 n 无关，没有冲突
   if(n<1) return false;
   var i; //i 声明为局部变量，与外部的全局变量 i 无关，没有冲突
```

```
        for(i=2;i<n;i++) if (n%i==0) return false;
        return true;
}
</script>
</head><body><pre>
<script type="text/javascript">
var i,n=0;//i,n 声明为全部变量
document.writeln("1~100 之间的所有素数:");
for(i=1;i<=100;i++)
{
    if(IsPrime(i))
    {//若为素数
        n++;  //累计素数的个数
        document.write(i+"\t");//使用制表符"\t"，使输出上下对齐
        if (n%5==0) document.writeln();//换行，5 个素数一行
    }
}
</script>
</pre></body></html>
```

不难理解上述代码中函数的形参变量 n 和局部变量 i 不会与全局变量 n 和 i 发生冲突。该页面在浏览器的执行效果如图 6.9 所示。

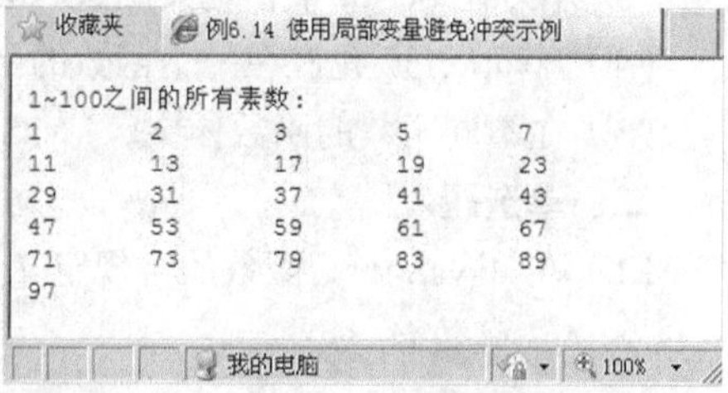

6.8.3　全局变量的隐式声明

如果没有定义就使用一个变量，那么 JavaScript 将把该变量隐式声明为全局变量。

图 6.9　使用局部变量避免冲突

例 6.15　在以下页面文档 s0615.htm 代码中，函数 double 定义了局部变量 x，同时在第 2 个 <script> 脚本块中也隐式将 x 声明为全局变量，这两个变量同名，但并不会冲突。

```
<!DOCTYPE html PUBLIC "-//W3C//DTD XHTML 1.0 Strict//EN"
 "http://www.w3.org/TR/xhtml1/DTD/xhtml1-strict.dtd">
<html xmlns="http://www.w3.org/1999/xhtml"><head><title>例 6.15 </title>
<script type="text/javascript">
function double(y)
{//显示 y 的翻倍值，形参 y 也是局部变量
    var x=2*y;    //将 x 声明为局部变量,与全局变量 x 不会冲突
    document.write("局部变量 x="+x + "<br />"); //x 引用的是局部变量 x
}
</script>
</head><body><p>
<script type="text/javascript">
for(x=0;x<6;++x)//对 x 赋值，隐式将 x 声明为全局变量
{
    double(x);
}
</script>
</p></body></html>
```

本例页面在浏览器的执行效果如图 6.10 所示。

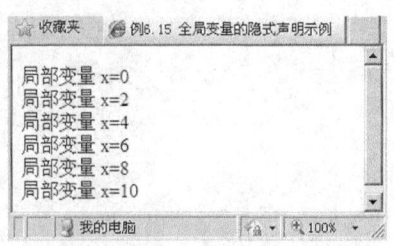

图 6.10　全局变量的隐式声明示例

习　　题

一、判断题

（1）在 JavaScript 中，只允许使用预定义函数，而不能自定义函数。

（2）在 JavaScript 中，函数定义可以没有函数体。

（3）在 JavaScript 中，定义函数时必须显式指定函数的返回值类型。

（4）JavaScript 允许在一个函数的函数体中调用另一个函数。

（5）在不同函数的函数体中，JavaScript 允许定义同名变量。

二、单选题

（1）在 JavaScript 函数的常规定义格式中，可以省略的是_____。

　　A．函数名　　　　　　　　　　　B．指明函数的一对圆括号( )

　　C．函数体　　　　　　　　　　　D．函数参数

（2）如果有函数定义 function f(x,y){…}，那么以下正确的函数调用是_____。

　　A．f 1,2　　　　　B．f（1,）　　　　C．f（1,2）　　　　D．f（,2）

（3）在 JavaScript 中，定义函数时可以使用_____个参数。

　　A．0　　　　　　　B．1　　　　　　C．2　　　　　　D．任意

（4）在 JavaScript 中，要定义一个全局变量 x，可以_____。

　　A．使用关键字 public 在函数中定义

　　B．使用关键字 public 在任何函数之外定义

　　C．使用关键字 var 在函数中定义

　　D．使用关键字 var 在任何函数之外定义

（5）在 JavaScript 中，要定义一个局部变量 x，可以_____。

　　A．使用关键字 private 在函数中定义

　　B．使用关键字 private 在任何函数之外定义

　　C．使用关键字 var 在函数中定义

　　D．使用关键字 var 在任何函数之外定义

三、综合题

（1）编写一个函数 f(x)=$4x^2$+3x+2，提示用户输入 x 的值，然后输出相应的计算结果。

（2）编写一个函数 Min(x,y)，求出 x,y 这两个数中的最小值，要求 x,y 的值由用户输入。

（3）编写一个判断某个非负整数是否能够同时被 3、5、7 整除的函数，然后在页面上输出 1 ~

1 000 所有能满足这些条件的整数，并要求每行显示 6 个这样的数。

（4）在页面上编程输出 100~1 000 的所有素数，并要求每行显示 6 个素数。

（5）编写一个非递归函数 Factorial(n)，计算 12!-10! 的结果。

（6）编写一个有 1 个参数（指定显示多少层星号"*"）的函数，它在页面上输出的一个 5 层星号"*"图案，类似：

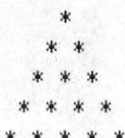

其中，每行的星号"*"之间有一个空格间隔。

（7）斐波纳契（Fibonacci）数列的第一项是 1，第二项是 1，以后各项都是前两项的和。试用递归函数和非递归函数各编写一个程序，求斐波纳契数列第 N 项的值。

（8）编写函数，用下面的公式计算 π 的近似值：

$$\frac{\pi}{4}=1-\frac{1}{3}+\frac{1}{5}-\frac{1}{7}+\cdots+(-1)^{n-1}\frac{1}{2n-1}$$

请在页面上输出当 n=100,500,1000,10000 时 π 的近似值。

（9）利用全局变量和函数，设计模拟幸运数字机游戏。设幸运数字为 8，每次由计算机随机产生 3 个 1~9（包括 1 和 9）的随机数，当这 3 个随机数中有一个数字为 8 时，就算赢了一次。要求利用函数计算获胜率。

第7章
对象编程

JavaScript 是一种基于对象（Object）的编程语言，可以使用内置对象、浏览器对象和自定义对象。此外，JavaScript 也支持面向对象程序设计。

本章介绍 JavaScript 对象的基本概念、内置对象的使用方法以及自定义对象的基本定义方法，使读者掌握基本的 JavaScript 对象编程技术。

7.1 初探对象编程

为了帮助 JavaScript 程序员提高编程效率，JavaScript 提供了一些非常有用的预定义对象，读者应当有意识地使用这些对象。

例 7.1　用户输入一个数 x，然后求出它的平方根。本例页面文档 s0701.htm 代码如下。

```
<!DOCTYPE html PUBLIC "-//W3C//DTD XHTML 1.0 Strict//EN"
"http://www.w3.org/TR/xhtml1/DTD/xhtml1-strict.dtd">
<html xmlns="http://www.w3.org/1999/xhtml"><head><title>例7.1 </title>
<script type="text/javascript">
    var x,square_root;
    x = parseFloat(prompt("x=","0"));
    square_root = Math.sqrt(x);
    alert(x+"的平方根="+square_root);
</script>
</head><body></body></html>
```

在浏览器中执行这个文件，然后在提示对话框中输入一个数（如 123），该程序将求出这个数的平方根，如图 7.1 所示。

从例 7.1 可知 Math.sqrt(x) 能够求出数的平方根。如果在程序中不能使用 Math.sqrt()，那么读者将不得不设计一个复杂的算法来求出数的平方根。

图 7.1　通过 Math 对象的 sqrt 方法求出
123 的平方根

初看 Math.sqrt(x)，以为 Math.sqrt 是一个函数名，而加上圆括号就是函数调用了。然而 JavaScript 语法规则不允许函数名中出现句点"."，因此 Math.sqrt 不是一个普通函数名。那么 Math.sqrt(x) 是什么意思呢？其实 Math 是 JavaScript 的内置对象，而 sqrt 是这个对象所提供的函数（专业一点，可以把对象中的这类函数称为方法）。Math.sqrt(x) 意味着调用对象 Math 中的方法 sqrt()，并且返回一个值，其效果非常类似于一个函数调用。

　　简单来说，可以把对象看成包含很多方法的容器。通过对象，可以使用它所提供的任何方法。例如，Math 对象还有 log、sin 等方法，可以像使用 Math.sqrt(x) 求平方根一样，使用 Math.log(x) 求 x 的自然对数，Math.sin(x) 求 x 的正弦值。由此可看出，当读者会使用 Math 对象的时候，就能够比较容易解决一些基础性的简单数学问题。其实，JavaScript 提供 Math 对象，正是基于这个目的。

　　当读者在程序中有意识地使用 Math 等对象的时候，就在无意间使用了当今流行的先进编程技术，即对象编程技术。一般而言，初学者通常是以一个受益者的角色进入对象编程世界的，他（或她）总是使用系统（或别人）提供的对象，而不必自己设计对象。对于大多数读者来说，在 JavaScript 中能够使用预定义对象就已经足够了。

　　除了数学运算对象 Math 以外，JavaScript 还提供时间处理对象 Date、字符串处理对象 String 等基本的内置对象。另外，JavaScript 也提供功能强大的浏览器对象，以便读者编制出精彩的动态网页。

7.2　对象的基本概念

7.2.1　什么是对象

　　对象的概念首先来自于对客观世界的认识，对象用于描述客观世界存在的特定实体。比如，"人"就是一个典型的对象，"人"包括身高、体重、年龄等特性，同时又包含吃饭、睡觉、行走这些动作。同样，一盏灯也是一个对象，它包含功率、亮灭状态等特性，同时又包含"开灯"、"关灯"等动作。

　　在计算机世界中，不仅存在来自于客观世界的对象，也包含为解决问题而引入的抽象对象。例如，一个用户可被看作一个对象，它包含用户名、用户密码等特性，也包含注册、注销等动作；一个 Web 页面可以被看作一个对象，它包含背景色、段落文本、标题等特性，同时又包含打开、关闭、写入等动作。

7.2.2　对象的属性和方法

　　作为一个实体，对象包含两个要素。

　　（1）用来描述对象特性的一组数据，即若干变量，通常称为属性。

　　（2）用来操作对象的若干动作，也就是若干函数，通常称为方法。

　　在 JavaScript 中，对象就是属性和方法的集合。方法是作为对象成员的函数，表明对象所具有的行为；而属性是作为对象成员的变量，表明对象的状态。通过访问或设置对象的属性，并且调用对象的方法，就可以对对象进行各种操作，从而获得需要的功能。

　　在程序中调用对象的一个方法类似于调用一个函数，只不过要在方法名前加上对象名和一个句点"."（即点标记格式），如 Math.sqrt(x)。而要在程序中使用对象的一个属性则类似于使用一个变量，同样要在属性名前加上对象名和一个句点"."，如 window.status="正在显示我的主页"。但有些属性是常量，不能被赋值，如 navigator.appVersion 就是常量属性。

　　例 7.2　在浏览器窗口的状态栏中显示当前浏览器的版本信息。本例页面文档 s0702.htm 代码如下。

```
<!DOCTYPE html PUBLIC "-//W3C//DTD XHTML 1.0 Strict//EN"
"http://www.w3.org/TR/xhtml1/DTD/xhtml1-strict.dtd">
<html xmlns="http://www.w3.org/1999/xhtml"><head><title>例 7.2 </title>
<script type="text/javascript">
    window.status = navigator.appVersion;
</script>
</head><body></body></html>
```

说明

对象 window 表示当前浏览器窗口，其属性 status 代表这个窗口的状态栏；而对象 navigator 代表当前使用的浏览器（如 IE），其只读属性 appVersion 含有当前浏览器的版本说明信息。

本例页面在 IE 8.0 上执行后的显示结果如图 7.2 所示（注意观察浏览器窗口的状态栏显示）。

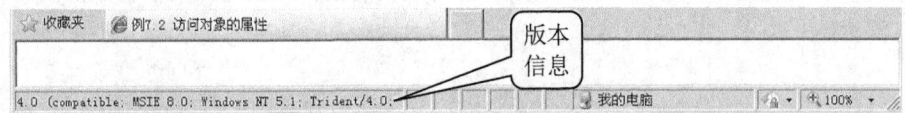

图 7.2　在状态栏显示当前浏览器的版本信息

7.2.3　类与类的实例

为了描述一组具有相似特性和行为的对象，有必要引入类的概念。也就是，类（或称对象类）是对具有相同属性和方法的一组对象的抽象描述，用作对象创建的模板。

定义了类之后，就可以使用类创建对象，从而生成类的实例（instance），即对象（或称对象实例）。此时，把根据类创建对象实例的过程称为类的实例化（instantiation）。

注意，在对象编程中，对象、对象实例和类实例等术语是相同概念，都是指对象。

7.2.4　对象创建与引用

1. 对象创建

在 JavaScript 中，使用 new 运算符可以创建对象。在将新建的对象赋值给一个变量之后，就可以通过这个变量访问对象的属性和方法。此时，把这个变量称为引用变量或对象变量。使用 new 运算符创建对象的格式是

```
引用变量 = new 对象类();
```

例 7.3　在页面中显示当天日期，如图 7.3 所示。

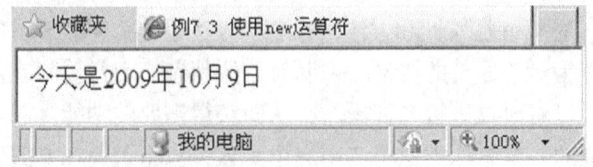

图 7.3　显示当天日期

本例页面文档 s0703.htm 代码如下。

```
<!DOCTYPE html PUBLIC "-//W3C//DTD XHTML 1.0 Strict//EN"
"http://www.w3.org/TR/xhtml1/DTD/xhtml1-strict.dtd">
```

```
<html xmlns="http://www.w3.org/1999/xhtml"><head><title>例 7.3 </title></head>
<body><p>
<script type="text/javascript">
    var today,prompt;
    today = new Date();  //创建一个 Date 对象
    prompt = "今天是"+today.getFullYear()+"年"+(today.getMonth()+1)+"月";
    prompt = prompt+today.getDate()+"日";
    document.write(prompt);
</script>
</p></body></html>
```

语句 today=new Date() 使用运算符 new 创建一个 Date 对象（注：不带任何参数的新建 Date 对象含有当前日期和时间信息），并把这个对象赋值给变量 today。通过变量 today 就可调用 Date 对象的方法以获取当天的年份、月份和日期值。

2. 原始值和引用值

在 JavaScript 中，变量存储的值可以分为以下两种。

（1）原始值：直接存储在变量中的简单数据，如数值、布尔值和字符串等简单值。

（2）引用值：变量不能直接存储对象，只能存储对象的指针（或称引用），该指针是对象在内存中的存储地址。此时，将存储对象引用值的变量称为引用变量。

由于引用变量是对一个对象的引用，因此当将引用变量赋值给另一个变量时，不会创建新对象，而是使这两个变量引用（或指向）同一个对象。

例 7.4 先声明两个变量，然后通过赋值语句使这两个变量引用同一个 Date 对象。本例页面文档 s0704.htm 代码如下。

```
<!DOCTYPE html PUBLIC "-//W3C//DTD XHTML 1.0 Strict//EN"
"http://www.w3.org/TR/xhtml1/DTD/xhtml1-strict.dtd">
<html xmlns="http://www.w3.org/1999/xhtml"><head><title>例 7.4 </title></head>
<body><pre>
<script type="text/javascript">
    var d1,d2;
    d1 = new Date();//使变量 d1 引用新创建的 Date 对象
    document.writeln("今天是"+d1.toLocaleDateString());
    d2 = d1;  //使变量 d2 引用 d1 所引用的 Date 对象
    document.writeln("今天是"+d2.toLocaleDateString());
</script>
</pre></body></html>
```

（1）本例页面显示效果如图 7.4 所示。

（2）由于变量 d1 是对新建 Date 对象的引用，因此赋值语句 "d2 = d1" 的效果是将变量 d1 的引用值赋值给变量 d2，从而使变量 d1、d2 引用同一个 Date 对象，如图 7.5 所示。

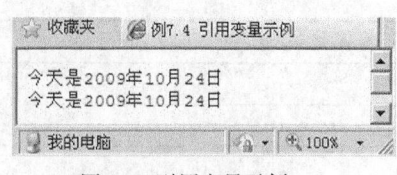

图 7.4 引用变量示例

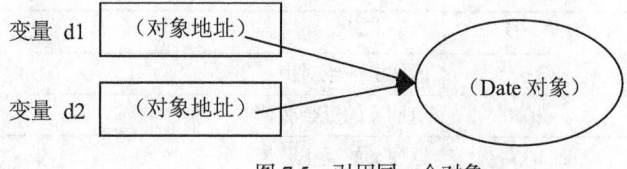

图 7.5 引用同一个对象

3. 对象删除

JavaScript 具有无用对象的自动回收功能，即当一个对象没有被任何变量引用时，该对象将被自动删除。因此，删除对象的方法是将引用该对象的所有变量赋值为 null，形如：

```
引用变量 = null ; //null 是空引用常量值
```

由于一个引用变量在超出其作用域范围时，JavaScript 会自动将该变量赋值为 null，因此在编写小的 JavaScript 程序时，一般不必关心无用对象的删除问题。

7.2.5　JavaScript 对象的分类

在 JavaScrip 中，可以使用 3 类对象，即内置对象、浏览器对象（或宿主对象）和自定义对象。内置对象和浏览器对象合称为预定义对象。

内置对象是指 JavaScript 语言提供的对象，包括 Math、Date、String、Array、Number、Boolean、Function、Global、Object、RegExp 和 Error 等实现一些最常用功能的对象。

浏览器对象是浏览器根据系统配置和所装载的页面为 JavaScript 程序提供的对象。例如，在前面示例中的 window、document 等对象。

自定义对象是指程序员根据需要而定义的非预定义类型的对象。

7.3　使用内置对象

本节介绍 Math、Number、Date、String、Array 等内置对象的基本使用方法。

7.3.1　Math 对象

Math 对象的属性是数学中常用的常量，如表 7.1 所示的圆周率 PI、自然对数的底 E 等。

表 7.1　　　　　　　　　　　　　　　　Math 对象的常用属性

属　　性	说　　明
E	自然对数的底，约为 2.718
LN2	2 的自然对数
LN10	10 的自然对数
LOG2E	以 2 为底的自然对数 E 的对数
LOG10E	以 10 为底的自然对数 E 的对数
PI	圆周率，约为 3.1415926
SQRT1_2	1/2 的平方根
SQRT2	2 的平方根

Math 对象的方法是一些十分有用的数学函数，如表 7.2 所示的 sin()、random()、log()等。

表 7.2　　　　　　　　　　　　　　　　Math 对象的常用方法

方　　法	说　　明
abs(x)	返回 x 的绝对值
acos(x)	返回 x 的反余弦值
asin(x)	返回 x 的反正弦值

续表

方　　法	说　　明
atan(x)	返回 x 的反正切值
atan2(y,x)	返回由 X 轴到(y,x)点的角度（以弧度为单位）
ceil(x)	返回大于等于 x 的最小整数
cos(x)	返回 x 的余弦值
exp(x)	返回自然对数 E 的 x 次方
floor(x)	返回小于等于 x 的最大整数
log(x)	返回 x 的自然对数
max(x,y)	返回 x,y 中的最大值
min(x,y)	返回 x,y 中的最小值
pow(x,y)	返回 x 的 y 次方
random()	返回一个 0 至 1 之间的伪随机数
round(x)	返回 x 四舍五入的取整值
sin(x)	返回 x 的正弦值
sqrt(x)	返回 x 的平方根
tan(x)	返回 x 的正切值

在 JavaScript 程序中，关键字 Math 是对一个已创建好的 Math 对象的引用，因此使用 Math 对象时不必先使用 new 运算符创建它。也就是，在调用 Math 对象的属性和方法时，直接写成"Math.属性"和"Math.方法"即可。

例 7.5　求 PI 的 5 次方，并且四舍五入取整。本例页面文档 s0705.htm 代码如下。

```
<!DOCTYPE html PUBLIC "-//W3C//DTD XHTML 1.0 Strict//EN"
"http://www.w3.org/TR/xhtml1/DTD/xhtml1-strict.dtd">
<html xmlns="http://www.w3.org/1999/xhtml"><head><title>例 7.5 </title>
<script type="text/javascript">
    alert(Math.round(Math.pow(Math.PI,5)));
</script>
</head><body></body></html>
```

运行后，易知其结果为 306。

7.3.2　Number 对象

Number 对象用于存放一些如表 7.3 所列表示极端数值的属性。

表 7.3　　　　　　　　　　Number 对象的常用属性

属　　性	说　　明
MAX_VALUE	返回 JavaScript 可以处理的最大数值
MIN_VALUE	返回 JavaScript 可以处理的最小数值
NaN	表示非数值
NEGATIVE_INFINITY	表示数字为负无穷大
POSITIVE_INFINITY	表示数字为正无穷大

与 Math 关键字类似，关键字 Number 是对一个已创建好的 Number 对象的引用，不必使用 new 运算符创建它。

例 7.6　在页面中显示 JavaScript 可以处理的数值区间，如图 7.6 所示。

图 7.6　JavaScript 有效数的范围

本例页面文档 s0706.htm 代码如下。

```
<!DOCTYPE html PUBLIC "-//W3C//DTD XHTML 1.0 Strict//EN"
"http://www.w3.org/TR/xhtml1/DTD/xhtml1-strict.dtd">
<html xmlns="http://www.w3.org/1999/xhtml"><head><title>例 7.6 </title></head>
<body><p>
<script type="text/javascript">
    var prompt;
    prompt = "JavaScript 有效数的范围是:";
    prompt += "["+Number.MIN_VALUE+","+Number.MAX_VALUE+"]";
    document.write(prompt);
</script>
</p></body></html>
```

7.3.3　Date 对象

Date 对象主要提供获取和设置日期与时间的方法，如表 7.4 所示。

表 7.4　　　　　　　　　　　　　　　　Date 对象的常用方法

方　法	说　　明
getYear()	返回日期的年份值，是 2 位或 4 位整数
setYear(x)	设置年份值 x
getFullYear()	返回日期的完整年份值，是 4 位整数
setFullYear(x)	设置完整年份值 x
getMonth()	返回日期的月份值，介于 0~11，分别表示 1、2、……、12 月
setMonth(x)	设置月份值 x
getDate()	返回日期的日期值，介于 1 ~ 31
setDate(x)	设置日期值 x
getDay()	返回值是一个处于 0 ~ 6 之间的整数，代表一周中的某一天（即：0 表示星期天，1 表示星期一，2 表示星期二，3 表示星期三，4 表示星期四，5 表示星期五，6 表示星期六）
getHours()	返回时间的小时值，介于 0 ~ 23
setHours(x)	设置小时值 x
getMinutes()	返回时间的分钟值，介于 0 ~ 59
setMinutes(x)	设置分钟值 x
getSeconds()	返回时间的秒数值，介于 0 ~ 59
setSeconds(x)	设置秒数值 x
getMilliseconds()	返回时间的毫秒值，介于 0 ~ 999
setMilliseconds(x)	设置毫秒值 x

续表

方 法	说 明
getTime()	返回一个整数值，这个整数代表了从 1970 年 1 月 1 日开始计算到当前对象中的时间之间的毫秒数。日期的范围大约是 1970 年 1 月 1 日午夜的前后各 285、616 年。负数代表 1970 年之前的日期
setTime(x)	使用毫秒数 x 设置日期和时间
toLocaleString()	返回日期的字符串表示，其格式要根据系统当前的区域设置来确定。类似方法是 toLocaleDateString()、toLocaleTimeString()
toString()	返回日期的字符串表示，其格式采用 JavaScript 的默认格式

注：Date 对象还有一组与所列方法对应的 UTC 方法，它处理所谓的全球标准时间。有关 UTC 方法的描述，请参阅相关帮助。

要使用 Date 对象，必须先使用 new 运算符创建它。创建 Date 对象的常见方式有以下 3 种。

（1）不带参数。以下语句：

```
var today = new Date();
```

将创建一个含有系统当前日期和时间的 Date 对象。

（2）创建一个指定日期的 Date 对象。以下语句：

```
var theDate = new Date(2009, 9, 1);
```

将创建一个其日期值是 2009 年 10 月 1 日的 Date 对象，而且这个对象中的小时、分钟、秒、毫秒值都为 0。

（3）创建一个指定时间的 Date 对象。以下语句：

```
var theTime = new Date(2009, 9, 1, 10, 20,30,50);
```

将创建一个包含确切日期和时间的 Date 对象，即 2009 年 10 月 1 日 10 点 20 分 30 秒 50 毫秒。

例 7.7 计算求 1+2+3+…+100 000 之和所需要的运行时间（毫秒数）。本例页面文档 s0707.htm 代码如下。

```
<!DOCTYPE html PUBLIC "-//W3C//DTD XHTML 1.0 Strict//EN"
"http://www.w3.org/TR/xhtml1/DTD/xhtml1-strict.dtd">
<html xmlns="http://www.w3.org/1999/xhtml"><head><title>例 7.7 </title></head>
<body><pre>
<script type="text/javascript">
    var t1,t2,htime,i,sum=0;
    t1 = new Date();  //记录循环前的时间
    document.writeln("循环前的时间是:"+t1.toLocaleString()+":"+t1.getMilliseconds());
    for(i=1;i<=100000;i++) sum+=i;  //耗时的循环
    t2 = new Date();  //记录循环后的时间
    document.writeln("循环后的时间是:"+t2.toLocaleString()+":"+t2.getMilliseconds());
    htime = t2.getTime() - t1.getTime();
    document.writeln("执行 100000 次循环用时:"+ htime+"毫秒")
</script>
</pre></body></html>
```

（1）本例运行效果如图 7.7 所示。

（2）方法 toLocaleString() 返回的时间字符串不包括毫秒数，故在输出中使用了方法 getMilliseconds()。

（3）把两个 Date 对象变量的 getTime() 方法的返回值进行相减运算（即 t2.getTime()- t1.getTime()），其效果相当于求这两个时间间隔的毫秒数。

7.3.4　String 对象

String 对象是 JavaScript 提供的字符串处理对象，它提供了对字符串进行处理的属性和方法，如表 7.5 所示。

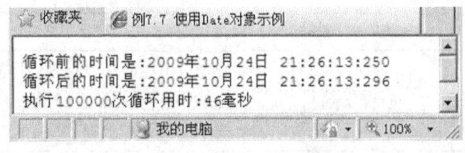

图 7.7　计算运行时间

表 7.5　　　　　　　　　　　　　　String 对象的最常用属性和方法

属性/方法	说　明
length	返回字符串中字符的个数（注：1 个汉字也计数为 1 个字符）
toLowerCase()	返回一个字符串，该字符串中的字母被转换为小写字母
toUpperCase()	返回一个字符串，该字符串中的字母被转换为大写字母
charAt(index)	返回指定索引（index）位置处的字符。第 1 个字符的索引为 0，第 2 个字符的索引为 1，依此类推
substr(start,len)	返回一个从指定位置（start）开始的指定长度（len）的子字符串

由于 String 对象与 JavaScript 脚本语句结合得十分紧密，因此若要创建一个 String 对象，则既可以使用 new 运算符来创建，也可以直接将字符串赋值给变量。例如，newstring = "This is a new string." 与 newstring =new String("This is a new string.") 是等价的。

例 7.8　将用户输入的字符串反向输出到页面上，并且要求将其中的小写字母转换为大写字母。例如，如果输入 "abc123"，则输出 "321CBA"。本例页面文档 s0708.htm 代码如下。

```
<!DOCTYPE html PUBLIC "-//W3C//DTD XHTML 1.0 Strict//EN"
"http://www.w3.org/TR/xhtml1/DTD/xhtml1-strict.dtd">
<html xmlns="http://www.w3.org/1999/xhtml"><head><title>例 7.8 </title></head>
<body><pre>
<script type="text/javascript">
    var origin_s,upper_s,i;
    origin_s = prompt("请输入一行文字:","");
    upper_s = origin_s.toUpperCase();
    for(i=upper_s.length-1;i>=0;i--) document.write(upper_s.charAt(i));
</script>
</pre></body></html>
```

7.3.5　Array 对象

1．什么是数组

一般而言，一个变量只能存储一个值。但是当使用数组变量的时候，就可以突破这种限制，也就是说，如果一个变量是数组，那么这个变量同时能够存储多个值。这就是数组变量与普通变量的本质区别。

数组变量的多值性相当于一个数组变量可以包含多个子变量，而每个子变量的作用与普通变量的作用一样，既可以被赋值，也可以从中取出值。为了区别，把这样的子变量称为数组元素变量（简称数组元素）。也就是说一个数组可以包含多个数组元素。另外，为了便于称呼，把数组中数组元素的个数称为数组大小（或称数组长度）。

2．创建和访问数组

在 JavaScript 中，使用内置对象类 Array 可以创建数组对象。其基本格式为

```
var arrayname = new Array(arraysize);
```
它创建一个数组长度为 arraysize 的数组对象 arrayname。

在 JavaScript 中，不同数组元素通过下标加以区别，即一个数组元素由数组名、一对方括号 [] 和这对括号中的下标组合起来表示。于是，对于这个 arrayname 数组对象，它包含数组元素 arrayname[0]、arrayname[1]、arrayname[2]、……、arrayname[arraysize-1]。注意，下标从 0 开始，即第 1 个数组元素是 arrayname[0]，而最后一个数组元素是 arrayname[arraysize-1]。

使用数组元素类似于使用普通变量，例如，以下代码显示了对数组的常规赋值、取值操作。

```
var classmates = new Array(4); //创建一个数组长度为 4 的数组对象 classmates
classmates[0]="张月"; //对第 1 个数组元素进行赋值
classmates[1]="何芳"; //对第 2 个数组元素进行赋值
classmates[3]= classmates[0]; //把第 1 个数组元素的值赋予第 4 个数组元素
```

例 7.9 使用一个 Array 对象变量 classmates 存储 4 个同学的名字，即：张月、李良、王力和何芳，然后在页面上输出这些名字。本例页面文档 s0709.htm 代码如下。

```
<!DOCTYPE html PUBLIC "-//W3C//DTD XHTML 1.0 Strict//EN"
"http://www.w3.org/TR/xhtml1/DTD/xhtml1-strict.dtd">
<html xmlns="http://www.w3.org/1999/xhtml"><head><title>例 7.9 </title></head>
<body><pre>
<script type="text/javascript">
    var classmates,i;
    classmates = new Array(4);
    classmates[0] = "张月";
    classmates[1] = "李良";
    classmates[2] = "王力";
    classmates[3] = "何芳";
    for(i=0;i<4;i++) document.writeln("第"+(i+1)+" 个同学是:"+classmates[i]);
</script>
</pre></body></html>
```

（1）本例页面的执行效果如图 7.8 所示。

（2）对该例程序的一点改进是把其中的数组创建语句改成

```
classmates = new Array("张月","李良","王力","何芳");
```

而原来后面的 4 条赋值语句就不必再写了，其执行效果与原来一样。JavaScript 允许 new Array 后面直接给出数组元素的值，此时数组长度就是在括号中给出的数组元素的个数。

例 7.10 在页面上显示当前日期和时间，并显示是星期几，如图 7.9 所示。

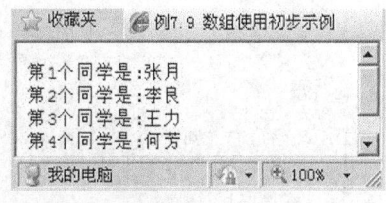

图 7.8　显示 4 个同学的名字

图 7.9　显示星期几

本例页面文档 s0710.htm 代码如下：

```
<!DOCTYPE html PUBLIC "-//W3C//DTD XHTML 1.0 Strict//EN"
"http://www.w3.org/TR/xhtml1/DTD/xhtml1-strict.dtd">
```

```
<html xmlns="http://www.w3.org/1999/xhtml"><head><title>例 7.10 </title></head>
<body><pre>
<script type="text/javascript">
    var week,today,week_i;
    week=new Array("星期日","星期一","星期二","星期三","星期四","星期五","星期六");
    today=new Date();
    week_i=today.getDay();   //返回 0～6 之间的一个整数，代表一周中的某一天
    document.write(today.toLocaleString()+week[week_i]);
</script>
</pre></body></html>
```

如果没有在 new Array 后面给出任何参数，即

```
classmates = new Array();
```

这时，创建出来的 Array 对象 classmates 就没有任何数组元素，即数组长度为 0。由于 JavaScript 数组具有自动扩展功能，因此对于这样的空数组也允许赋值。如：

```
classmates[10] = "黄海";
```

JavaScript 将自动把 Array 对象 classmates 扩展到含有 11 个元素的数组，其中所有未被赋过值的数组元素将被初始化为 null。

3. 使用 for…in 语句

JavaScript 的 for…in 语句是一种特殊的 for 语句，专门用于处理与数组和对象相关的循环操作。用 for…in 语句处理数组，可以依次对数组中的每个数组元素执行一条或多条语句。

For…in 语句的格式是

```
for(variable in array_name) 循环体语句;
```

其中，variable 将遍历数组中的每个索引，其执行过程如下。

（1）variable 被赋值为数组的第 1 个下标索引（通常是 0）。

（2）如果 variable 值是一个有效的下标索引（如小于数组长度），就执行步骤 3，否则退出循环。

（3）执行循环体语句。

（4）variable 被赋值为数组的下一个下标索引，转去执行步骤（2）进行循环判断。

例如，对于上例中的 Array 对象变量 classmates，可以使用语句：

```
for(i in classmates) …
```

使变量 i 循环时从 0 开始，一直循环到 3。

例 7.11 使用 for…in 语句修改例 7.9 的程序。本例页面文档 s0711.htm 代码如下。

```
<!DOCTYPE html PUBLIC "-//W3C//DTD XHTML 1.0 Strict//EN"
"http://www.w3.org/TR/xhtml1/DTD/xhtml1-strict.dtd">
<html xmlns="http://www.w3.org/1999/xhtml"><head><title>例 7.11 </title></head>
<body><pre>
<script type="text/javascript">
    var classmates,i;
    classmates = new Array("张月","李良","王力","何芳");
    for(i in classmates) document.writeln("第"+(parseInt(i)+1)+"个同学是:"+classmates[i]);
</script>
</pre></body></html>
```

说明　　这个例子的执行效果与例 7.9 相同。必须注意的是：程序中使用了 parseInt(i)，这是因为 for(i in classmates) 中的 i 在循环中遍历数组 classmates 的下标时，i 的值其实是字符串类型的下标值。

4. Array 对象的常用属性和方法

表 7.6 列出 Array 对象最常用的属性和方法。

表 7.6　　　　　　　　　　　　Array 对象的最常用属性和方法

属性/方法	说　　明
length	返回数组中数组元素的个数，即数组长度
toString()	返回一个字符串，该字符串包含数组中的所有元素，各个元素间用逗号分隔

例 7.12　使用 toString() 方法输出例 7.11 中数组对象变量 classmates 的内容。本例页面文档 s0712.htm 代码如下。

```
<!DOCTYPE html PUBLIC "-//W3C//DTD XHTML 1.0 Strict//EN"
"http://www.w3.org/TR/xhtml1/DTD/xhtml1-strict.dtd">
<html xmlns="http://www.w3.org/1999/xhtml"><head><title>例7.12 </title></head>
<body><pre>
<script type="text/javascript">
    var classmates;
    classmates = new Array("张月","李良","王力","何芳");
    document.write("我的同学有:"+classmates.toString());
</script>
</pre></body></html>
```

本例页面显示效果如图 7.10 所示。

5. 二维数组

如果数组中所有数组元素的值都是基本类型的值，就把这种数组称为一维数组。当数组中所有数组元素的值又都是数组时，就形成了二维数组。

例 7.13　使用二维数组输出学生的成绩表，如图 7.11 所示。

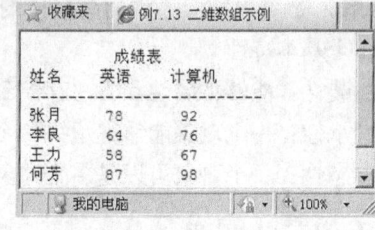

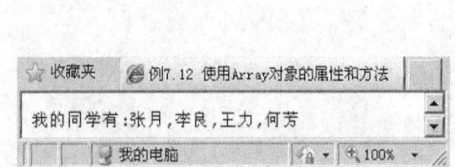

图 7.10　使用 Array 对象的 toString()方法　　　　图 7.11　学生成绩表

本例页面文档 s0713.htm 代码如下。

```
<!DOCTYPE html PUBLIC "-//W3C//DTD XHTML 1.0 Strict//EN"
"http://www.w3.org/TR/xhtml1/DTD/xhtml1-strict.dtd">
<html xmlns="http://www.w3.org/1999/xhtml"><head><title>例7.13 </title></head>
<body><pre>          成绩表
姓名    英语    计算机
------------------------
<script type="text/javascript">
    var students,i,j;
    students = new Array();
    students[0] = new Array("张月",78,92);
    students[1] = new Array("李良",64,76);
    students[2] = new Array("王力",58,67);
    students[3] = new Array("何芳",87,98);
```

```
    for(i=0;i<students.length;i++)
    {
        for(j=0;j<students[i].length;j++)
        {
            document.write(students[i][j]+"\t");
        }
         document.writeln();
    }
</script>
```
```
</pre></body></html>
```

对于本例中的数组 students，它的每个数组元素又都是一个数组，即关于一个学生的成绩记录。因此 students 是一个二维数组。这样 students[i] 表示的就是某个学生记录，而 students[i][j] 就表示学生 students[i] 的第 j 项属性（j=0,1,2，分别存储学生的姓名、英语成绩和计算机成绩）。

7.4　自定义对象

由于对象由属性和方法组成，因此定义对象就是声明对象由哪些属性和方法组成。

在 JavaScript 中，定义对象的方法有多种。其中，最常用的方法是定义对象类，即先使用构造函数定义对象的属性，然后使用原型技术为对象定义共享的方法。

本节由浅至深介绍 JavaScript 自定义对象的定义方法及其相关概念。

7.4.1　面向对象语言的特征

显然，由于 JavaScript 可以使用对象，因此 JavaScript 是一种基于对象的编程语言。更进一步，JavaScript 也可以称为一种面向对象的编程语言，这是因为 JavaScript 支持实现面向对象语言的以下 3 个基本特性。

（1）封装性：能够将属性和方法存储到对象中。

（2）继承性：一个对象能够继承另一个对象的属性和方法。

（3）多态性：一个对象可以是多个对象类的实例。

7.4.2　定义属性

一个 JavaScript 对象[1]，除了包含已预定义的属性之外，也可以包含自定义属性。也就是，可以为现有对象定义新的属性。方法是直接为对象的新属性赋值，形式为

```
obj.new_attr = some_value;  //为对象 obj 添加新属性 new_attr
```

对象的自定义属性与其他属性的使用方法基本相同，不同之处在于：可以使用 delete 运算符删除对象的自定义属性，形式为

```
delete obj.new_attr;  //删除对象 obj 的自定义属性 new_attr
```

例 7.14　试一试为一个 Date 对象定义新属性。本例页面文档 s0714.htm 代码如下。

```
<!DOCTYPE html PUBLIC "-//W3C//DTD XHTML 1.0 Strict//EN"
"http://www.w3.org/TR/xhtml1/DTD/xhtml1-strict.dtd">
<html xmlns="http://www.w3.org/1999/xhtml"><head><title>例 7.14 </title></head>
<body><pre>
```

---

[1] 本书术语"JavaScript 对象"是指在 JavaScript 程序中可以使用的对象，如预定义对象、自定义对象。

```
<script type="text/javascript">
    var d = new Date(1949,9,1);
    document.writeln('赋值前:d.hasOwnProperty("events")='+ d.hasOwnProperty("events"));
    d.events="中华人民共和国宣告成立"; //定义新属性 events
    document.writeln('赋值后:d.hasOwnProperty("events")='+ d.hasOwnProperty("events"));
    document.writeln(d.toLocaleDateString() + d.events);
    if (delete d.events) document.writeln("已删除对象 d 的自定义属性 events");
    document.writeln('删除后:d.hasOwnProperty("events")='+ d.hasOwnProperty("events"));
    document.writeln(d.toLocaleDateString() + d.events);
    if (!delete Math.E) document.writeln("不能删除预定义对象 Math 的内置属性 E");
    document.writeln('delete 后:Math.E='+ Math.E); //仍然能够显示 Math.E 的值
</script>
</pre></body></html>
```

（1）本例页面显示效果如图 7.12 所示。

（2）在 JavaScript 中，任何对象都有方法 hasOwnProperty(proName)。该方法用于测试对象是否含有指定名称的属性，返回一个布尔值。

（3）赋值语句 "d.events=…" 为变量 d 引用的 Date 对象定义一个新属性 events。

（4）delete 是单目运算符，若删除成功，则返回 true；若删除失败，则返回 false。使用语句 "delete d.events" 能够删除对象 d 的自定义属性 events。但 delete 运算符不能删除预定义对象的固有属性。

（5）类似未赋值变量，若读取对象不存在的属性，则返回 undefined。

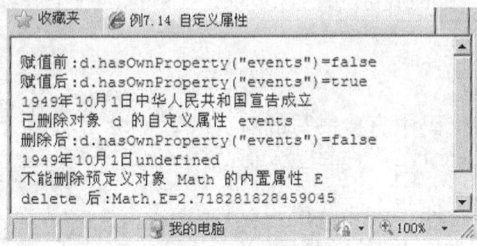

图 7.12 自定义属性示例

7.4.3 定义对象

在 JavaScript 中，定义对象的简单方法是通过创建 Object 对象定义新类型的对象。

1. Object 对象类

Object 对象是一种特殊的内置对象，有表 7.7 所示的主要属性和方法。

表 7.7　　　　　　　　　　Object 对象的常用属性和方法

属性/方法	说　　明
prototype	该属性指定对象类型原型的引用
constructor	该属性表示创建对象的构造函数
toString( )	该方法返回对象的字符串表示
valueOf( )	该方法返回对象的值
hasOwnProperty(proName)	该方法返回一个布尔值，指出一个对象是否含有指定名称的属性
propertyIsEnumerable(proName)	该方法返回一个布尔值，判断指定属性是否可列举。一般而言，自定义属性可列举，而预定义属性不可列举

Object 对象的主要用途是为所有 JavaScript 对象提供通用功能。实际上，JavaScript 的所有对象都是 Object 对象类的实例，因此任何对象都可以使用 Object 对象的属性和方法。不过，其他对象通常会重定义 Object 对象的方法（如 toString、valueOf 等方法）。

2. 通过创建 Object 对象定义新型对象

Object 对象的另一用途是定义新类型的对象，方法是先创建 Object 对象，再为该对象添加新型对象的属性和方法。

例 7.15 通过创建 Object 对象定义一个 Person 对象（即"人"对象），该对象含有两个属性：姓名和性别。本例页面文档 s0715.htm 代码如下。

```
<!DOCTYPE html PUBLIC "-//W3C//DTD XHTML 1.0 Strict//EN"
"http://www.w3.org/TR/xhtml1/DTD/xhtml1-strict.dtd">
<html xmlns="http://www.w3.org/1999/xhtml"><head><title>例 7.15 </title></head>
<body><pre>
<script type="text/javascript">
    var person = new Object(); //用于定义一个 Person 对象
    person.name="张三"; //定义属性 name
    person.gender="男"; //定义属性 gender
    document.writeln(person.name+"是"+person.gender+"人");
</script>
</pre></body></html>
```

（1）本例页面显示效果如图 7.13 所示。

（2）程序中，尽管 person 是 Object 对象，但由于为该对象添加了 name 和 gender 属性，因此可以把 person 引用的 Object 对象视为一个 Person 对象。

3. 字面量对象

字面量对象是指在程序代码中直接书写的对象，其格式是使用一对大括号"{ }"括起一个或多个用逗号分隔的属性声明，而每个属性声明写成"属性名:属性值"对。例如，以下语句也可以创建一个 Person 对象：

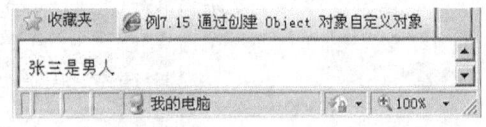

图 7.13　通过创建 Object 对象自定义对象示例

```
var person = { //使用一对大括号{}直接定义一个对象
        name:"张三",
        gender:"男"
    };
```

4. 使用 for … in 语句列举对象的自定义属性

从字面量对象形式易知，对象相当于一组属性名至属性值的映射。类似遍历数组，使用 for … in 语句可以列举对象的所有自定义属性。

例 7.16　使用字面量对象定义一个 Person 对象，并使用 for … in 语句遍历该对象的所有自定义属性。本例页面文档 s0716.htm 代码如下。

```
<!DOCTYPE html PUBLIC "-//W3C//DTD XHTML 1.0 Strict//EN"
"http://www.w3.org/TR/xhtml1/DTD/xhtml1-strict.dtd">
<html xmlns="http://www.w3.org/1999/xhtml"><head><title>例 7.16 </title></head>
<body><pre>
<script type="text/javascript">
    var person = { //使用一对大括号{}直接定义一个对象
```

```
                name:"张三",
                gender:"男"
        };
    document.writeln(person.name+"是"+person.gender+"人");
    document.writeln("person 对象有以下可列举属性:");
    for (var proName in person)
    {//遍历对象的所有自定义属性
        document.writeln(proName +":" +person[proName]);
    }
</script>
</pre></body></html>
```

本例页面显示效果如图 7.14 所示。

说明　　除点标记格式之外，访问对象属性也可以使用格式 "对象名["属性名"]"。例如，使用 person["name"] 和 person["gender"] 分别可以访问 person 对象的 name 和 gender 属性。

7.4.4　定义方法

1. Function 对象

实际上，在 JavaScript 中，任何函数都是 Function 对象。而定义函数的方式有两种：一种是常用的普通格式，即使用 function 关键字隐式创建 Function 对象；另一种是使用 new 关键字显式创建 Function 对象。

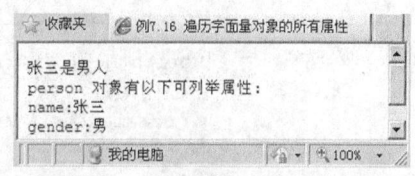

图 7.14　遍历对象的所有属性示例

（1）显式创建 Function 对象

在 JavaScript 中，定义函数的另一种方式是创建一个 Function 对象，形式如下：

```
var fun_name=new Function(arg1,arg2,…,argN,function_body);
```

其中，每个参数都是字符串，前 n 个参数 arg1、arg2、……、argN 表示函数的参数名，最后一个参数是函数体代码；而 fun_name 是函数对象变量名。

创建 Function 对象之后，就可以像调用普通函数一样，使用函数对象变量名调用 Function 对象所定义的函数，即

```
    fun_name(a1,a2,…,an);
```

从而执行 function_body 中的函数体代码。

例 7.17　试一试调用由 Function 对象定义的函数。本例页面文档 s0717.htm 代码如下。

```
<!DOCTYPE html PUBLIC "-//W3C//DTD XHTML 1.0 Strict//EN"
"http://www.w3.org/TR/xhtml1/DTD/xhtml1-strict.dtd">
<html xmlns="http://www.w3.org/1999/xhtml"><head><title>例 7.17 </title></head>
<body><pre>
<script type="text/javascript">
    var Hello=new Function("msg"," document.writeln(msg);"); //创建 Function 对象
    document.writeln("变量 Hello 所引用的函数对象表示一个函数定义:");
    document.writeln(Hello.toString()); //toString() 是 Function 对象的一个方法
    Hello("通过变量 Hello 调用函数"); //通过函数对象变量调用函数
    var f1,f2;
    f1=Hello; //将函数对象变量 Hello 赋值给变量 f1
```

```
        f1("通过变量 f1 调用函数");
        f2=f1;  //将函数对象变量 f1 赋值给变量 f2
        f2("通过变量 f2 调用函数");
</script>
</pre></body></html>
```

本例页面显示效果如图 7.15 所示。

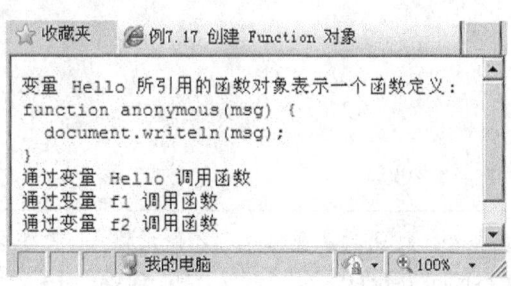

图 7.15 创建 Function 对象示例

（1）toString()是 Function 对象的一个方法，返回该对象所定义的函数代码。易知以下语句

```
        var Hello=new Function("msg"," document.writeln(msg);");
```

定义的函数相当于以下普通函数定义：

```
        function Hello(msg)
        {
            document.writeln(msg);
        }
```

（2）Function 对象也是对象，可以赋值给变量。因此在赋值语句"f1=Hello; f2=f1;"之后，使用变量 Hello、f1、f2 都可以调用该 Function 对象所定义的函数。

（2）隐式创建 Function 对象

显然，定义函数的普通格式是使用 function 关键字。实际上，当使用 function 关键字定义函数时，也隐式创建了一个 Function 对象。此时，函数名就是隐式创建的 Function 对象的引用变量。例如，在例 7.17 中，将以下语句

```
        var Hello=new Function("msg"," document.writeln(msg);");
```

改为以下普通函数定义：

```
        function Hello(msg)
        {//实际上,普通函数定义隐式创建了一个 Function 对象
            document.writeln(msg);
        }
```

则运行效果与原程序基本相同。

（3）无名函数

尽管可以采用显式创建 Function 对象方式定义函数，但是这种函数定义方式不方便使用，因此通常采用普通的 function 关键字方式定义函数。

不过，有时候为了使用"函数是 Function 对象"这种特性，在 JavaScript 程序中可以定义一个无名函数，并将该无名函数赋值给一个变量。无名函数是指在使用 function 关键字定义函数时不指定函数名。例如，在例 7.17 中，将以下语句

```
        var Hello=new Function("msg"," document.writeln(msg);");
```

改为以下普通函数定义：

```
var Hello=function(msg)
    {//定义一个无名函数,也隐式创建了一个 Function 对象
        document.writeln(msg);
    }; //此处分号 ";" 是这条赋值语句的结束标记
```

则运行效果仍然与原程序基本相同。

2. 定义方法

在 JavaScript 中，由于函数是 Function 对象，因此为对象定义新方法的简单方法就是将一个函数对象赋值给对象的新属性，如同定义新属性。例如，执行以下语句：

```
obj.new_method = fun_obj;
```

将为对象 obj 定义新方法 new_method。

例 7.18　为 Person 对象定义一个新方法 sayHi(msg)。本例页面文档 s0718.htm 代码如下。

```
<!DOCTYPE html PUBLIC "-//W3C//DTD XHTML 1.0 Strict//EN"
"http://www.w3.org/TR/xhtml1/DTD/xhtml1-strict.dtd">
<html xmlns="http://www.w3.org/1999/xhtml"><head><title>例 7.18 </title></head>
<body><pre>
<script type="text/javascript">
    var person = new Object(); //用于定义一个 person 对象
    person.name="张三"; //定义属性 name
    person.gender="男"; //定义属性 gender
    person.sayHi = function (msg)
        {//定义方法 sayHi(msg)
            document.writeln(msg);
        };
    document.write(person.name + "说:");
    person.sayHi("您好!"); //调用自定义方法 sayHi(msg)
</script>
</pre></body></html>
```

本例页面显示效果如图 7.16 所示。

易知，JavaScript 对象只由属性组成，而方法只是值为函数对象的特殊属性。

7.4.5　关键字 this

在 JavaScript 中，任何方法都必须通过某个对象调用才能执行。换言之，方法必须执行在某个对象之上。

图 7.16　自定义方法示例

显然，可以通过不同对象调用相同的方法。但是，在为方法编写函数体代码时，程序员通常需要知道是通过哪个对象调用这个方法的。因此，JavaScript 提供关键字 this 引用调用该方法的对象（或称当前对象）。也就是，在编写函数时，可以使用关键字 this 引用当前对象。

例 7.19　创建 2 个 Person 对象，并为这 2 个对象定义相同的方法 introduceSelf( )，显示个人信息。本例页面文档 s0719.htm 代码如下。

```
<!DOCTYPE html PUBLIC "-//W3C//DTD XHTML 1.0 Strict//EN"
"http://www.w3.org/TR/xhtml1/DTD/xhtml1-strict.dtd">
<html xmlns="http://www.w3.org/1999/xhtml"><head><title>例 7.19 </title></head>
```

```
<body><pre>
<script type="text/javascript">
    var person = new Object(); //用于定义一个 Person 对象
    person.name="张三"; //定义属性 name
    person.gender="男"; //定义属性 gender
    person.introduceSelf = function ()
        {//定义方法 introduceSelf()
            document.writeln("我叫"+this.name+","+this.gender);
        };
    person.introduceSelf(); //第 1 次调用
    var other_person = new Object(); //创建另一个 Person 对象
    other_person.name="李四"; //定义属性 name
    other_person.gender="女"; //定义属性 gender
    other_person.introduceSelf = person.introduceSelf; //定义相同的方法
    other_person.introduceSelf(); //第 2 次调用
</script>
</pre></body></html>
```

本例页面显示效果如图 7.17 所示。

（1）程序中定义了 2 个 Person 对象 person、other_person，这 2 个对象的方法 introduceSelf( ) 相同。

（2）在 person.introduceSelf( ) 调用中，函数体中的 this 引用 person 对象；而在 other_person.introduceSelf( ) 调用中，函数体中的 this 引用 other_person 对象。因此，属性访问 this.name 和 this.gender 能够正确返回当前对象的属性值。

7.4.6　定义对象类

在前面的例子中，定义的对象 Person 其实仍然是 Object 对象类的实例对象，只是将添加有 name、gender 等属性的 Object 对象视为 Person 对象而已。

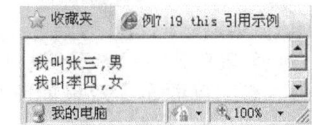

图 7.17　this 引用示例

实际上，在 JavaScript 中，定义对象的标准方法是定义对象类。而要定义对象类，则必须定义构造函数。

1. 构造函数

在 JavaScript 中，定义对象类的方法是为对象类定义构造函数。一般而言，构造函数名与类名相同。构造函数是定义对象如何创建的函数。形式上，构造函数的定义格式与普通函数类似，不同之处是在构造函数内部一般不使用 return 语句，并且通常要使用 this 关键字引用新创建的对象。例如，若要定义一个类 Person，则可以定义以下构造函数：

```
function Person(name,gender)
{//类 Person 的构造函数
    this.name = name; //定义属性 name
    this.gender = gender;// 定义属性 gender
}
```

定义了构造函数之后，就可以使用 new 关键字创建类的对象实例，如：

```
var p1 = new Person("张三","男"); //创建 1 个 Person 对象
```

同样，对构造函数的调用形式与普通函数基本相同，不同之处是在构造函数调用之前必须有

new 关键字。实际上，使用关键字 new 调用构造函数的执行效果大致分为以下 3 步。

第 1 步：创建一个新对象；

第 2 步：执行构造函数的函数体，期间关键字 this 是对该新对象的引用；

第 3 步：在构造函数执行完后，new 运算符将返回在第 1 步创建的新对象引用。

例 7.20　为对象类 Person 定义构造函数，并据此创建 2 个 Person 对象。本例页面文档 s0720.htm 代码如下。

```
<!DOCTYPE html PUBLIC "-//W3C//DTD XHTML 1.0 Strict//EN"
"http://www.w3.org/TR/xhtml1/DTD/xhtml1-strict.dtd">
<html xmlns="http://www.w3.org/1999/xhtml"><head><title>例 7.20 </title></head>
<body><pre>
<script type="text/javascript">
    function Person(name,gender)
    {//类 Person 的构造函数
        this.name = name; //定义属性 name
        this.gender = gender;// 定义属性 gender
        this.introduceSelf = function ()
            {//定义方法 introduceSelf()
                document.writeln("我叫"+this.name+","+this.gender);
            };
    }
    var p1 = new Person("张三","男"); //创建第 1 个 Person 对象
    var p2 = new Person("李四","女"); //创建第 2 个 Person 对象
    p1.introduceSelf(); //第 1 次调用方法 introduceSelf()
    p2.introduceSelf(); //第 2 次调用方法 introduceSelf()
</script>
</pre></body></html>
```

易知，本例页面显示效果与上例相同。

（1）在构造函数 Person(name,gender) 的函数体中，this.name 是指访问当前对象的 name 属性，而单独使用 name 是指访问函数参数 name。

（2）在每次使用表达式 new Person(...) 创建 Person 对象时，将执行构造函数 Person(...) 中的以下语句：

```
        this.name = ...
        this.gender = ...
        this.introduceSelf = ...
```

其效果相当于为新创建的 Person 对象定义属性 name、gender 和方法 introduceSelf()。

2. 再认识 new 运算符

在 JavaScript 中，使用 new 运算符的精确语法是：

```
new constructor(arg1,arg2,...,argn)
```

其中，constructor 是新建对象的构造函数。这意味着，在 JavaScript 中，类就是构造函数，而类名就是构造函数名。由于构造函数也是 Function 对象，因此每个 JavaScript 类也是对象，称为类对象。

例 7.21　试一试显示几个对象的构造函数。本例页面文档 s0721.htm 代码如下。

```
<!DOCTYPE html PUBLIC "-//W3C//DTD XHTML 1.0 Strict//EN"
"http://www.w3.org/TR/xhtml1/DTD/xhtml1-strict.dtd">
<html xmlns="http://www.w3.org/1999/xhtml"><head><title>例 7.21 </title></head>
<body><pre>
```

```
<script type="text/javascript">
    function Person(name,gender)
    {//类 Person 的构造函数
        this.name = name; //定义属性 name
        this.gender = gender;//定义属性 gender
        //...
    }
    var p = new Person("张三","男"); //创建第 1 个 Person 对象
    document.writeln("Person 对象的构造函数代码如下:");
    document.writeln(p.constructor.toString());//显示自定义对象的构造函数代码
    var d = new Date();
    document.writeln("Date 对象的构造函数代码如下:");
    document.writeln(d.constructor.toString());//显示预定义对象的构造函数代码
</script>
</pre></body></html>
```

本例页面显示效果如图 7.18 所示。

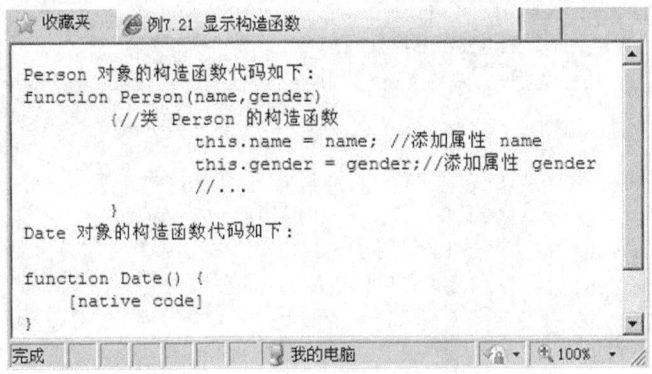

图 7.18　显示构造函数

（1）任何对象都有 constructor 属性，引用创建该对象的构造函数对象（或称类对象）；而函数对象的 toString() 方法将返回函数代码。

（2）实际上，Date、String、Array 等预定义对象类名也是对相应构造函数的引用，不过其 toString() 方法不会返回这些构造函数的内部代码。

3. instanceof 运算符

instanceof 运算符用于判断对象是否是指定类的一个实例，其使用语法是：

```
object instanceof class
```

如果 object 是 class 的一个实例，则返回 true，否则返回 false。

例 7.22　试一试判断几个对象是否是指定类的实例。本例页面文档 s0722.htm 代码如下。

```
<!DOCTYPE html PUBLIC "-//W3C//DTD XHTML 1.0 Strict//EN"
"http://www.w3.org/TR/xhtml1/DTD/xhtml1-strict.dtd">
<html xmlns="http://www.w3.org/1999/xhtml"><head><title>例 7.22 </title></head>
<body><pre>
<script type="text/javascript">
    function Person(name,gender)
    {//类 Person 的构造函数
        this.name = name; //定义属性 name
```

```
        this.gender = gender;//定义属性 gender
        //...
    }
    var p = new Person("张三","男"); //创建 1 个 Person 对象
    if (p instanceof Person)
        document.writeln("变量 p 引用的对象是 Person 对象类的实例");
    else
        document.writeln("变量 p 引用的对象不是 Person 对象类的实例");
    var d = new Date(); //创建 1 个 Date 对象
    if (d instanceof Date)
        document.writeln("变量 d 引用的对象是 Date 对象类的实例");
    else
        document.writeln("变量 d 引用的对象不是 Date 对象类的实例");
</script>
</pre></body></html>
```

本例页面显示效果如图 7.19 所示。

通过程序代码，易知变量 p、d 引用的对象分别是对象类 Person、Date 的实例。

4. 类对象的 prototype 属性

类对象（即构造函数）的 prototype 属性是对一个对象的引用，该对象称为类实例对象的原型对象。默认情况下，原型对象是一个 Object 对象。

原型对象的主要用途是为类的实例对象提供共享的方法和属性，从而避免为每个对象定义代码相同的方法或值相同的属性。因此，通过实例对象可以访问的属性和方法分为以下两类：一类是实例对象自定义的属性和方法，另一类是来自原型对象的属性和方法（或称原型属性和原型方法）。

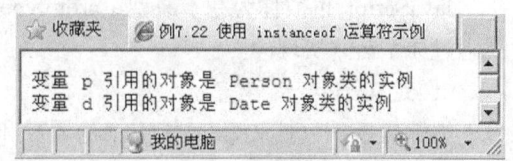

图 7.19　使用 instanceof 运算符示例

例 7.23　改写例 7.20，使每个 Person 对象可以共享访问来自原型对象的方法 introduceSelf()。本例页面文档 s0723.htm 代码如下。

```
<!DOCTYPE html PUBLIC "-//W3C//DTD XHTML 1.0 Strict//EN"
 "http://www.w3.org/TR/xhtml1/DTD/xhtml1-strict.dtd">
<html xmlns="http://www.w3.org/1999/xhtml"><head><title>例 7.23 </title></head>
<body><pre>
<script type="text/javascript">
    function Person(name,gender)
    {//类 Person 的构造函数
        this.name = name; //定义属性 name
        this.gender = gender;//定义属性 gender
    }
    Person.prototype.introduceSelf = function ()
            {//定义共享方法 introduceSelf()
                document.writeln("我叫"+this.name+","+this.gender);
            };
    var p1 = new Person("张三","男"); //创建第 1 个 Person 对象
```

```
        var p2 = new Person("李四","女"); //创建第 2 个 Person 对象
        p1.introduceSelf(); //第 1 次调用共享方法 introduceSelf()
        p2.introduceSelf(); //第 2 次调用共享方法 introduceSelf()
</script>
</pre></body></html>
```

本例页面显示效果与例 7.20 相同。

 说明　　由于 introduceSelf( ) 方法是 Person 类的原型方法，因此通过实例对象 p1、p2 都可以访问这个共享方法。注意，该原型方法在执行时，this 关键字是对实例对象的引用，而不是对原型对象的引用。

5. 定义对象类的一般方法

如例 7.23 所示，为了使同一个类的每个实例对象能够共享相同的方法，一般按以下两步定义对象类。

第 1 步：在构造函数中定义对象的属性；

第 2 步：在原型对象中为对象定义共享的方法。

7.4.7　继承

JavaScript 也被称为基于原型（prototype）的语言，其原因在于 JavaScript 语言的继承机制是通过原型链来实现的。

1. 定义子类

继承是指一个对象（如对象 A）的属性和方法来自另一个对象（如对象 B）。此时，称定义对象 A 的类称为子类，定义对象 B 的类称为父类。

在 JavaScript 中，为子类指定父类的方法是将父类的实例对象赋值给子类的 prototype 属性，形式为

```
A. prototype = new B(...) ;
```

例 7.24　通过继承类 Person，定义子类 Student，子类 Student 比父类 Person 多一个属性 grade（成绩）。本例页面文档 s0724.htm 代码如下。

```
<!DOCTYPE html PUBLIC "-//W3C//DTD XHTML 1.0 Strict//EN"
"http://www.w3.org/TR/xhtml1/DTD/xhtml1-strict.dtd">
<html xmlns="http://www.w3.org/1999/xhtml"><head><title>例 7.24 </title></head>
<body><pre>
<script type="text/javascript">
    function Person(name,gender)
    {//类 Person 的构造函数
        this.name = name; //定义属性 name
        this.gender = gender;//定义属性 gender
    }
    Person.prototype.introduceSelf = function ()
            {//定义共享方法 introduceSelf()
                document.writeln("我叫"+this.name+","+this.gender);
            };
    function Student(name,gender,grade)
    {//定义类 Person 的子类
```

```
        Person.call(this,name,gender); //在子类中重新定义父类中的属性
        this.grade = grade;    //定义属性 grade
    }
Student.prototype = new Person(); // 将类 Person 定义为类 Student 的父类
var s = new Student("张三","男",80); //创建 Student 对象
s.introduceSelf();//调用继承的方法
Student.prototype.introduceSelf = function ()
    {//重定义继承的方法 introduceSelf()
        document.writeln("我叫"+this.name+","+this.gender+","+this.grade+"分");
    };
s.introduceSelf();//调用重定义的方法
if (s instanceof Person) document.writeln(s.name+"是 Person");
if (s instanceof Student) document.writeln(s.name+"是 Student");
</script>
</pre></body></html>
```

本例页面显示效果如图 7.20 所示。

（1）call(thisObj,arg1,arg2,…,argN)是 Function 对象的方法，第 1 个参数是一个对象引用，而其他参数是函数的常规参数，调用效果相当于一个普通函数调用。其特殊之处在于：第 1 个参数的作用是将一个对象引用赋值给 this 指针，从而使调用的函数在指定对象上执行。

因此，在类 Student 的构造函数中调用 "Person.call(this,name,gender)" 的效果是为 Student 对象重新定义来自父类的所有自定义属性。

（2）语句 "Student.prototype = new Person()" 将类 Person 定义为类 Student 的父类。

（3）第 1 次调用 "s.introduceSelf()" 是调用类 Student 从类 Person 继承而来的方法 introduceSelf()；而第 2 次调用 "s.introduceSelf()" 是调用在类 Student 中重新定义的方法 introduceSelf()。

（4）一个子类的实例对象既是子类的对象实例，也是其父类的对象实例。显然，一个学生既是 Student，也是 Person。

2. 重定义继承的属性或方法

在定义子类时，也可以重新定义从父类继承而来的属性或方法。

（1）重定义继承的属性

若要重定义继承的属性，则在子类构造函数中定义与父类属性同名的属性。例如，在上例类 Student 的构造函数中调用 "Person.call(this,name,gender)" 的效果相当于在类 Student 的构造函数中执行出现于 Person 构造函数中的以下两条语句：

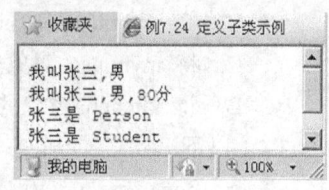

图 7.20　定义子类示例

```
        this.name = name; //定义属性 name
        this.gender = gender;//定义属性 gender
```

从而在 Student 类中重定义了来自父类 Person 的 name 和 gender 属性。

（2）重定义继承的方法

若要重定义继承的方法，则为原型对象定义与父类方法同名的方法。例如，在上例程序中，为 Student 对象的原型对象定义了以下方法：

```
Student.prototype.introduceSelf = function ()
    {//重定义继承的方法 introduceSelf()
        document.writeln("我叫"+this.name+","+this.gender+","+this.grade+"分");
```

```
    };
```
从而在 Student 类中重定义了来自父类 Person 的 introduceSelf 方法。

习　　题

一、判断题

（1）在 JavaScript 中，只能使用预定义对象，不能使用自定义对象。

（2）在 JavaScript 中，若将一个引用变量赋值给另一个变量，则将自动创建一个新对象，并且新对象与该引用变量所引用的对象完全相同。

（3）在 JavaScript 中，必须使用 delete 运算符删除用 new 运算符创建的对象。

（4）若要使用任何一个 JavaScript 对象，则必须先使用 new 运算符创建它。

（5）在 JavaScript 中，表达式 "abc".length 将返回字符串 "abc" 的长度值。

（6）在 JavaScript 中，不能使用普通的 for 循环语句遍历数组中的所有元素。

（7）在 JavaScript 中，使用 delete 运算符能够删除对象的任何属性。

（8）在 JavaScript 中，任何对象都是 Object 对象类的实例。

（9）在 JavaScript 中，任何函数都是 Function 对象。

（10）在 JavaScript 中，instanceof 运算符等同于 typeof 运算符。

二、单选题

（1）在 JavaScript 中，可以使用下面的_____运算符访问对象的属性和方法。

    A. 加运算符(+)　　　B. 点运算符(.)　　C. 乘运算符(*)　　D. 不能访问

（2）以下哪个表达式的值是引用值？

    A. 123　　　　　　　B. "abc".length　　C. true　　　　　　D. new Date()

（3）对代码 "var x=myhouse.kitchen;" 的哪种说明正确？

    A. 将字符串 "myhouse.kitchen" 赋值给变量 x

    B. 将 myhouse 和 kitchen 的值相加之和赋值给变量 x

    C. 将 myhouse 对象的 kitchen 属性值赋值给变量 x

    D. 将 kitchen 对象的 myhouse 属性值赋值给变量 x

（4）以下_____语句在页面上显示圆周率 π。

    A. document.write(Math.Pi)　　　　　　B. document.write(Math.pi)

    C. document.write(Math.PI)　　　　　　D. document.write(Date.Pi)

（5）以下_____表达式产生一个 0～7（含 0，7）的随机整数。

    A. Math.floor(Math.random()*6)　　　　B. Math.floor(Math.random()*7)

    C. Math.floor(Math.random()*8)　　　　D. Math.sqrt(Math.random())

（6）以下_____语句把日期对象 rightnow 的星期号赋值给变量 weekday。

    A. var weekday=rightnow.getDate();　　　B. var weekday=rightnow.getDay();

    C. var weekday=rightnow.getWeek();　　　D. var weekday=rightnow.getWeekday();

（7）以下 String 对象的_____方法得到指定位置处的字符？

    A. indexOf()　　　　　　　　　　　　B. charAt()

    C. charIsAt()　　　　　　　　　　　　D. indexOfThePosition()

（8）执行语句序列 "var s="1234567890";s=s.substr(5,2);" 之后，变量 s 的值是：

A. "52"   B. "56"   C. "67"   D. "78"

（9）以下_____语句不能创建数组。

A. var myarray=new Array();

B. var myarray=new Array(5);

C. var myarray=new Array("hello","hi","greetings");

D. var myarray=new Array[10];

（10）以下_____语句将访问 cool 数组中的第 5 个元素。

A. cool[5]   B. cool(5)   C. cool[4]   D. cool(4)

（11）Array 对象的_____属性将返回表示数组长度的数值。

A. length   B. getLength   C. size   D. getSize

（12）以下关于 JavaScript 语言的论述中，哪种不正确？

A. JavaScript 是一种基于对象的编程语言

B. JavaScript 是一种面向对象的编程语言

C. JavaScript 是一种基于原型的编程语言

D. JavaScript 是一种结构化数据查询语言

（13）以下哪条语句不能为对象 obj 定义值为 20 的属性 age？

A. obj.age=20;   B. obj["age"]=20;

C. obj."age"=20;   D. obj={age:20};

（14）以下哪条语句不能定义一个函数 f()？

A. function f(){};   B. var f=new Function("{}");

C. var f=function (){};   D. f(){};

（15）使用以下构造函数_____，可以定义一个描述二维坐标点（x,y）的 Point 类。

A. function Point(x,y){ this.x=x;this.y=y;}

B. function Point(x,y){ }

C. function Point(x,y){ me.x=x;me.y=y;}

D. function Point(){ x=y=0;}

（16）若 d 是一个 Date 对象的引用变量，则以下表达式_____返回 false。

A. d instanceof Object   B. d instanceof Date

C. typeof d == Date   D. typeof Object == typeof Date

（17）若 d 是一个 Date 对象的引用变量，则使用以下语句_____，不能使 Date 对象的方法 toString() 返回的结果与其 toLocaleString() 方法相同。

A. Date.prototype.toString=function(){return this.toLocaleString();};

B. Date.toString==function(){return this.toLocaleString();};

C. Date.prototype.toString=d.toLocaleString;

D. Date.prototype.toString=Date.prototype.toLocaleString;

（18）若有函数定义 function Show(){alert(this.toString())}，且 d 是一个 Date 对象的引用变量，则以下语句_____不能为对象 d 添加方法 Show。

A. Object.prototype.Show = Show;   B. Date.prototype.Show = Show;

C. d.prototype.Show = Show;   D. d.Show = Show;

（19）有两个类 A、B，若要将类 B 定义为类 A 的父类，则使用以下语句_____。

    A．A. constructor = new B(...)；   B．A. prototype = new B(...)；

    C．A. constructor = B；   D．A. prototype = B;

（20）类 A 是类 B 的子类，若要在类 A 中重定义类 B 的方法 f(...)，则使用以下语句_____。

    A．A. f = function(){...}；   B．A. prototype. f = function(){...}；

    C．B. f = function(){...}；   D．A. constructor. f = function(){...}；

三、综合题

（1）编写程序，根据用户输入的数值，计算其平方、平方根和自然对数。

（2）使用 Math 对象的 random() 方法编制一个产生 0～100 之间（含 0、100）的随机整数的函数。

（3）设计一个页面，在页面上显示信息"现在是 XXXX 年 XX 月 XX 日 XX 点 XX 分 XX 秒 (星期 X)，欢迎您的到访!"。

（4）编制一个从字符串中收集数字字符（0～9）的函数 CollectDigits(s)，它从字符串 s 中顺序取出数字，并且合并为一个独立的字符串作为函数的返回值。例如函数调用 CollectDigits("1abc23def4") 的返回值是字符串 "1234"。

（5）编制一个将两个字符串交叉合并的函数 Merge(s1,s2)，例如 Merge("123","abc") 的返回结果是 "1a2b3c"。如果两个字符串的长度不同，那么就将多余部分直接合并到结果字符串的末尾，如 Merge("123456","abc") 的返回结果是 "1a2b3c456"。

（6）设计一个程序，它（使用一个数组）接收用户输入的 7 门课程的成绩，然后在页面上显示其总成绩和平均分，并列出小于 60 的成绩。

（7）斐波纳契（Fibonacci）数列的第一项是 1，第二项是 1，以后各项都是前两项的和。请按逆序在页面中显示斐波纳契数列前 40 项的值（即如果计算出来的数列是 1,1,2,3,5,8…，那么显示的顺序是…,8,5,3,2,1,1），并要求每行显示 6 个数。

（8）设计一个函数 DayOfYear(d)，它接收一个日期参数 d，返回一个该日期是所在年份的第几天，如 DayOfYear(new Date(2010,2,8)) 的返回值是 67。提示：① 定义一个数组 months=new Array(31,28,31,30,31,30,31,31,30,31,30,31) 记录每个月有多少天；② 定义一个辅助函数 IsLeapYear(y) 判定某个年份是否为闰年，以确定 2 月份的天数是 28 还是 29。

（9）为 Date 对象添加一个自定义方法 getDayOfYear()，该方法返回日期是所在年份的第几天，如 (new Date(2010,2,8)).getDayOfYear() 的返回值是 67。

（10）使用构造函数定义一个描述二维坐标点（x,y）的 Point 类，并且采用原型方法重定义自动从 Object 对象继承的 toString() 方法，该方法将以格式 "(x,y)" 返回 Point 对象的字符串表示。

（11）使用构造函数定义一个由两个二维坐标点 Point 表示的线段类 Line，并且采用原型方法重定义 toString() 方法按格式 "(x1,y1)- (x2,y2)" 返回 Line 对象的字符串表示，再定义一个方法 getLength () 返回线段长度。

（12）先定义一个表示多边形的类 Polygon，该类有一个表示边数目的属性 sides 和一个求多边形面积的方法 getArea ()。然后为该类定义两个子类：第 1 个子类 Triangle 表示三角形，有属性 base、height，分别表示三角形的底边长度和高度；第 2 个子类 Rectangle 表示矩形，有属性 length、width，分别表示矩形的长度和宽度。并且要求以下两点：① 类 Polygon 的方法 getArea () 返回 0，而子类 Triangle 和 Rectangle 必须重定义继承的方法 getArea ()，分别返回三角形和矩形面积；② 先使用一个数组存放若干个 Triangle、Rectangle 对象，然后通过遍历该数组求出这些对象所表示的多边形面积之和。

第8章
浏览器对象和 HTML DOM

浏览器对象包括 Window、Navigator、Screen、Location、History 和 Document 等对象，主要用于操纵浏览器窗口的行为和特性。HTML DOM （文档对象模型）是处理 HTML 文档的标准技术，允许 JavaScript 程序动态访问、更新浏览页面的内容、结构和样式。

本章介绍浏览器对象和 HTML DOM 对象的基本使用方法，使读者逐步掌握 JavaScript 的动态网页编程技术。

8.1　BOM 对象

8.1.1　BOM 概述

1. BOM 对象体系

BOM 是指浏览器对象模型（Browser Object Model），主要用于访问与操纵浏览器窗口。BOM 对象体系由一系列相关对象组成，具有如图 8.1 所示的对象层次结构。

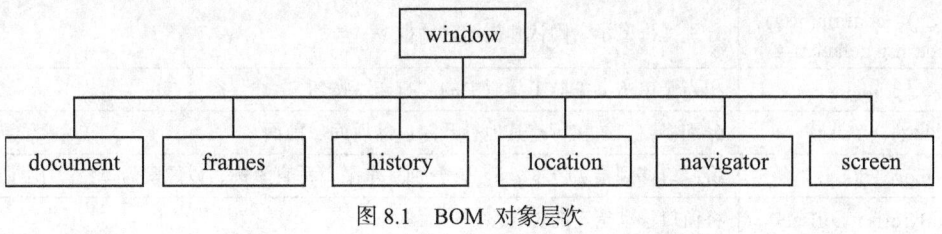

图 8.1　BOM 对象层次

在这个层次结构中，顶层是窗口对象（window），第 2 层是 window 对象包含的文档（document）、框架（frames）、历史（history）、地址（location）、浏览器程序（navigator）和屏幕（screen）等对象。

2. 访问 BOM 中的对象

（1）访问 window 对象

在 BOM 层次结构中，window 对象是最顶层的核心对象，可以直接使用标识符 window 访问。

（2）访问下层对象

在 BOM 层次结构中，由于所有下层对象都是其上层对象的属性，因此访问下层对象的方式与访问对象的一般属性相同。例如，若要访问 document 对象，则可以使用以下格式：

```
window.document.write("Hello");
```

不过，由于 window 对象是顶层对象，因此访问它的下层对象时，可以不使用标识符 window。例如，可以直接使用 document 访问 document 对象：

```
document.write("Hello");
```

8.1.2 窗口（Window）对象

1. Window 对象[1]的属性和方法

Window 对象处于 BOM 对象层次的顶端，表示当前浏览器窗口，有如表 8.1 所示的常用属性和方法。

表 8.1   Window 对象的常用属性和方法

属性/方法	说　明
frames	返回当前窗口中所有 Frame 对象的集合。每个 Frame 对象对应一个用<frame> 或 <iframe> 标记的框架
document	返回 Document 对象引用，表示在浏览器窗口中显示的页面文档
history	返回 History 对象引用，表示当前窗口的页面访问历史记录
location	返回 Location 对象引用，表示当前窗口所装载文档的 URL
navigator	返回 Navigator 对象引用，表示当前浏览器程序
screen	返回 Screen 对象引用，表示屏幕
closed	返回当前窗口是否关闭的布尔值
parent、self、top	分别返回父窗口、当前窗口和最顶层窗口的对象引用
status	读取或设置窗口状态栏的文本
open(URL,name,features)	创建一个名为 name 的新浏览器窗口,并在新窗口中显示 URL 指定的页面。其中，features 是可选项，可以为新建窗口指定大小和外观等特性；若 URL 是空字符串，则该 URL 相当于空白页的 URL，即 about:blank
close()	关闭浏览器窗口
alert(msg)、confirm(msg)、prompt(msg,defaultmsg)	分别弹出警示、确认和提示对话框
print()	相当于单击浏览器工具栏中的"打印"按钮
blur()、focus()	分别将窗口放在所有其他打开窗口的后面、前面
moveTo(x,y)	将窗口移到指定位置。x、y 分别是水平、垂直坐标，以像素为单位（下同）
moveBy(offsetx,offsety)	将窗口移动指定的位移量
resizeTo(x,y)	将窗口设置为指定的大小
resizeBy(offsetx,offsety)	按照给定的位移量重新设定窗口的大小
scrollTo(x,y)	将窗口中的页面内容滚动到指定的坐标位置
scrollBy(offsetx,offsety)	按照给定的位移量滚动窗口中的页面内容
setTimeout(exp,time)	设置一个延时器，使 exp 中的代码在 time 毫秒后自动执行一次。该方法返回延时器的 ID，即 timerID

---

[1] 首字母大写的术语"Window 对象"表示对象自身，而小写形式的术语"window 对象"强调 window 是对 Window 对象的引用。类似术语有 Document 与 document、Navigator 与 navigator 等。

续表

属性/方法	说　明
setInterval(exp,time)	设置一个定时器，使 exp 中的代码每间隔 time 毫秒就周期性地自动执行一次。该方法返回定时器的 ID，即 timerID
clearTimeout(timerID)	取消由 setTimeout() 设置的延时操作
clearInterval(timerID)	取消由 setInterval() 设置的定时操作
navigate(URL)	使窗口显示 URL 指定的页面

在 JavaScript 脚本中，可以直接访问 window 对象的属性和方法，例如下面对 alert 方法的两种访问都是正确的：

```
window.alert("标准访问方式");
alert("直接访问方式"); //window 对象是顶层对象，可以直接访问其属性和方法
```

对于 window 对象的使用，主要集中在窗口的打开和关闭、窗口状态的设置、定时执行以及各种对话框的使用等方面。

2. 打开和关闭窗口

使用 window 对象的 open()、close() 方法可以打开、关闭窗口。

例 8.1 设计一个有 3 个超链接的页面，单击这些链接时分别打开和关闭新窗口，以及关闭本身窗口。本例页面文档 s0801.htm 代码如下。

```
<!DOCTYPE html PUBLIC "-//W3C//DTD XHTML 1.0 Strict//EN"
 "http://www.w3.org/TR/xhtml1/DTD/xhtml1-strict.dtd">
<html xmlns="http://www.w3.org/1999/xhtml"><head><title>例 8.1 </title>
<script type="text/javascript">
  var newWin=null; //引用新打开的窗口
  function openNewWin()
  {//打开新窗口
    newWin=open("http://www.sysu.edu.cn","myWindow",
             "width=400,height=100,left=0,top=10,toolbar=no,menubar=no," +
             "scrollbars=no,resizable=no,location=no,status=no");
  }
  function closeNewWin()
  {//关闭已打开的新窗口
    if(newWin!=null) { newWin.close();newWin=null;}
  }
</script>
</head>
<body>
<p><a href="javascript:openNewWin()">打开新窗口</a></p>
<p><a href="javascript:closeNewWin()">关闭新窗口</a></p>
<p><a href="javascript:close()">关闭本窗口</a></p>
</body></html>
```

（1）上述超链接标签 <a> 的 href 属性指定的是按 javascript:URL 伪协议书写的 URL。其中，协议名是 javascript，显然不是标准的 internet 协议名，故称伪协议；而地址部分是 JavaScript 语句。当浏览器解释这种 javascript:URL 地址时，将依次执行 javascript: 后面的 JavaScript 语句。并且，当最后一个表达式的值不为 undefined 时，该值将显示在浏览区中；否则该值为 undefined 时，浏览区保持显示当前页面内容。

（2）函数 openNewWin() 调用 window 对象的 open() 方法打开一个大小为 400×100 的新窗口来显示页面 http://www.sysu.edu.cn。新窗口没有菜单栏、工具栏、地址栏和状态栏，并且不能滚动、改变大小（参见表 8.2）。

（3）变量 newWin 是全局变量，因此方法调用"newWin.close()"关闭的就是函数 openNewWin() 打开的窗口；而"javascript:close()"等同于"javascript:window.close()"。

表 8.2　在调用 open(URL,name,features) 方法时，可以为其 features 参数指定的可选特性

特　性	说　明
width=pixels, height=pixels	窗口宽度、高度，以像素为单位（下同）
left=pixels, top=pixels	窗口的 x、y 坐标
resizable=yes|no|1|0	是否可调节窗口大小。默认是 yes
scrollbars=yes|no|1|0	是否显示滚动条。默认是 yes
titlebar=yes|no|1|0	是否显示标题栏。默认是 yes
location=yes|no|1|0	是否显示地址栏。默认是 yes
menubar=yes|no|1|0	是否显示菜单栏。默认是 yes
toolbar=yes|no|1|0	是否显示工具栏。默认是 yes
status=yes|no|1|0	是否显示状态栏。默认是 yes

3. 使用定时器

（1）使用 setInterval() 方法

使用 window 对象的定时器机制，可以让一段程序每隔一段时间就执行一次。

例 8.2　在浏览器窗口的状态栏中实时显示当前时间。本例页面文档 s0802.htm 代码如下。

```
<!DOCTYPE html PUBLIC "-//W3C//DTD XHTML 1.0 Strict//EN"
"http://www.w3.org/TR/xhtml1/DTD/xhtml1-strict.dtd">
<html xmlns="http://www.w3.org/1999/xhtml"><head><title>例 8.2 </title>
<script type="text/javascript">
  function showTime()
  {//在浏览器状态栏中显示时间
    var now=new Date(); //当前时间
    window.status = now.toLocaleTimeString();
  }
  var timerID=window.setInterval("showTime()",1000);  //设置定时器
  function stopShowTime()
  {//停止显示时间
    window.clearInterval(timerID); //取消定时器
    window.status = "已取消定时器";
  }
</script>
</head><body>
<p><a href="javascript:stopShowTime()">取消定时器</a></p>
</body></html>
```

（1）方法调用 setInterval("showTime()",1000) 设置一个定时器，设定每间隔 1 秒就执行一次函数调用 showTime()，将当前时间显示在状态栏中。

（2）使用变量 timerID 保存方法 setInterval() 返回的定时器 ID，从而可以通过调用方法 clearInterval(timerID) 取消由 timerID 标识的定时器。

（2）使用 setTimeout() 方法

除方法 setInterval() 外，使用 window 的 setTimeout() 方法也可以设置一个定时器。与 setInterval() 不同，setTimeout() 方法设置定时执行的代码只执行一次。因此，可以将 setTimeout() 方法设置的定时器称为延时器，使指定代码延时执行一次。

例 8.3　设计一个页面，当这个页面显示 10 秒后，将自动显示一个指定页面。本例页面文档 s0803.htm 代码如下。

```
<!DOCTYPE html PUBLIC "-//W3C//DTD XHTML 1.0 Strict//EN"
"http://www.w3.org/TR/xhtml1/DTD/xhtml1-strict.dtd">
<html xmlns="http://www.w3.org/1999/xhtml"><head><title>例 8.3 </title>
<script type="text/javascript">
  var timerID = setTimeout("navigate('http://www.sysu.edu.cn');",10000);
  function stopTimeout()
 {//停止延时器
  window.clearTimeout(timerID); //取消延时器
  window.status = "已取消延时器";
 }
</script>
</head><body>
<p><a href="javascript:stopTimeout()">取消延时器</a></p>
</body></html>
```

（1） setTimeout(…) 定义了一个延时器，经 10 秒后执行方法 navigate ('http://www. sysu.edu.cn')，显示指定页面。

（2） 与 clearInterval() 方法类似，使用 clearTimeout (timerID) 方法可以取消由方法 setTimeout() 设置的延时器。

8.1.3　浏览器程序（Navigator）对象

Window 对象的 navigator 属性引用一个 Navigator 对象，表示当前使用的 Web 浏览器程序，包含表 8.3 所列的属性和方法。

表 8.3　　　　　　　　　　　　　　Navigator 对象的常用属性和方法

属性/方法	说　　　明
appCodeName	返回浏览器的代码名，绝大多数浏览器返回 "Mozilla"
appName	返回浏览器的名称
appVersion	返回浏览器的平台和版本信息
platform	返回浏览器的操作系统平台
cpuClass	返回浏览器系统的 CPU 等级
onLine	返回指明系统是否处于联机模式的布尔值
cookieEnabled	返回指明浏览器中是否启用 cookie 的布尔值
userAgent	返回由客户机发送给服务器的 user-agent 头部的值
javaEnabled()	返回浏览器是否启用 Java

例 8.4　为页面编写脚本，显示当前浏览器的一些信息。本例页面文档 s0804.htm 代码如下。

```
<!DOCTYPE html PUBLIC "-//W3C//DTD XHTML 1.0 Strict//EN"
"http://www.w3.org/TR/xhtml1/DTD/xhtml1-strict.dtd">
```

```
<html xmlns="http://www.w3.org/1999/xhtml"><head><title>例 8.4 </title></head>
<body><pre>
<script type="text/javascript">
    document.writeln("浏览器代码名称:"+navigator.appCodeName);
    document.writeln("浏览器名称:"+navigator.appName);
    document.writeln("浏览器版本号:"+navigator.appVersion);
    document.writeln("操作系统平台:"+navigator.platform);
    document.writeln("CPU 等级:"+navigator.cpuClass);
    document.writeln("支持 Java?:"+navigator.javaEnabled());
    document.writeln("允许 cookie?:"+navigator.cookieEnabled);
    document.writeln("用户代理:"+navigator.userAgent);
</script>
</pre></body></html>
```

本例页面的显示效果如图 8.2 所示。

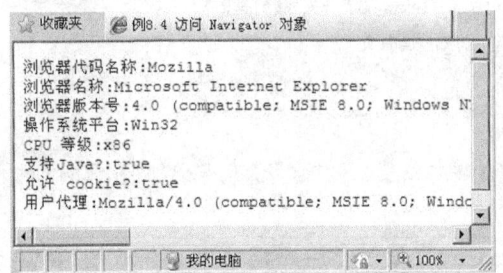

图 8.2　显示浏览器信息

8.1.4　屏幕（Screen）对象

Window 对象的 screen 属性引用一个 Screen 对象，表示当前浏览器电脑的显示屏幕。Screen 对象提供屏幕的分辨率和可用的颜色数量信息，如表 8.4 所示。

表 8.4　　　　　　　　　　　　　　　Screen 对象的常用属性

属　　性	说　　　明
width、height	分别返回屏幕的宽度、高度，以像素为单位（下同）
availWidth、availHeight	分别返回屏幕的可用宽度、高度（除 Windows 任务栏之外）
colorDepth	返回屏幕的颜色深度，即用户在"显示属性"对话框"设置"选项卡中设置的颜色位数

8.1.5　地址（Location）对象

Window 对象的 location 属性引用一个 Location 对象，表示当前窗口所装载文档的 URL，包含表 8.5 所列的属性和方法。

表 8.5　　　　　　　　　　　　　　Location 对象的常用属性和方法

属性/方法	说　　　明
href	设置或返回完整的 URL
protocol	设置或返回 URL 中的协议名
hostname	设置或返回 URL 中的主机名
host	设置或返回 URL 中的主机部分，包括主机名和端口号

续表

属性/方法	说　　明
port	设置或返回 URL 中的端口号
pathname	设置或返回 URL 中的路径名
hash	设置或返回 URL 中的锚点
search	设置或返回 URL 中的查询字符串，即从问号（?）开始的部分
assign(url)	为当前窗口装载由 url 指定的文档
reload(force)	重新装载当前文档。若参数 force 为 false（默认），则可能装载缓存的页面；若参数为 true，则表示从服务器重新装载
replace (url)	在浏览器窗口装载由 url 指定的页面，并在历史列表中代替上一个网页的位置，从而使用户不能用"后退"按钮返回前一个文档

例 8.5　设计一个页面，它将根据用户屏幕的分辨率而显示不同的页面。本例页面文档 s0805.htm 代码如下。

```
<!DOCTYPE html PUBLIC "-//W3C//DTD XHTML 1.0 Strict//EN"
"http://www.w3.org/TR/xhtml1/DTD/xhtml1-strict.dtd">
<html xmlns="http://www.w3.org/1999/xhtml"><head><title>例 8.5 </title>
<script type="text/javascript">
    if (screen.width<=800 || screen.height<=600)
    {//转去显示为普通显示器设计的页面
        location.href = "s0805X.htm"; //等同于 location.assign("s0805X.htm");
    }
</script>
</head><body>
<p>为 1024*768 屏幕设计的页面。</p>
</body></html>
```

（1）在浏览器打开这个文件时，如果屏幕分辨率>800×600，则显示当前页面，否则显示页面 s0805X.htm。

（2）对 location 对象 href 属性的赋值"location.href = "s0805X.htm""效果等同于方法调用"location.assign("s0805X.htm")"。

8.1.6　历史（History）对象

Window 对象的 history 属性引用一个 History 对象，表示当前浏览器窗口已浏览的页面 URL 列表（即历史列表），包含表 8.6 所列的属性和方法。

表 8.6　History 对象的属性和方法

属性/方法	说　　明
length	返回历史列表的长度，即历史列表中包含的 URL 个数
back()	使浏览器窗口装载历史列表中的上一个页面，相当于单击浏览器的"后退"按钮
forward()	使浏览器窗口装载历史列表中的下一个页面，相当于单击浏览器的"前进"按钮
go(n)	使浏览器窗口装载历史列表中第 n 个页面，如果 n 是负数，则装载上第 n 个页面

　　尽管 History 对象表示窗口的浏览历史，但出于安全性和隐私性的考虑，History 对象不允许访问已经访问过页面的实际 URL。因此，只能使用 back()、forward() 和 go() 方法访问历史页面。

例 8.6 设计一个页面，浏览器执行它时将显示原来的页面。本例页面文档 s0807.htm 代码如下。

```
<!DOCTYPE html PUBLIC "-//W3C//DTD XHTML 1.0 Strict//EN"
"http://www.w3.org/TR/xhtml1/DTD/xhtml1-strict.dtd">
<html xmlns="http://www.w3.org/1999/xhtml"><head><title>例 8.6 </title>
<script type="text/javascript">
    history.back();//等同于 history.go(-1)
</script>
</head><body>
<p>若看到本页内容,则说明本页是当前浏览器窗口打开的第1个页面。</p>
</body></html>
```

（1）若看到本例页面内容，则说明本页是当前浏览器窗口打开的第 1 个页面。

（2）方法调用 "history.back()" 等同于 "history.go(-1)"。

8.1.7 文档（Document）对象

1. Document 对象的基本属性和方法

Window 对象的 document 属性引用一个 Document 对象，表示在浏览器窗口中显示的页面文档，包含表 8.7 所列的常用属性和方法。

表 8.7 　　　　　　　Document 对象的常用属性和方法（作为 BOM 对象）

属性/方法	说　　明
parentWindow	返回当前页面文档所在窗口对象的引用
cookie	设置或返回与当前文档相关的所有 cookie
domain	返回提供当前文档的服务器域名
lastModified	返回当前文档的最后修改时间
title	返回当前文档的标题，即由 <title> 标记的文本
referrer	返回将用户引入当前页面的位置 URL。例如，单击另一个页面的超链接进入当前页面
URL	返回当前文档的完整 URL
open([type])	使用指定的 MIME 类型（默认为 "text/html"）打开一个输出流。该方法将除去当前文档的内容，开始一个新文档。可以使用 write() 或 writeln() 方法为新文档编写内容，最后必须用 close() 方法关闭输出流
close()	关闭用 open() 方法打开的输出流，并强制显示所有缓存的输出内容
write()	向文档写入 HTML 代码文本
writeln()	与 write() 类似，不过要多写入一个换行符

例 8.7 设计一个页面，显示 document 对象的一些属性。本例页面文档 s0807.htm 代码如下。

```
<!DOCTYPE html PUBLIC "-//W3C//DTD XHTML 1.0 Strict//EN"
"http://www.w3.org/TR/xhtml1/DTD/xhtml1-strict.dtd">
<html xmlns="http://www.w3.org/1999/xhtml"><head><title>例 8.7 </title></head><body>
<pre>
<script type="text/javascript">
    document.writeln("当前文档的标题:"+document.title);
    document.writeln("当前文档的最后修改日期:"+document.lastModified);
    document.writeln("当前文档的 cookie:"+document.cookie);
    document.writeln("当前文档来自:"+document.domain);
```

```
    document.writeln("当前文档 URL:"+document.URL);
</script>
```
`</pre></body></html>`

本例页面的显示效果如图 8.3 所示。

2. 动态生成文档

使用 Document 对象的 open()、close()、write() 和 writeln() 方法能够动态创建在浏览器窗口中显示的文档。

必须注意的是，当调用 Document 对象的 open() 方法时，将清除浏览器窗口

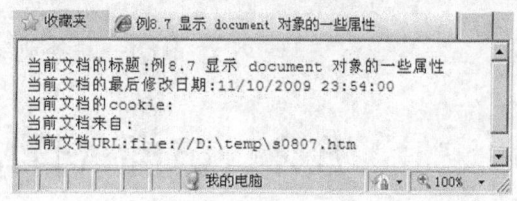

图 8.3　显示 document 对象的一些属性

中的任何内容，即相当于浏览由本地的"about:blank" URL 指定的空白页，该页文档没有任何代码，甚至最基本的结构代码"<html></html>"也没有。正因如此，open()、close() 通常只用于新建窗口的 document 对象。

例 8.8　为页面设计一个超链接，单击该超链接将打开一个小窗口显示一份简短通知。本例页面文档 s0808.htm 代码如下。

```
<!DOCTYPE html PUBLIC "-//W3C//DTD XHTML 1.0 Strict//EN"
"http://www.w3.org/TR/xhtml1/DTD/xhtml1-strict.dtd">
<html xmlns="http://www.w3.org/1999/xhtml"><head><title>例 8.8 </title>
<script type="text/javascript">
  function openNewWin()
  {//打开新窗口
    var newWin=open("","myWindow","height=100,width=400,top=10,left=0,toolbar=
no,menubar=no,"
            +"scrollbars=no,resizable=no,location=no,status=no");
    newWin.document.open();
    newWin.document.writeln("<html><head><title>通知</title></head>");
    newWin.document.writeln("<body>");
    newWin.document.writeln("<h1>通知</h1>");
    newWin.document.writeln("<p>请同学们注意,下周举行计算机考试!</p>");
    newWin.document.writeln("</body></html>");
    newWin.document.close();
    newWin.focus(); //显示新窗口
  }
</script></head><body>
<p><a href="javascript:openNewWin()">通知</a></p>
</body></html>
```

（1）显示本例页面时，单击其超链接文字"通知"将显示一个如图 8.4 所示的通知窗口。

（2）第 1 次调用的方法 open(...) 是 window 对象的方法，用于创建一个新窗口；而第 2 次调用的方法 newWin.document.open()是 Document 对象的方法，用于为新窗口的 document 对象打开一个文档输出流，从而使用 writeln() 方法依次生成一个页面文档的完整 HTML 代码。

图 8.4 由脚本动态生成的页面内容

8.2 访问 HTML DOM 对象

要进一步处理浏览器窗口显示的页面文档，必须使用 HTML DOM 技术。使用 HTML DOM，不仅可以获取页面的详细信息，也可以动态更新页面的内容、结构和样式。

8.2.1 DOM 概念

1. 什么是 DOM

DOM（Document Object Model，文档对象模型）是一个表示和处理文档的应用程序接口（API），可用于动态访问、更新文档的内容、结构和样式。

在 W3C 制定的 DOM 规范中，DOM 主要包括以下 3 部分。

（1）Core DOM（核心 DOM）：定义了访问和处理任何结构化文档的基本方法。

（2）XML DOM：定义了访问和处理 XML 文档的标准方法。

（3）HTML DOM：定义了访问和处理 HTML 文档的标准方法。

2. DOM 树

DOM 将文档表示为具有层次结构的节点树。例如，对于以下 HTML 文档：

```
<html >
<head>
<title>网页制作入门</title>
</head>
<body>
<p id="p1" >使用专业网页制作工具可以方便地制作符合 Web 规范的页面。</p>
</body>
</html>
```

DOM 将根据 HTML 标签的嵌套层次把该文档处理为如图 8.5 所示的节点树。

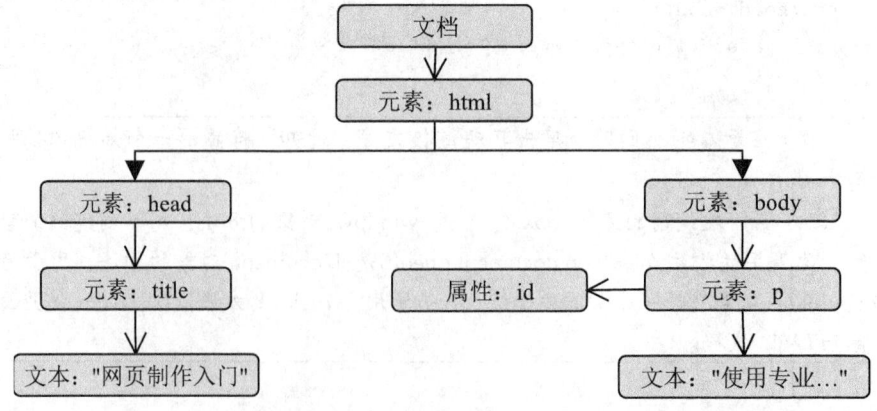

图 8.5 DOM 树示意图

如同家谱树，DOM 树节点之间存在以下层次关系。

（1）根节点：文档节点处于层次树的顶端，是其他所有节点的祖先。

（2）父子关系：若节点 A 通过箭头线连接（即指向）节点 B，则节点 A 是节点 B 的父节点，而节点 B 是节点 A 的子节点。

（3）兄弟关系：若两个节点具有相同的父节点，则这两个节点互为兄弟。

（4）祖先/后代关系：一个节点的祖先节点是指该节点的父节点，或者父节点的父节点，以此类推；一个节点的后代节点是指该节点的所有子节点，或者这些子节点的子节点，以此类推。

3. 节点类型

根据 W3C DOM 规范，DOM 树中的节点分为 12 种类型。其中，常用节点类型是文档、元素、属性、文本和注释 5 种，如表 8.8 所示。

表 8.8　　　　　　　　　　　　　常用 DOM 节点类型

节 点 类 型	ID	说　　明
Element	1	元素节点，表示用标签对标记的文档元素，如普通段落 <p>...</p>
Attribute	2	属性节点，表示一对属性名和属性值，如 id="p1"。该类节点不能包含子节点
Text	3	文本节点，表示起始标签与结束标签之间的文本。如 <p>Hello</p> 标记的文本 "Hello"。该类节点不能包含子节点
Comment	8	注释节点，表示文档注释。该类节点不能包含子节点
Document	9	文档节点，表示整个文档

8.2.2　DOM 对象

实际上，DOM 是一组对象的集合，通过操纵这些对象，可以对 HTML 或 XML 文档进行读取、遍历、修改、添加和删除等操作。

在处理 HTML 文档时，通常需要了解使用的对象是 DOM 节点对象、HTMLDocument 对象、HTMLElement 对象还是特定类型的 HTML 元素对象。

1. DOM 节点对象

DOM 节点对象是最核心的 DOM 对象，用于表示 DOM 树中的任意节点，具有如表 8.9 所示的通用属性和方法。

表 8.9　　　　　　　　　　　DOM 节点对象的通用属性和方法

属性/方法	说　　明
childNodes	返回节点的所有子节点列表
nodeName	返回节点名称。其中，元素节点返回标签名称，属性节点返回属性名，文本节点返回 #text，而文档节点返回 #document
nodeValue	设置或返回节点值。其中，文本节点是指文本，属性节点是指属性值，但是该属性不能用于文档节点和元素节点
nodeType	返回节点的节点类型 ID，数值型
ownerDocument	返回节点所属的 Document 对象引用
parentNode	返回父节点的对象引用
firstChild	返回 childNodes 列表的第一个子节点对象引用
lastChild	返回 childNodes 列表的最后一个子节点对象引用
previousSibling	返回上一个兄弟节点的对象引用。若没有，则返回 null

续表

属性/方法	说　明
nextSibling	返回下一个兄弟节点的对象引用。若没有，则返回 null
hasChildNodes()	若至少有 1 个子节点，则返回 true，否则返回 false
appendChild(node)	将节点 node 添加到 childNodes 列表的末尾
insertBefore(node,[refnode])	在 childNodes 列表中的 refnode 之前插入 node。若没有指定参数 refnode，则等同于 appendChild(node)
removeChild(node)	从 childNodes 列表中删除子节点 node
replaceChild(newnode,oldnode)	将 childNodes 列表中的 oldnode 替换为 newnode
cloneNode(deep)	复制当前节点，以产生一个无父的新节点，并返回新节点对象的引用。其中，若 deep 为 true（深复制），则递归地复制 childNodes 中的所有子节点；否则 deep 为 false（浅复制，默认值），则只复制节点本身
getAttribute(name)	返回属性名为 name 的属性值。若没有指定该属性，则返回 null
setAttribute(name, value)	创建或设置一个属性名为 name 的属性并将其值设为 value
removeAttribute(name)	删除属性名为 name 的属性

2. HTMLElement 对象

HTMLElement 对象是 HTML DOM 的基础对象，用于表示 HTML 文档中的任意元素。HTMLElement 对象是对类型为 Element 的 DOM 节点的进一步描述，不仅提供 DOM 节点对象具有的通用属性和方法，也提供适用于所有 HTML 元素对象的通用属性和方法，如表 8.10 所示。

表 8.10　　　　　　　　　HTMLElement 对象的通用属性和方法

属性/方法	说　明
all	返回元素包含的所有后代元素集合
children	返回元素的所有子元素列表
attributes	返回元素的标签属性集合（注：元素节点的 childNodes 集合不包含属性节点）
tagName	返回元素的 HTML 标签名
id、className、title、dir、lang	分别返回或设置 HTML 元素的通用属性 id、class、title、dir、lang（注：在元素对象中使用 className 表示 HTML 属性 class 的原因是为了避免与 JavasSript 关键字 class 冲突）
style	引用一个 Style 对象，表示 HTML 元素的内嵌样式属性 style
currentStyle	引用一个 CurrentStyle 对象，表示页面中所有样式声明（包括内嵌样式和样式表）按 CSS 层叠规则作用于 HTML 元素的最终样式
innerText	获取或设置元素标签对之间的文本
innerHTML	获取或设置元素标签对之间的所有 HTML 代码
outerText	读取时，与 innerText 相同；设置时，将元素节点替换为文本节点
outerHTML	获取或设置元素的完整 HTML 代码，包括 innerHTML 和元素自身标签
canHaveChildren	返回一个布尔值，指示当前元素是否可以拥有子元素
enabled	获取或设置用户是否可以向该元素输入数据。该属性主要用于表单元素
tabIndex	获取或设置 Tab 键顺序中该元素的数字索引
getElementsByTagName(tagName)	返回该元素内具有指定标签名 tagName 的元素集合
focus()	将用户输入焦点置于该元素上
scrollIntoView(alignWithTop)	滚动包含该元素的文档，直到此元素的上边缘或下边缘与此文档窗口对齐为止。对于参数 alignWithTop，若为 true，则对象顶部将显示在窗口的顶部；若为 false，则对象底部将显示在窗口的底部

3. 特定类型的 HTML 元素对象

基于 HTMLElement 对象，HTML DOM 也为不同类型的 HTML 元素定义了相应类型的元素对象，如表 8.11 所示。这些对象提供了便于处理特定 HTML 元素的属性和方法。对于这些对象的详细描述，读者可以参阅有关帮助资料。

表 8.11　　　　　　　　　　　　　　HTML DOM 中的常用元素对象

对　　象	说　　明
Meta	表示 <meta> 元素
Base	表示 <base> 元素
Link	表示 <link> 元素
Body	表示 <body> 元素，是 HTML 文档的主体
Anchor	表示 <a> 元素，即锚点元素。锚点可用于创建到另一个文档的链接（通过 href 属性），或者创建文档内的书签
Image	表示 <img> 元素，即页面中的图像
Area	表示图像映射中的 <area> 元素，即区域元素。图像映射是指带有可点击区域的图像
Object	表示 <object> 元素
Table	表示 <table> 元素，即 HTML 表格
TableCell	表示 <td> 元素，即 HTML 表格单元格
TableRow	表示 <tr> 元素，即 HTML 表格行
Form	表示 <form> 元素，即 HTML 表单
Button	表示 <button> 元素，即高级按钮
Input Button	表示 HTML 表单中的一个按钮，即 <input type="button"> 元素
Input Checkbox	表示 HTML 表单中的复选框，即 <input type="checkbox"> 元素
Input FileUpload	表示 HTML 表单中的文件上传输入域元素 <input type="file">。该对象的 value 属性保存了用户指定的文件名，当提交表单时，浏览器不仅发送文件名，也会向服务器发送指定文件的内容
Input Hidden	表示 HTML 表单中的隐藏域，即 <input type="hidden"> 元素
Input Password	表示 HTML 表单中的密码域，即 <input type="password"> 元素
Input Radio	表示 HTML 表单中的单选按钮，即 <input type="radio"> 元素
Input Reset	表示 HTML 表单中的重置按钮，即 <input type="reset"> 元素
Input Submit	表示 HTML 表单中的提交按钮，即 <input type="submit"> 元素
Input Text	表示 HTML 表单中的单行文本输入框，即 <input type="text"> 元素
TextArea	表示 HTML 表单中的多行文本输入框，即 <textarea> 元素
Select	表示 <select> 元素，即 HTML 表单中的下拉列表
Option	表示 <option> 元素，即下拉列表中的选项
Frame	表示 <frame> 元素，即 HTML 框架
Frameset	表示 <frameset> 元素，即 HTML 框架集
Iframe	表示 <iframe> 元素，即 HTML 内嵌框架

4. HTMLDocument 对象

Window 对象的 document 属性引用的 Document 对象既属于 BOM 对象，又属于 HTML

DOM 对象。

作为 HTML DOM 对象，Document 对象被称为 HTMLDocument 对象，表示处于 HTML DOM 树中顶层的文档节点，代表整个 HTML 文档。

HTMLDocument 对象提供如表 8.12 所示的属性和方法，可用来访问页面中的任意元素，或者创建新的元素。此外，HTMLDocument 对象也提供 DOM 节点对象具有的大部分属性和方法。

表 8.12　　　　　　　Document 对象的常用属性和方法（作为 HTML DOM 对象）

属性/方法	说　　明
all	返回文档中所有元素对象的集合（注：按 HTML 源代码顺序排列，下同）
anchors	返回文档中所有锚点（<a name="...">）对象的集合
forms	返回文档中所有表单（<form>）对象的集合
images	返回文档中所有图像（<img>）对象的集合
links	返回文档中所有超链接（<a href="...">）对象的集合
styleSheets	返回文档中所有样式表对象的集合。该集合既包括嵌入的样式表（<style type="text/css">），也包括链接的外部样式表（<link rel="stylesheet" type="text/css" href="..." />
body	返回对 <body> 元素对象的引用
documentElement	返回对 <html> 元素对象的引用
createElement(tag)	按指定标签名 tag 创建一个元素节点对象，并返回该新建对象的引用。如 document.createElement("p") 新建一个 <p> 元素
createTextNode(text)	以指定文本创建一个文本节点对象
createDocumentFragment()	创建一个表示文档片段的新文档对象，类似 Document 对象
getElementById(id)	获取第 1 个具有指定 id 属性值的页面元素对象引用
getElementsByName(name)	获取具有指定 name 属性值的页面元素对象集合
getElementsByTagName(tag)	获取具有标签名为 tag 的页面元素对象集合

8.2.3　访问集合对象

在 DOM 中，很多对象是集合对象，如 all、anchors、childNodes、forms、images 和 links 等集合对象。这些集合对象有表 8.13 所示的通用属性和方法。

表 8.13　　　　　　　　　　集合对象的通用属性和方法

属性/方法	说　　明
length	返回集合中对象的数目
item(index)	返回由参数 index 指定的对象。参数 index 可以是以下两种类型的值： （1）整数。是对象在集合中的索引号（从 0 开始），此时，可将集合视为数组。 （2）字符串。是页面元素对象的 name 或 id 属性值。若多个对象具有相同的 name 或 id 属性值，则该方法将返回一个集合
item(index,subIndex)	若 item(index) 将返回一个集合，则使用 item(index,subIndex) 返回该集合中由 subIndex 指定索引号的对象
tags(tag)	返回具有指定标签名 tag 的页面元素对象的集合

要访问集合中的对象，常使用以下三种方法之一。

（1）将集合对象视为数组对象，按访问数组元素方式访问，如 links[i] 等同于 links.item(i)。

（2）使用集合对象的 item() 方法访问具有指定 name 或 id 属性值的页面元素对象，如
item("sysu")。

（3）使用集合对象的 tags() 方法访问具有指定标签名的页面元素对象的集合。

例 8.9　（使用索引）显示当前 HTML 文档中出现的所有标签名。本例页面文档 s0809.htm
代码如下。

```
<!DOCTYPE html PUBLIC "-//W3C//DTD XHTML 1.0 Strict//EN"
"http://www.w3.org/TR/xhtml1/DTD/xhtml1-strict.dtd">
<html xmlns="http://www.w3.org/1999/xhtml"><head><title>例8.9 </title></head><body>
<p><a href="http://www.sysu.edu.cn"><img alt="sysu" src="zsu.gif" width="283" height=
"84"/></a>
<a href="http://www.pconline.com.cn/">太平洋电脑城</a></p>
<hr/><h3>本文档使用了以下 HTML 标签:</h3><pre>
<script type="text/javascript">
    var i,cell;
    for(i=0;i<document.all.length;i++)
    {//遍历文档中的所有标签
        cell=document.all[i];
        if(i>0) document.write(",");
        document.write(cell.tagName);//输出页面元素标签名
    }
</script>
</pre></body></html>
```

（1）由于脚本程序要访问页面中的所有元素信息，因此将脚本块放在这些页面元素
之后。

（2）本例执行效果如图 8.6 所示，易知 IE 浏览器将元素标签名处理为大写字母形式。

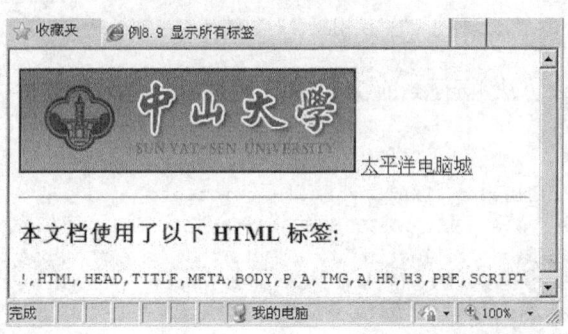

图 8.6　使用集合 all 访问文档中的所有元素

例 8.10　（使用 item 方法）显示当前 HTML 文档中具有指定 id 的超链接地址。本例页面
文档 s0810.htm 代码如下。

```
<!DOCTYPE html PUBLIC "-//W3C//DTD XHTML 1.0 Strict//EN"
"http://www.w3.org/TR/xhtml1/DTD/xhtml1-strict.dtd">
<html xmlns="http://www.w3.org/1999/xhtml"><head><title>例8.10 </title></head><body>
<p><span>中山大学</span>的主页地址是
```

```
< a id="sysu" href="http://www.sysu.edu.cn">http://www.sysu.edu.cn</a>。</p>
<p><span>清华大学</span>的主页地址是
<a id="tsinghua" href="http://www.tsinghua.edu.cn">http://www.tsinghua.edu.cn</a>。</p>
<pre>
<script type="text/javascript">
    document.writeln("本页面有以下超链接地址:");
    for(var i=0;i<document.links.length;i++)
    {//遍历所有超链接
        document.writeln(document.links[i].href);
    }
    document.writeln("其中,");
    document.write("    中山大学的网址是 ");
    document.writeln(document.links.item("sysu").href);
    document.write("    清华大学的网址是 ");
    document.writeln(document.links.item("tsinghua").href);
</script>
</pre></body></html>
```

使用集合对象的 item( ) 方法可以访问指定 id 的页面元素。

本例页面显示效果如图 8.7 所示。

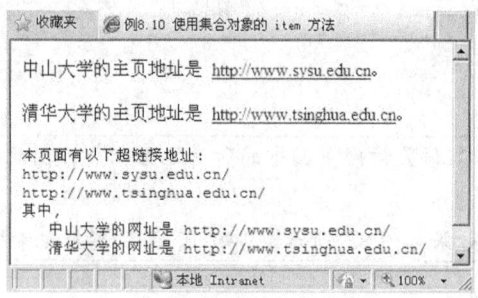

图 8.7　使用集合对象的 item 方法

例 8.11　（使用 tags 方法）显示当前 HTML 文档中 <p> 段落的数目。本例页面文档 s0811.htm 代码如下。

```
<!DOCTYPE html PUBLIC "-//W3C//DTD XHTML 1.0 Strict//EN"
"http://www.w3.org/TR/xhtml1/DTD/xhtml1-strict.dtd">
<html xmlns="http://www.w3.org/1999/xhtml"><head><title>例 8.11 </title></head><body>
<p>tags Method retrieves a collection of objects that have the specified HTML tag name. </p>
<p>collElements = object.tags(sTag)</p><p>sTag specifies an HTML tag. It can be any
one of the objects exposed by the DHTML Object Model. </p>
<pre>
<script type="text/javascript">
    var ps;
    ps = document.all.tags("p");
    document.writeln("本文档含有"+ps.length+"个 p 段落。");
</script>
</pre></body></html>
```

尽管 HTML DOM 将元素标签名处理为大写字母形式，但在调用 tags( ) 方法时仍然必须使用小写标签名，即 tags("p")。

本例页面显示效果如图 8.8 所示。

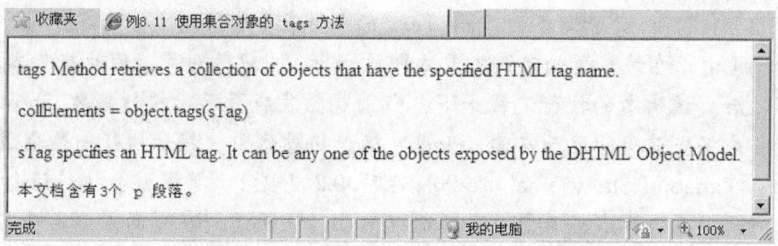

图 8.8　使用集合对象的 tags 方法

8.2.4　访问指定元素

使用 Document 对象的 getElementById(id)、getElementsByName(name) 或 getElementsBy TagName(tag) 方法可以访问 HTML 文档中具有指定 id、name 或标签名的元素。

在使用这几个方法时，注意以下 3 点。

（1）方法调用 document.getElementById(id) 和 document.getElementsByName(name) 类似于 document.all.item(id 或 name)，而方法调用 document.getElementsByTagName(tag) 等同于 document. all.tags(tag)。

（2）方法 getElementById(id) 返回一个元素对象，而方法 getElementsByName(name) 和 getElementsByTagName(tag) 返回一个可能包含多个元素对象的集合。

（3）IE 浏览器允许将 document.all.item(id) 简写为 ID 标识符，即直接使用 ID 标识符访问具有该 id 属性值的相应元素。

例 8.12　在页面上设计一个动态显示时间的电子时钟。本例页面文档 s0812.htm 代码如下。

```
<!DOCTYPE html PUBLIC "-//W3C//DTD XHTML 1.0 Strict//EN"
"http://www.w3.org/TR/xhtml1/DTD/xhtml1-strict.dtd">
<html xmlns="http://www.w3.org/1999/xhtml"><head><title>例 8.12 </title></head><body>
<p id="clock">此处将显示电子时钟的时间</p>
<script type="text/javascript">
    function ShowTime()
    {
        var now,clock_line,time_text;
        now=new Date();
        time_text = now.getHours()+":"+now.getMinutes()+":"+now.getSeconds();
        clock_line = document.getElementById("clock"); // 获取 clock 段落元素对象
        clock_line.innerText = time_text; //设置段落文本
        setTimeout("ShowTime();",200); //设置延时器
    }
    ShowTime();
</script>
</body></html>
```

（1）在 ShowTime() 函数中，使用 document.getElementById("clock") 获取 id 属性为 "clock" 的 <p> 段落元素对象。也可以直接使用 clock 访问该对象，即将以下两条语句：

```
        clock_line=document.getElementById("clock"); // 获取 clock 段落元素对象
        clock_line.innerText=time_text; //设置段落文本
```

改为以下 1 条语句：

```
clock.innerText=time_text; //设置段落文本
```

（2）HTML 元素对象的 innerText 的属性表示标签对（如<p>...</p>）之间的文本。

（3）由于在装载页面时脚本要立即访问 <p> 段落对象，因此将脚本块放在该 <p> 标签之后。该脚本的执行流程如下：当浏览器装载页面时执行函数 ShowTime()，这个函数首先将当前时间显示在由 "clock" 标识的段落中，然后执行一条生成一个延时器的语句 setTimeout("ShowTime();",200);延时 0.2 秒后，浏览器就会执行语句 ShowTime()，显示时间，再次生成延时器。如此循环不已，从而达到在页面左上角动态显示当前时间的效果。

8.2.5　访问相关元素

若已引用一个页面元素对象，则使用 DOM 节点对象的 parentNode、childNodes、firstChild、lastChild、previousSibling 或 nextSibling 属性可以访问相对于该页面元素的父、子或兄弟元素。

在使用这几个属性时，注意以下两点。

（1）任何 HTML 元素对象也是 DOM 节点对象，也具有 DOM 节点对象的方法和属性。

（2）在 HTML DOM 树中，除元素节点外，也存在其他类型的节点，如文档、文本节点等。

例 8.13　为页面编写脚本，显示该页面所有元素标签的嵌套层次。本例页面文档 s0813.htm 代码如下。

```
<!DOCTYPE html PUBLIC "-//W3C//DTD XHTML 1.0 Strict//EN"
"http://www.w3.org/TR/xhtml1/DTD/xhtml1-strict.dtd">
<html xmlns="http://www.w3.org/1999/xhtml"><head><title>例8.13 </title></head><body>
<h1>XML 教程</h1>
<hr /><div class="section"><h2>XML 简介</h2><p>XML 是可扩展标记语言（eXtensible Markup
Language）的缩写，主要用于传输和存储数据。</p><p>...</p></div>
<hr /><div class="section"><h2>XML 示例</h2><p>以下是几个 XML 实例：</p><p><span class=
"samplenum">例1</span>、<span class="samplenum">例2</span>、<span class="samplenum">
例3</span>、...</p></div>
<hr /><pre>
```

```
<script type="text/javascript">
    function ScanTree(tree_root,processNode)//遍历树
    {//参数 tree_root:树根节点;参数 processNode:处理节点的函数
        processNode(tree_root);  //处理节点
        for(var i=0;i<tree_root.childNodes.length;i++)
        {//遍历子节点
            ScanTree(tree_root.childNodes[i],processNode);
        }
    }
    function ShowElementTags(element_node)
    {//显示元素标签的层次信息
        if(element_node.nodeType!=1) return;//排除其他类型的节点
        var marks="";
        marks += GetAncestorsMarkOf(element_node);//收集祖先元素标签
        if(marks!="")marks += " → ";
        marks += GetLeftSiblingsMarkOf(element_node);//收集左兄弟元素标签
```

```
            marks += "["+GetMarkOf(element_node)+"]";//收集当前元素标签
            marks += GetRightSiblingsMarkOf(element_node);//收集右兄弟元素标签
            document.writeln(marks);
        }
        function GetAncestorsMarkOf(element_node)
        {//返回所有祖先元素标签的字符串表示,如 <html><body>
            var marks="";
            var parent_node=element_node.parentNode;//取父节点
            while(parent_node!=null)
            {//遍历所有父节点
                //只收集元素节点(注:最顶层是文档节点)
                if(parent_node.nodeType==1) marks = GetMarkOf(parent_node) + marks;
                parent_node=parent_node.parentNode;
            }
            return marks;
        }
        function GetLeftSiblingsMarkOf(element_node)
        {//返回所有左兄弟元素标签的字符串表示,如 <p>
            var marks="";
            var left_sibling=element_node.previousSibling; //取左兄弟节点
            while(left_sibling!=null)
            {//遍历左兄弟节点
                //只收集元素节点
                if(left_sibling.nodeType==1) marks = GetMarkOf(left_sibling) + marks;
                left_sibling=left_sibling.previousSibling;
            }
            return marks;
        }
        function GetRightSiblingsMarkOf(element_node)
        {//返回所有右兄弟元素标签的字符串表示,如 <p>
            var marks="";
            var right_sibling=element_node.nextSibling; //取左兄弟节点
            while(right_sibling!=null)
            {//遍历右兄弟节点
                //只收集元素节点
                if(right_sibling.nodeType==1) marks += GetMarkOf(right_sibling);
                right_sibling=right_sibling.nextSibling;
            }
            return marks;
        }
        function GetMarkOf(element)
        {//返回元素标签的字符串表示,如 <p>
            return "&lt;"+element.tagName.toLowerCase()+"&gt;";
        }
    ScanTree(document.documentElement,ShowElementTags);//遍历 <html> 节点树
</script>
</pre></body></html>
```

　　本例页面显示效果如图 8.9 所示，每行显示一个元素的标签嵌套结构。其中，当前元素的标签用方括号 [] 标注，其左右两边分别是其左右兄弟元素的标签，而箭头符 "→" 左边的标签序列是其所有祖先标签。

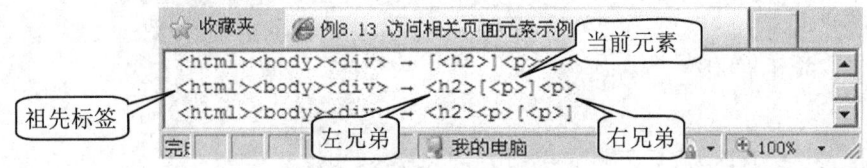

图 8.9　显示页面元素标签的层次结构

说明

（1）递归函数 ScanTree(tree_root,processNode) 用于遍历根为 tree_root 的所有树节点，并且使用由参数 processNode 指定的函数（注：引用函数对象）处理节点。

（2）函数 ShowElementTags(element_node) 用于显示元素标签的层次信息。

（3）函数 GetAncestorsMarkOf(element_node) 使用元素对象的 parentNode 属性访问所有祖先元素。

（4）函数 GetLeftSiblingsMarkOf(element_node) 使用元素对象的 previousSibling 属性访问所有左兄弟元素。

（5）函数 GetRightSiblingsMarkOf (element_node) 使用元素对象的 nextSibling 属性访问所有右兄弟元素。

8.3　操纵 HTML DOM 对象

由于 HTML DOM 将 HTML 文档表示为一棵 DOM 对象树，每个节点对象表示文档的特定部分，因此通过修改这些对象，就可以动态改变页面元素的属性；而通过添加、删除、替换、复制特定的节点，就可以为页面动态添加、删除、替换、复制相应的页面元素。

8.3.1　处理元素的属性

要处理元素的属性，既可以使用元素对象的属性处理方法，也可以直接使用元素对象的相应属性。

1. 使用元素对象的属性处理方法

对应于 HTML 标签的属性，使用 DOM 节点对象的 getAttribute(name)、setAttribute(name, value) 和 removeAttribute(name) 方法可以访问、添加、修改和删除 HTML 元素的任意属性。

例 8.14　为页面编写脚本，将页面中的所有超链接的链接地址改为链接空白页面（即 about:blank）。本例页面文档 s0814.htm 代码如下。

```
<!DOCTYPE html PUBLIC "-//W3C//DTD XHTML 1.0 Strict//EN"
"http://www.w3.org/TR/xhtml1/DTD/xhtml1-strict.dtd">
<html xmlns="http://www.w3.org/1999/xhtml"><head><title>例 8.14 </title></head><body>
<p><a name="zsu">中山大学</a>的主页地址是
<a href="http://www.sysu.edu.cn">http://www.sysu.edu.cn</a>。</p>
<p>清华大学的主页地址是<a href="http://www.tsinghua.edu.cn"> http://www. tsinghua.edu.
cn</a>。</p>
<script type="text/javascript">
    var links=document.getElementsByTagName("a");
    for(var i=0;i<links.length;i++)
```

```
    {
        if(links[i].getAttribute("href")==null) continue; //排除锚点
        links[i].setAttribute("href","about:blank");//链接空白页面
    }
</script>
</body></html>
```

（1）易知，本例页面显示时，单击其超链接只能显示空白页面（即 about:blank）。

（2）由于 document.getElementsByTagName("a") 返回的集合不仅包括超链接元素 <a href= "...">，也包括锚点元素 <a name= "...">，因此要排除不带超链接的锚点。

2. 直接使用元素对象的属性

为了便于处理元素的属性，HTML DOM 已将许多 HTML 属性直接定义为元素对象的属性。这样的属性包括以下两类。

（1）HTMLElement 对象提供对应于 HTML 通用属性的属性，即 id、className（注：对应于 HTML 属性 class）、style、title、dir 和 lang 等。

（2）特定 HTML 元素对象提供对应于特定 HTML 元素的属性，如 Anchor 对象的 href 属性对应于 <a href= "..."> 元素的 href 属性（注：若在 HTML 代码中没有指定 href 属性，则相应对象仍然有 href 属性，其值为空串 ""）。

因此，可以将上例中的以下两条语句：

```
        if(links[i].getAttribute("href")==null) continue; //排除锚点
        links[i].setAttribute("href","about:blank");//链接空白页面
```

改为：

```
        if(links[i].href=="") continue; //排除锚点
        links[i].href="about:blank";//链接空白页面
```

8.3.2　创建元素

1. 创建元素的一般方法

创建元素的一般方法是：先使用 document 对象的 createElement(tag)、createTextNode(text) 等方法创建节点对象，然后使用指定元素对象的 appendChild(node)、insertBefore(node,[refnode]) 等方法将新建元素添加到该元素内的指定位置。

例 8.15　为页面编写脚本，采用创建元素方式使页面只显示 "Hello World!"。本例页面文档 s0815.htm 代码如下。

```
<!DOCTYPE html PUBLIC "-//W3C//DTD XHTML 1.0 Strict//EN"
"http://www.w3.org/TR/xhtml1/DTD/xhtml1-strict.dtd">
<html xmlns="http://www.w3.org/1999/xhtml"><head><title>例8.15 </title></head><body>
<script type="text/javascript">
    var new_para=document.createElement("p"); //创建 <p> 元素节点
    var p_text=document.createTextNode("Hello World!"); //创建文本节点
    new_para.appendChild(p_text); //为 <p> 元素节点附加文本节点
    document.body.appendChild(new_para); //为 <body> 元素节点附加 <p> 元素节点
</script>
</body></html>
```

（1）HTML DOM 使用文本（Text）节点对象表示段落元素标签对（<p>...</p>）之间处于任何 HTML 标签之外的文本。注意：在元素节点中可能有多个文本子节点，如元素 "<p>变量<var>x</var>的值是 200</p>" 有 2 个文本子节点 "变量"、"的值是 200"；而 "x" 是元素 "<var>x</var>" 的文本子节点。

（2）当把节点添加到 document.body（或其他后代元素）对象时，浏览器将自动更新页面显示。

2. 使用文档片段对象

当需要为元素添加大量连续的子元素时，通常需要使用 document 对象的 createDocumentFragment() 方法，以提高浏览器更新页面显示的速度。也就是，先创建一个文档片段对象，然后将所有新节点附加到该对象中，然后把该对象的内容一次性添加到 document 对象的某个后代对象中。

例 8.16 为页面编写脚本，使用文档片段对象显示 6 级标题。本例页面文档 s0816.htm 代码如下。

```
<!DOCTYPE html PUBLIC "-//W3C//DTD XHTML 1.0 Strict//EN"
"http://www.w3.org/TR/xhtml1/DTD/xhtml1-strict.dtd">
<html xmlns="http://www.w3.org/1999/xhtml"><head><title>例 8.16 </title></head><body>
<script type="text/javascript">
    var docFragment = document.createDocumentFragment();//创建文档片段对象
    for(var i=1;i<=6;i++)
    {//创建 6 级标题
        var new_h = document.createElement("h"+i); //创建 <h> 元素节点
        var p_text = document.createTextNode("标题"+i);
        new_h.appendChild(p_text);
        docFragment.appendChild(new_h);//将 <h> 元素节点附加到文档片段对象中
    }
    document.body.appendChild(docFragment);  //为 <body> 元素节点附加文档片段对象中的子节点
</script>
</body></html>
```

方法调用 document.body.appendChild(docFragment) 不是把文档片段对象本身附加到 <body> 对象中，而是附加文档片段对象中的子节点。

8.3.3 删除元素

要删除指定的元素，可以使用其父元素对象的 removeChild(node) 方法。

例 8.17 为页面编写脚本，删除页面中的所有水平线。本例页面文档 s0817.htm 代码如下。

```
<!DOCTYPE html PUBLIC "-//W3C//DTD XHTML 1.0 Strict//EN"
"http://www.w3.org/TR/xhtml1/DTD/xhtml1-strict.dtd">
<html xmlns="http://www.w3.org/1999/xhtml"><head><title>例 8.17 </title></head><body>
<h1>XML 教程</h1>
<hr /><h2>XML 简介</h2><p>...</p>
<hr /><h2>XML 示例</h2><p>...</p>
<script type="text/javascript">
    var hrs = document.getElementsByTagName("hr");//获取所有 <hr> 元素
    for(var i=hrs.length-1;i>=0;i--)
    {//由后至前删除
```

```
            var hr=hrs[i];
            hr.parentNode.removeChild(hr);//删除水平线元素
    }
</script>
</body></html>
```

（1）方法 removeChild(node) 要求：若要删除节点 node，则只能通过 node 的父节点。
（2）每次执行 hrs[i].parentNode.removeChild(hrs[i]) 时，被删除的元素也将从集合 hrs 中删除，因此删除顺序必须是由后至前，即 for(var i=hrs.length−1;i>=0;i−−)，而不能由前至后，即 for(var i=0;i< hrs.length;i++)。

8.3.4　替换元素

要将新的元素替换旧的元素，可以使用旧元素的父元素对象的方法 replaceChild(newnode, oldnode)。

例 8.18　为页面编写脚本，将页面中的所有水平线替换为一个小图片。本例页面文档 s0818.htm 代码如下。

```
<!DOCTYPE html PUBLIC "-//W3C//DTD XHTML 1.0 Strict//EN"
"http://www.w3.org/TR/xhtml1/DTD/xhtml1-strict.dtd">
<html xmlns="http://www.w3.org/1999/xhtml"><head><title>例 8.18 </title></head><body>
<h1>XML 教程</h1>
<hr /><h2>XML 简介</h2><p>...</p>
<hr /><h2>XML 示例</h2><p>...</p>
<script type="text/javascript">
    var hrs = document.getElementsByTagName("hr");//获取所有 <hr> 元素
    for(var i=hrs.length-1;i>=0;i--)
    {//由后至前替换
        var img = document.createElement("img"); //创建 <img> 元素节点
        img.src = "waveline.gif"; //为 <img> 元素指定 src 属性
        hrs[i].parentNode.replaceChild(img,hrs[i]);//替换子节点
    }
</script>
</body></html>
```

与方法 removeChild(node) 类似，同样需要借助父元素才能实现元素的替换。

8.3.5　复制元素

使用元素对象的 cloneNode(deep) 方法将生成一个与该元素对象内容相同的副本对象，该副本对象没有父节点，即其 parentNode 属性为 null。此外，深复制（参数 deep 为 true）将递归地复制所有子节点，而浅复制（参数 deep 为 false）只复制节点本身。

例 8.19　为页面编写脚本，将页面中的一个小图片重复显示 5 次。本例页面文档 s0819.htm 代码如下。

```
<!DOCTYPE html PUBLIC "-//W3C//DTD XHTML 1.0 Strict//EN"
"http://www.w3.org/TR/xhtml1/DTD/xhtml1-strict.dtd">
```

```
<html xmlns="http://www.w3.org/1999/xhtml"><head><title>例 8.19 </title></head><body>
<p><img id="img1" alt="" src="waveline.gif" width="107" height="5" /></p>
<script type="text/javascript">
    for(var i=0;i<4;i++)
    {//复制 4 次
        var cloned_img = img1.cloneNode(); //复制 <img> 元素
        cloned_img.id="img"+(i+2); //修改副体 <img> 元素的 id 属性
        img1.parentNode.appendChild(cloned_img);//重复显示
    }
</script>
</body></html>
```

（1）由于 <img> 元素没有子元素节点，因此该元素的深复制与浅复制效果相同。

（2）当直接使用 id 访问元素时，要求该 id 在整个 HTML 文档中是唯一的。由于通过 cloneNode(deep) 生成的副本元素与原元素具有相同的 id 属性，因此有必要修改副本元素的 id 属性。

8.3.6　移动元素

当使用 appendChild(node)、insertBefore(node,[refnode]) 等方法为页面添加元素时，如果被添加的元素对象在当前 HTML DOM 树中已经存在，那么它将从原来的位置移出，插入到新的位置。

例 8.20　为页面编写脚本，将页面体的第 1 个元素移至末尾。本例页面文档 s0820.htm 代码如下。

```
<!DOCTYPE html PUBLIC "-//W3C//DTD XHTML 1.0 Strict//EN"
"http://www.w3.org/TR/xhtml1/DTD/xhtml1-strict.dtd">
<html xmlns="http://www.w3.org/1999/xhtml"><head><title>例 8.20 </title></head><body>
<p>1111111111111</p><p>2222222222222</p><p>3333333333333</p>
<script type="text/javascript">
    document.body.appendChild(document.body.firstChild);//将第 1 个元素移到末尾
</script>
</body></html>
```

方法调用 document.body.appendChild(document.body.firstChild) 的效果是先将 document. body.firstChild 引用的第 1 个 <p> 元素从第 1 行移出，然后将该元素附加到 document.body 的末尾，如图 8.10 所示。

图 8.10　移动页面元素示例

8.3.7　使用 innerText、innerHTML、outerText 和 outerHTML 属性

操纵元素的另一种方法是使用元素对象的 innerText、innerHTML、outerText 和 outerHTML

属性，这几个属性都是可读写的。

1. innerHTML 属性

元素对象的 innerHTML 属性表示元素标签对之间的所有 HTML 代码。当为 innerHTML 属性赋值时，指定的 HTML 代码将替换标签对之间的所有内容，从而可以创建、删除或替换子元素。

例 8.21　为页面编写脚本，通过为 innerHTML 属性赋值使页面只显示 "Hello World!"。本例页面文档 s0821.htm 代码如下。

```
<!DOCTYPE html PUBLIC "-//W3C//DTD XHTML 1.0 Strict//EN"
"http://www.w3.org/TR/xhtml1/DTD/xhtml1-strict.dtd">
<html xmlns="http://www.w3.org/1999/xhtml"><head><title>例8.21 </title></head><body>
<script type="text/javascript">
    document.body.innerHTML = "<p>Hello World!</p>";
</script>
</body></html>
```

2. outerHTML 属性

元素对象的 outerHTML 属性表示元素的所有 HTML 代码（注：也包括元素自己的标签）。当为 outerHTML 属性赋值时，指定的 HTML 代码将替换该元素及其所有子元素，从而可以删除或替换该元素。

例 8.22　为页面编写脚本，去除页面中的所有超链接。本例页面文档 s0822.htm 代码如下。

```
<!DOCTYPE html PUBLIC "-//W3C//DTD XHTML 1.0 Strict//EN"
"http://www.w3.org/TR/xhtml1/DTD/xhtml1-strict.dtd">
<html xmlns="http://www.w3.org/1999/xhtml"><head><title>例8.22 </title></head><body>
<p><a>中山大学</a>的主页地址是<a href="http://www.sysu.edu.cn"> http://www.
sysu.edu.cn</a>。</p>
<p>清华大学的主页地址是<a href="http://www.tsinghua.edu.cn"> http://www.tsinghua.
edu.cn</a>。</p>
<script type="text/javascript">
    var links=document.getElementsByTagName("a");
    for(var i=links.length-1;i>=0;i--)
    {
        if(links[i].getAttribute("href")==null) continue; //排除锚点
        links[i].outerHTML = "<span>"+links[i].innerHTML+"</span>";
    }
</script>
</body></html>
```

　　　使用赋值语句 "links[i].outerHTML = "<span>"+links[i].innerHTML+"</span>"" 的效果是将超链接的 <a> 标签改为 <span> 标签，从而既可以去除超链接，也可以保留超链接的文字或图像。

3. innerText 属性

元素对象的 innerText 属性表示元素标签对之间的文本（注：可以理解为元素对象中所有后代文本对象中文本的连接）。当为该属性赋值时，指定的文本将替换标签对之间的所有内容，从而可以删除元素中的所有子元素，只包含文本。

4. outerText 属性

对于元素对象的 outerText 属性，当读取时，其值与 innerText 相同；当为该属性赋值时，指定的文本将替换该元素，即将该元素节点替换为一个文本节点。

例 8.23　为页面编写脚本，将页面中的图像元素替换为相应 <img> 元素的 HTML 代码。本例页面文档 s0823.htm 代码如下。

```
<!DOCTYPE html PUBLIC "-//W3C//DTD XHTML 1.0 Strict//EN"
"http://www.w3.org/TR/xhtml1/DTD/xhtml1-strict.dtd">
<html xmlns="http://www.w3.org/1999/xhtml"><head><title>例 8.23 </title></head><body>
<p>制作 GIF 动画的方法是按一定间隔时间( 如 1 秒)连续显示若干相关图像,如连续显示以下图像<img alt=""
src="image_1.gif" width="90" height="90" />、<img alt="" src="image_2.gif" width="90"
height="90" />、<img alt="" src="image_3.gif" width="90" height="90" />。</p>
```
```
<script type="text/javascript">
    var images=document.getElementsByTagName("img");
    for(var i=images.length-1;i>=0;i--)
    {
        images[i].outerText = images[i].outerHTML;
    }
</script>
</body></html>
```

> **说明**　当为 innerText 或 outerText 属性赋值时，文本中的 "<"、">" 等特殊符号将自动转换为 HTML 转义字符，不会处理为 HTML 标签。

5. innerText、innerHTML、outerText 和 outerHTML 属性的异同

对于以下一个 HTML 代码片段：

```
<div><p><b>Hello</b> World!</p></div>
```

若变量 p 是对元素 "<p><b>Hello</b> World!</p>" 的引用，则表 8.14 列出了以下信息：（1）第 2 列是读取 p.innerText、p.innerHTML、p.outerText 和 p.outerHTML 的返回值；（2）当将字符串 "<b>您好</b> 世界!" 分别赋值给 p.innerText、p.innerHTML、p.outerText 和 p.outerHTML 时，第 3 列显示了上述元素 <div> 代码片段的变化效果。

表 8.14　读取和设置 innerText、innerHTML、outerText、outerHTML 属性的异同示例

属　　性	读　取　值	赋值 "<b>您好</b> 世界!"的效果
p.innerText	"Hello World!"	<div><p><b>您好</b>世界!</p></div>
p.innerHTML	"<b>Hello</b> World!"	<div><p><b>您好</b> 世界!</p></div>
p.outerText	"Hello World!"	<div><b>您好</b>世界!</div>
p.outerHTML	"<p><b>Hello</b> World!</p>"	<div><b>您好</b> 世界!</div>

8.4　使用样式对象

HTML DOM 也支持 CSS 样式技术，可以使用 Style、StyleSheet 和 CurrentStyle 等样式对象操纵 HTML 页面的内嵌样式、嵌入样式表和链接外部样式表。

8.4.1　Style 对象

每个元素对象都有一个 style 属性，使用这个属性就可以动态调整元素的内嵌样式，从而获得所需要的效果。如：

```
element.style.color = "red";          //设置前景色为红色
element.style.fontFamily = "隶书";     //设置字体为隶书
```

实际上，元素对象的 style 属性引用一个 Style 对象。该对象包含与每个 CSS 样式属性相对应的属性，并且这些对象属性名与 CSS 样式属性名基本相同，其对应关系如下。

（1）若 CSS 样式属性名是单个单词，则相对应的对象属性名与之同名。例如，对象属性 style.background、style.color 分别表示 CSS 样式属性 background、color。

（2）若 CSS 样式属性名是多个单词的连接，则去掉 CSS 属性名中的连字号（即 "-" 号），并且将第 2 个及后续单词的首字母改为大写形式，就成为相对应的对象属性名（注：这种命名风格称为 "驼峰式"）。例如，对象属性 style.fontFamily、style.fontSize、style.borderTopColor 分别表示 CSS 样式属性 font-family、font-size、border-top-color。

例 8.24　制作一个页面，通过 JavaScript 脚本设置一个段落的显示格式。本例页面文档 s0824.htm 代码如下。

```
<!DOCTYPE html PUBLIC "-//W3C//DTD XHTML 1.0 Strict//EN"
"http://www.w3.org/TR/xhtml1/DTD/xhtml1-strict.dtd">
<html xmlns="http://www.w3.org/1999/xhtml"><head><title>例 8.24 </title></head><body>
<p id="pText">本段格式由 JavaScript 脚本设置。</p>
<script type="text/javascript">
    pText.style.background = "gray";          //设置背景色为灰色
    pText.style.color = "red";                //设置前景色为红色
    pText.style.fontFamily = "隶书";          //设置字体为隶书
    pText.style.fontSize = 40;                //设置字体大小为 40
</script>
</body></html>
```

易知，该页面显示效果如图 8.11 所示。

图 8.11　操纵内嵌样式示例

8.4.2　StyleSheet 对象

文档（Document）对象的属性 styleSheets 引用一个 StyleSheet 对象集合，而每个 StyleSheet 对象表示 HTML 文档中的一个独立样式表，即嵌入的样式表(<style>)或链接的外部样式表(<link rel="stylesheet" href="..." />。

StyleSheet 对象有表 8.15 所示的常用属性和方法。

表 8.15　　　　　　　　　　StyleSheet 对象的常用属性和方法

属性/方法	说　　明
rules	引用一个 Rule 对象集合，包括样式表定义的所有样式规则。而每个 Rule 对象有以下 2 个主要属性。 （1）selectorText：表示选择器； （2）style：引用一个 Style 对象，表示样式规则中的样式声明
id	返回元素的 ID 标识符
disabled	设置或获取是否禁用样式表

属性/方法	说　明
href	设置或获取链接外部样式表的 URL
addRule(sSelector, sStyle)	为样式表添加样式规则。其中，sSelector 是选择器，而 sStyle 是样式声明
removeRule (iIndex)	删除指定索引号 iIndex 的样式规则

例 8.25　在一个 HTML 文档中，通过 JavaScript 脚本为第 1 个嵌入样式表添加一条样式规则，并显示该样式表中的所有样式规则。本例页面文档 s0825.htm 代码如下。

```
<!DOCTYPE html PUBLIC "-//W3C//DTD XHTML 1.0 Strict//EN"
"http://www.w3.org/TR/xhtml1/DTD/xhtml1-strict.dtd">
<html xmlns="http://www.w3.org/1999/xhtml"><head><title>例 8.25 </title>
<style type="text/css">
.university_name { font-weight: bold; }
</style>
</head><body>
<p><span class="university_name">中山大学</span>的主页地址是<a href="http://www.sysu.
edu.cn"> http://www.sysu.edu.cn</a>。</p><p><span class="university_name">清华大学</span>
的主页地址是<a href="http://www.tsinghua.edu.cn">http://www.tsinghua.edu.cn</a>。</p><pre>
<script type="text/javascript">
    var sytleSheet=document.styleSheets[0]; //引用文档中第 1 个嵌入样式表
    sytleSheet.addRule("a","text-decoration: none;");//添加样式规则
    document.writeln("本页面第 1 个样式表定义了以下 "+ sytleSheet.rules.length +" 条样式规则:");
    for(var i=0;i<sytleSheet.rules.length;i++)
    {//依次访问每个样式规则
        var rule=sytleSheet.rules[i];
        document.writeln(rule.selectorText+"{"+rule.style.cssText+"}" );
    }
</script>
</pre></body></html>
```

Style 对象的 cssText 属性返回样式声明的字符串表示。

易知，本例页面显示效果如图 8.12 所示。

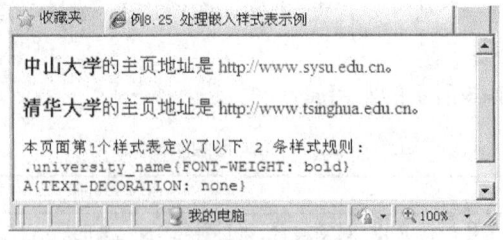

图 8.12　处理嵌入样式表示例

例 8.26　设计一个如图 8.13 所示的页面，当单击超链接"小字体"时，页面效果如左图所示，而当单击超链接"大字体"时，页面效果如右图所示。要求这两种显示格式用两个不同外部样式表文件控制。

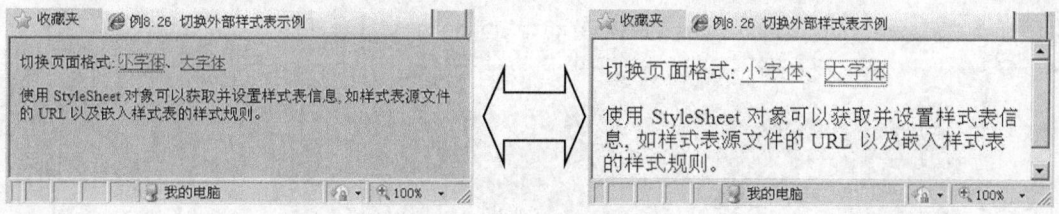

图 8.13　切换外部样式表示例

第 1 步：编制第 1 个外部样式表文件 s0826A.css，内容大致如下。

```
body {
    background-color:silver;    /* 银灰色背景 */
    font-size: small;
}
```

第 2 步：编制第 2 个外部样式表文件 s0826B.css，内容大致如下。

```
body {
    background-color:white;    /* 白色背景 */
    font-size:large;
}
```

第 3 步：编制页面文档 s0826.htm，代码如下。

```
<!DOCTYPE html PUBLIC "-//W3C//DTD XHTML 1.0 Strict//EN"
"http://www.w3.org/TR/xhtml1/DTD/xhtml1-strict.dtd">
<html xmlns="http://www.w3.org/1999/xhtml"><head><title>例 8.26 </title>
<link id="sheet" rel="stylesheet" type="text/css" href="s0826A.css" />
</head><body>
<p>切换页面格式：
<a href="Javascript:void(sheet.href='s0826A.css')">小字体</a>、
<a href="Javascript:void(document.styleSheets['sheet'].href='s0826B.css')">大字体</a>
</p><p>使用 StyleSheet 对象可以获取并设置样式表信息，如样式表源文件的 URL 以及嵌入样式表的样式
规则。</p>
</body></html>
```

（1）本例 JavaScript 脚本中，sheet 是对其 id 属性为 "sheet" 的 <link> 元素对象的引用。若要访问与之对应的 StyleSheet 对象，则访问集合元素 document.styleSheets['sheet']。这两种对象都有 href 属性，表示链接外部样式表的 URL。

（2）使用单目运算符 void 的目的是为了避免当前浏览器窗口显示 sheet.href 的值。

8.4.3　CurrentStyle 对象

除 style 属性以外，每个元素对象也有一个 currentStyle 属性引用一个 CurrentStyle 对象。CurrentStyle 对象与 Style 对象具有几乎相同的属性和方法，不过，style 属性只是表示元素的内嵌样式，而 currentStyle 对象表示页面中所有样式声明（包括内嵌样式和样式表）按 CSS 层叠规则作用于 HTML 元素的最终样式，此外，currentStyle 对象的属性都是只读的。

例 8.27　在一个 HTML 文档中，已使用嵌入样式表和内嵌样式为一个超链接定义了样式，请通过编写 JavaScript 脚本显示这个超链接的最终样式。本例页面文档 s0827.htm 代码如下。

```
<!DOCTYPE html PUBLIC "-//W3C//DTD XHTML 1.0 Strict//EN"
"http://www.w3.org/TR/xhtml1/DTD/xhtml1-strict.dtd">
```

```
<html xmlns="http://www.w3.org/1999/xhtml"><head><title>例 8.27 </title>
<style type="text/css">
a {
    font-family: 隶书;
    text-decoration: none;
}
</style>
</head><body>
<p><a id="sysu_link" style="text-decoration: underline" href="http://www.sysu.edu.cn">
中山大学</a>
有多个校区。</p><pre>
<script type="text/javascript">
    document.writeln("本例超链接的最终样式是: ");
    document.writeln("    font-family:"+sysu_link.currentStyle.fontFamily);
    document.writeln("text-decoration:"+sysu_link.currentStyle.textDecoration);
</script>
</pre></body></html>
```

本例页面显示效果如图 8.14 所示。

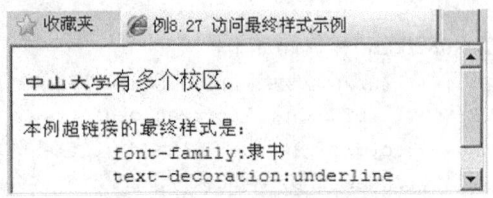

图 8.14   访问最终样式示例

　　　根据 CSS 样式层叠规则，易知本例超链接（其 id 属性为"sysu_link"）的 font-family 属性为"隶书"（注：嵌入样式表定义），而 text-decoration 属性为 "underline"（注：嵌入样式表中的样式规则"text-decoration: none "被内嵌样式声明"text-decoration: underline"覆盖）。

习　　题

一、判断题

（1）在 BOM 对象模型中，最顶层对象是 Document 对象。

（2）方法调用 document.write("Hello") 等同于 window.document.write("Hello") 。

（3）Window 对象的两个方法 scrollTo(x,y) 和 scrollBy(x,y) 含义相同。

（4）Window 对象的两个方法 setTimeout(exp,time) 和 setInterval(exp,time) 含义相同。

（5）Navigator 对象的任何属性都可以被赋值。

（6）通过 History 对象可以直接访问已经访问过页面的实际 URL。

（7）Window 对象与 Document 对象都有 open( ) 方法，两者含义相同。

（8）DOM 技术只用于处理 HTML 文档。

（9）在 HTML DOM 树中，文档（Document）对象是最顶层节点对象。

（10）对于 HTML 文档的任何元素对象，其属性 nodeName 和 tagName 都是返回相应 HTML 元素的标签名。

（11）Document 对象有 head 属性，用于访问 \<head\> 元素。

（12）通过 Document 对象的集合属性 all 可以访问 HTML 文档的所有元素。

（13）IE 浏览器允许将 document.all.item(id) 简写为 ID 标识符，即直接使用 ID 标识符访问具有该 id 属性值的相应元素。

（14）对 DOM 对象的两种方法调用形式 appendChild(node) 和 insertBefore(node) 含义相同。

（15）若 p 是对某个 HTML 元素对象的引用，则属性访问 p.innerText 和 p.outerText 将返回相同的内容。

（16）已知 border-left-color 是一个 CSS 样式属性名，则 Style 对象相应地有一个名为 borderLeftColor 的属性。

（17）使用 document 对象的集合属性 styleSheets 只能访问 HTML 文档中的嵌入样式表，不能访问链接的外部样式表。

（18）CurrentStyle 对象与 Style 对象类似，其属性既可以读取，也可以被赋值。

二、单选题

（1）可以直接使用属性名和方法名来访问 window 对象的属性和方法，而不用加上对象名 window，这是因为_____。

    A．window 对象是浏览器对象模型中的顶层对象

    B．window 对象的属性和方法被认为是 navigator 对象的一部分

    C．实际上，并不存在 window 对象

    D．浏览器认为 window 对象是 document 对象的一部分

（2）navigator 对象的_____属性返回当前浏览器的名称。

    A．appCodeName   B．appName   C．platform   D．name

（3）不能使用 location 对象的以下_____属性或方法装载由 url 指定的页面。

    A．href   B．URL   C．assign(url)   D．replace(url)

（4）方法调用 history.go(-1) 等同于以下_____方法调用。

    A．history.back()   B．history.go(0)   C．history.go(1)   D．history.forward()

（5）document 对象的_____属性返回当前文档的完整 URL。

    A．domain   B．referrer   C．URL   D．title

（6）不能使用以下_____语句装载由 url 指定的页面。

    A．window.navigate(url)   B．location.href=url

    C．document.URL=url   D．location.assign(url)

（7）document 对象的 writeln() 方法与 write() 方法的区别在于_____。

    A．writeln() 方法在行尾附加一个标签 \<br /\>

    B．writeln() 方法在行尾附加一个标签 \<p /\>

    C．writeln() 方法在行尾附加一个换行符

    D．没有区别

（8）以下关于 DOM 树的论述中，哪个不正确？

    A．只有一个根节点   B．除根节点外，每个节点只有一个父节点

    C．元素节点可以包含子节点   D．文本节点可以包含子节点

（9）以下关于 DOM 节点对象的论述中，哪个不正确？

    A. 文档节点的 nodeName 属性返回 #document

    B. 文本节点的 nodeName 属性返回 #text

    C. 通过为文本节点的 nodeValue 属性赋值，可以改变文本节点中的文本

    D. 通过为 DOM 节点的 nodeType 属性赋值，可以改变节点的类型

（10）以下关于 HTML 元素对象的论述中，哪个正确？

    A. 元素对象的两个属性 childNodes 和 children 返回相同的集合

    B. 元素对象的两个属性 nodeName 和 tagName 返回相同的值

    C. class 和 className 是元素对象的属性，都返回元素的 class 属性

    D. 若元素对象的 canHaveChildren 属性为 true，则其 childNodes 集合非空

（11）若一个元素的 id 属性值是 "sysu"，则不能通过以下哪个表达式访问该元素对象？

    A. document.all["sysu"]   B. document.getElementById("sysu")

    C. document.getElementByName("sysu")   D. sysu

（12）若一个 <div> 元素内只有 3 个连续的 <p> 元素，其中第 2 个 <p> 元素的 id 属性值是 "p2"，则不能通过以下哪个表达式访问第 3 个 <p> 元素？

    A. p2.nextSibling   B. p2.lastChild

    C. p2.parentNode.lastChild   D. p2.parentNode.children[2]

（13）若要为一个元素对象 e 附加一个 <span> 子元素，通常不会使用到以下方法_____。

    A. document.createElement("span")   B. document.createTextNode(...)

    C. e.appendChild(...)   D. e.removeChild(...)

（14）若要将一个 <p> 元素（其 id 为 "p"）复制到一个 <div> 元素（其 id 为 "d"）内的末尾，则可以使用以下语句_____。

    A. d.appendChild(p.cloneNode( )

    B. d.insertBefore(p.cloneNode(true))

    C. d.childNodes.append (p.cloneNode( ))

    D. d.children.append (p.cloneNode(true))

（15）若要将一个 <p> 元素（其 id 为 "p2"）移动到另一个 <p> 元素（其 id 为 "p1"）之前，则可以使用以下语句_____。

    A. p2. insertBefore(p1)   B. p1. insertBefore(p2)

    C. p2.parentNode.insertBefore(p2,p1)   D. p2. appendNode (p1)

（16）要将一个元素替换为另一个元素，则可以将该元素对象的_____属性赋值为表示另一个元素的 HTML 代码。

    A. innerText   B. innerHTML   C. outerText   D. outerHTML

（17）Style 对象的_____属性表示 CSS 属性 text-align。

    A. text-align   B. textalign   C. textAlign   D. TextAlign

（18）使用元素对象的_____属性可以访问该元素的内嵌样式。

    A. inlineStyle   B. style   C. currentStyle   D. styleSheet

（19）使用元素对象的_____属性可以访问该元素的最终样式。

    A. inlineStyle   B. style   C. currentStyle   D. styleSheet

（20）若一个 <style> 元素的 id 属性为 "s"，则可以使用表达式_____访问该嵌入样式表

中的所有样式规则。

A.　s.rules

B.　document.styleSheets["s"].rules

C.　s.style.rules

D.　不能访问

三、综合题

（1）为页面设计一个文本超链接"打开中大主页"，当用户单击这个超链接时，将弹出一个没有菜单、工具栏、状态栏的窗口，其大小为 600×400，以显示页面 http://www.sysu.edu.cn。

（2）为页面编写脚本，使页面浏览时每隔 5 分钟就弹出一个警示对话框，显示当前时间。

（3）为页面设计一个超链接，单击该超链接将打开一个小窗口显示当前时间。

（4）为页面设计一个超链接，单击该超链接将弹出一个警示对话框，显示当前页面中所有超链接的 URL。

（5）为页面编写脚本，当把鼠标移至超链接时，将出现小提示框显示该超链接的 URL。

（6）为页面编写脚本，为每个超链接元素添加一个右兄弟元素 <span>，显示超链接的 URL。

（7）为页面编写脚本，将页面中的一个有序（或无序）列表的各列表项按升序重新排列。

（8）为页面编写脚本，将页面中的一个成绩表按"总评成绩"升序重新排列。

（9）为页面编写脚本，将一个 <p> 段落的内嵌样式设置为与样式规则"p {letter-spacing:1em; line-height:2.5;text-align:left; text-decoration: underline; text-indent:4em}"效果相同。

（10）为页面编写脚本，使页面中的所有样式表（包括嵌入的样式表和链接的外部样式表）无效。

第9章
事件驱动编程

随同文档对象模型技术，事件驱动编程技术也是动态网页编程的核心技术之一。使用事件驱动技术，可以处理用户与页面的动态交互行为。

本章介绍 JavaScript 事件驱动编程的概念和技术，以及常用事件的基本使用方法。

9.1 基 本 概 念

1. 事件

在动态网页编程中，事件是指可以被浏览器识别的、发生在页面上的用户动作或状态变化。

（1）用户动作是指用户对页面的鼠标或键盘操作。例如，单击超链接或按钮将产生一个单击（click）事件，按下键盘按键将产生一个按键（keypress）事件，等等。

（2）状态变化是指页面的状态发生变化。例如，当一个页面装载完成时，将产生一个载入（load）事件；当调整窗口大小时，将产生一个改变大小（resize）事件；当改变表单的文本框内容时，将产生一个变化（change）事件，等等。

2. 事件驱动

事件驱动是指程序的一种执行方式，即响应事件的发生而执行相关的程序代码片段。例如，单击一个超链接将执行有关程序代码，从而显示超链接所链接的文档；单击表单中的"提交"按钮，将执行有关表单处理程序，进而向服务器提交表单数据。

在事件驱动执行方式下，程序执行顺序不是完全按照程序代码从头至尾顺序执行，而是依据事件的发生顺序而执行。由于多数事件的发生顺序是无法预测的，因此事件驱动的程序每次运行时所执行程序代码的路径都可能不同。

3. 事件处理程序

事件处理（或称事件响应）是指对发生事件进行处理的行为、操作。

事件处理程序是指对发生事件进行处理的程序代码片段，通常实现为一个函数。在程序运行期间，事件处理程序将响应相关事件而执行。

4. 事件驱动编程

简单而言，事件驱动编程是指为需要处理的事件编写相应的事件处理程序。在 JavaScript 中，编写事件驱动程序的一般步骤如下。

第 1 步：确定响应事件的元素。

第 2 步：为指定元素确定需要响应的事件类型。

第 3 步：为指定元素的指定事件编写相应的事件处理程序。

第 4 步：将事件处理程序绑定到指定元素的指定事件。

9.2　事件绑定

事件绑定是指将一个函数与某个 HTML 元素的事件属性关联起来，使得当相应事件发生时就会触发该函数的执行。通过绑定，使被绑定的函数成为事件处理程序。

建立事件绑定的方法有两种，一种是静态绑定，另一种是动态绑定。

9.2.1　事件属性及其分类

1．事件属性

除普通属性外，也可以为 HTML 元素指定事件属性（如表 9.1 所示）。使用事件属性可以为元素的指定事件绑定事件处理程序。

表 9.1　　　　　　　　　　　　　　　　　HTML 元素的常用事件

事 件 属 性	说　　明	适 用 元 素
onload	当文档载入完成时触发	\<body\>、\<frameset\>、\<iframe\>、\<img\>、\<object\>
onunload	在文档卸载前立即触发	\<body\>、\<frameset\>、\<iframe\>
onresize	当调整窗口大小时触发	\<body\>、\<frameset\>、\<iframe\>
onabort	当图像装载中断时触发	\<img\>、\<object\>
onerror	当文档装载出错时触发	\<body\>、\<img\>、\<object\>、\<style\>
onclick	当单击鼠标时触发	大部分元素
ondblclick	当双击鼠标时触发	大部分元素
onmousedown	当鼠标按钮按下时触发	大部分元素
onmousemove	当鼠标移动时触发	大部分元素
onmouseout	当鼠标离开时触发	大部分元素
onmouseover	当鼠标悬停时触发	大部分元素
onmouseup	当鼠标按钮弹起时触发	大部分元素
onkeydown	当键盘键被按下时触发	大部分元素
onkeypress	点击一次字符键后触发	大部分元素
onkeyup	当键盘键弹起时触发	大部分元素
onchange	当元素内容改变时触发	\<input\>、\<select\>、\<textarea\>
onselect	当选中文本时触发	\<input\>、\<textarea\>
onsubmit	当表单被提交时触发	\<form\>
onreset	当表单被重置时触发	\<form\>
onblur	当元素失去焦点时触发	\<button\>、\<input\>、\<select\>、\<textarea\>、\<label\>、\<body\>
onfocus	当元素获得焦点时触发	\<button\>、\<input\>、\<select\>、\<textarea\>、\<label\>、\<body\>

（1）事件属性名是在事件名的基础上，加上前缀 "on"。例如，click 是单击事件名，而 onclick 是对应的事件属性名。不过，也常将事件属性名简称为事件名。

（2）类似查看普通属性，在 SharePoint Designer2007 中，查看一个 HTML 元素拥有哪些事件属性的方法是：先将输入点移到某个标签内，然后查看在编辑区左下侧的"标记属性"窗格中列出的事件属性（如图 9.1 所示）。

（3）若一个 HTML 元素拥有某个事件属性，则可以使用该事件属性绑定事件处理程序，使该元素在浏览时可以响应相应事件。

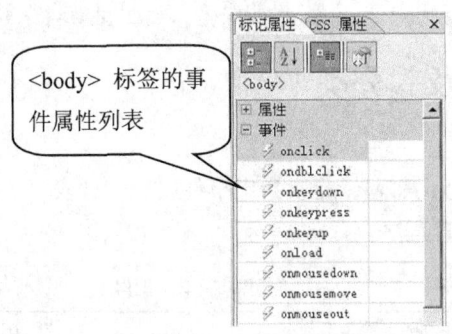

图 9.1　查看/修改事件属性

2．事件分类

页面浏览时可能发生的事件大致分为以下 4 类。

（1）页面事件：是指因页面状态发生变化而产生的事件，主要包括 onload（文档载入）和 onunload（文档卸载）事件，也包括 onresize（窗口大小）、onabort（图像装载中断）和 onerror（文档装载出错）等事件。

（2）鼠标事件：是指用户操作鼠标（点击或移动）而触发的事件，包括 onclick（单击）、ondblclick（双击）、onmousedown（鼠标按下）、onmouseup（鼠标弹起）、onmouseover（鼠标悬停）、onmousemove（鼠标移动）和 onmouseout（鼠标离开）等事件。

（3）键盘事件：是指用户在键盘上敲击、输入时触发的事件，包括 onkeypress（按键）、onkeydown（键按下）和 onkeyup（键弹起）等事件。

（4）表单事件：是指与表单或表单控件相关的事件，包括 onsubmit（表单提交）、onreset（表单重置）、onchange（内容改变）、onselect（选中文本）、onblur（失去焦点）和 onfocus（获得焦点）等事件。

9.2.2　静态绑定

静态绑定事件是指将处理事件的 JavaScript 语句代码直接指定为 HTML 元素的事件属性值，并用引号括起来。例如，可以为<button>标签指定以下 onclick 事件属性：

```
<button name="Abutton1" onclick="alert('先生,您好!')">问候先生</button>
```

当用户单击这个按钮时，就会触发 onclick 事件，执行该属性中的 JavaScript 语句，显示一个对话框。

如果触发事件时要执行的语句比较多，则可以在事件属性中写入函数调用的语句，而把被调用的函数定义在其他地方：

```
<button name="Abutton2" onclick="hello_girl()">问候小姐</button>
```

例 9.1　设计一个页面，放置 2 个按钮，单击它们时将显示不同问候语（注：采用静态绑定方法）。本例页面文档 s0901.htm 代码如下。

```
<!DOCTYPE html PUBLIC "-//W3C//DTD XHTML 1.0 Strict//EN"
"http://www.w3.org/TR/xhtml1/DTD/xhtml1-strict.dtd">
<html xmlns="http://www.w3.org/1999/xhtml"><head><title>例 9.1 </title>
<script type="text/javascript">
    function hello_girl() {  alert("小姐,您好!"); }
</script>
</head><body>
<p><button name="Abutton1" onclick="alert('先生,您好!');">问候先生</button></p>
<p><button name="Abutton2" onclick="hello_girl();">问候小姐</button></p>
</body></html>
```

9.2.3　动态绑定

在 JavaScript 中，对象除了包括属性和方法之外，事件也是对象的重要组成部分。与普通属性类似，HTML 元素对象也包含事件属性，对应于 HTML 元素的同名事件属性。

动态绑定事件是指通过 JavaScript 语句建立事件绑定，其基本方法（简称为赋值型动态绑定）是在 JavaScript 程序中，将事件处理函数赋值给 HTML 元素对象的事件属性。形式为

```
对象.事件属性 = 函数引用;
```

必须注意的是，对象的事件属性是对函数对象的引用，不能以字符串形式将 JavaScript 代码赋值给对象的事件属性。

例 9.2　设计一个页面，放置 1 个按钮，单击它将显示一条问候语（注：采用赋值型动态绑定方法）。本例页面文档 s0902.htm 代码如下。

```
<!DOCTYPE html PUBLIC "-//W3C//DTD XHTML 1.0 Strict//EN"
"http://www.w3.org/TR/xhtml1/DTD/xhtml1-strict.dtd">
<html xmlns="http://www.w3.org/1999/xhtml"><head><title>例 9.2 </title>
<script type="text/javascript">
    function hello() {  alert("您好!");  }
</script>
</head><body>
<p><button id="hello_button" name="Abutton1">问候</button></p>
<script type="text/javascript">
    hello_button.onclick = hello;  //动态绑定
</script>
</body></html>
```

9.2.4　绑定多个事件处理函数

1. attachEvent()方法

在 IE 中，每个元素对象都有方法 attachEvent()，用于将指定函数绑定到指定事件。attachEvent() 方法的语法格式如下：

```
object.attachEvent(event_name, function_handler)
```

其中，event_name 是事件属性名，function_handler 是函数引用。

与赋值型动态绑定方法类似，attachEvent()也是一种动态绑定事件的方法。但与赋值型动态

绑定不同，attachEvent()可以为对象的同一事件绑定多个事件处理函数，即使用 attachEvent()绑定的事件处理函数不会覆盖已经为同一元素的同一事件绑定的事件处理程序。

例 9.3 为页面编写脚本，试一试为 1 个按钮的单击事件绑定多个事件处理函数。本例页面文档 s0903.htm 代码如下。

```
<!DOCTYPE html PUBLIC "-//W3C//DTD XHTML 1.0 Strict//EN"
"http://www.w3.org/TR/xhtml1/DTD/xhtml1-strict.dtd">
<html xmlns="http://www.w3.org/1999/xhtml"><head><title>例 9.3 </title>
<script type="text/javascript">
    function hello1() { alert("您好!"); }
    function hello2() { alert("您好!--来自第 2 个事件处理函数"); }
    function hello3() { alert("您好!--来自第 3 个事件处理函数"); }
</script>
</head><body>
<p><button id="hello_button" name="Abutton1">问候</button></p>
<script type="text/javascript">
    hello_button.onclick=hello1;//绑定第 1 个函数
    hello_button.attachEvent("onclick",hello2);//绑定第 2 个函数
    hello_button.attachEvent("onclick",hello3);//绑定第 3 个函数
</script>
</body></html>
```

（1）浏览时，单击"问候"按钮将连续显示 3 个警示对话框。

（2）对于绑定的多个函数，其执行顺序是：先执行赋值型动态绑定的函数，再执行 attachEvent() 绑定的函数；而对于 attachEvent() 绑定的多个函数，其执行顺序是随机的，可能与绑定的顺序不同。

2. detachEvent()方法

对应于 attachEvent()方法，每个元素对象也有 detachEvent()方法，用于取消由 attachEvent()建立的事件绑定。其语法格式如下：

```
object.detachEvent(event_name, function_handler)
```

这样，当 event_name 事件发生时就不会执行 function_handler 引用的函数。

必须注意的是，detachEvent()方法只能取消由 attachEvent()建立的事件绑定，但不能取消由赋值型绑定建立的事件绑定。若要取消赋值型绑定建立的事件绑定，则必须将事件属性赋值为 null，即

```
对象.事件属性 = null;
```

9.2.5 onload 事件

1. 绑定至 <body>元素

对于<body>元素，当其 onload 事件发生时，表明浏览器已将当前 HTML 文档装载完成，其脚本可以访问页面中的任意元素。依据 onload 事件的这种特性，可以将需要在页面载入完成后立即执行的脚本放在 onload 事件处理函数中。此时，对 onload 事件处理函数的定义位置与其可能访问的页面元素在 HTML 文档中的先后顺序不影响该函数的正常运行。

例 9.4 改写例 9.3 中的脚本，使其脚本在页面载入完成后才能执行。本例页面文档 s0904.htm 代码如下。

```
<!DOCTYPE html PUBLIC "-//W3C//DTD XHTML 1.0 Strict//EN"
"http://www.w3.org/TR/xhtml1/DTD/xhtml1-strict.dtd">
<html xmlns="http://www.w3.org/1999/xhtml"><head><title>例9.4 </title>
<script type="text/javascript">
    function hello1() { alert("您好!"); }
    function hello2() { alert("您好!--来自第 2 个事件处理函数"); }
    function hello3() { alert("您好!--来自第 3 个事件处理函数"); }
    function start()
    {//要绑定到 onload 事件的函数
        hello_button.onclick=hello1;//绑定第 1 个函数
        hello_button.attachEvent("onclick",hello2);//绑定第 2 个函数
        hello_button.attachEvent("onclick",hello3);//绑定第 3 个函数
    }
</script>
</head>
<body onload="start()">
<p><button id="hello_button" name="Abutton1">问候</button></p>
</body></html>
```

易知，本例页面浏览效果与上例相同。其不同之处在于：本例为 <body> 元素的 onload 事件绑定了 start() 函数，该函数包含了需要在页面载入完成后立即执行的语句，从而使该文档的所有脚本集中到一个处于<head>标签对之间的<script>块中。

不难看出，使用 onload 事件可以避免在<body>标签对之间使用<script>块，从而易于实现 HTML 代码与脚本程序的分离。

2. 绑定至 window 对象

对于可以绑定至<body>元素的一些页面事件（如 onload、onunload、onresize 和 onerror 等），也可以绑定至 window 对象，两者效果基本相同。

例 9.5　为页面编写脚本，通过为 window.onload 事件属性赋值的方法指定当页面载入完成时要执行的脚本代码。本例页面文档 s0905.htm 代码如下。

```
<!DOCTYPE html PUBLIC "-//W3C//DTD XHTML 1.0 Strict//EN"
"http://www.w3.org/TR/xhtml1/DTD/xhtml1-strict.dtd">
<html xmlns="http://www.w3.org/1999/xhtml"><head><title>例9.5</title>
<script type="text/javascript">
    function start() { alert(document.body.onload); }
    window.onload=start; // 相当于绑定 <body> 元素
</script>
</head><body></body></html>
```

（1）本例页面浏览时将显示函数 start()的实现代码。易知，当为 window.onload 事件属性绑定 onload 事件时，相当于为<body>元素绑定相同的事件。

（2）不能将脚本块中的语句 "window.onload=start" 改为 "document.body.onload=start"，原因是由于<script>块出现在<body>元素之前，因此当执行这条语句时，还没有载入<body>元素，即 document.body 对象还未生成。

将 onload 事件绑定至 window 对象可以实现 HTML 代码与脚本程序的完全分离。基本做法是：在整个 HTML 文档中不使用静态绑定，而是在 window.onload 事件处理函数中为其他元素动态建立事件绑定，从而避免将 JavaScript 脚本写入 HTML 标签属性中。

9.3 使用事件对象

9.3.1 Event 对象

在编写事件处理函数时，有时需要使用事件（Event）对象。通过 Event 对象，可以访问事件的发生状态，如事件名、键盘按键状态、鼠标位置等信息（如表 9.2 所示）。

表 9.2　　　　　　　　　　　　　　Event 对象的常用属性

属　　性	说　　明
type	表示事件名。例如，单击事件名是 click，双击事件名是 dblclick，等等
srcElement	表示产生事件的元素对象。例如，当单击按钮产生 click 事件时，该事件的 srcElement 属性就是对这个按钮对象的引用
cancelBubble	表示是否取消当前事件向上冒泡、传递给上一层次的元素对象。默认为 false，允许冒泡；否则为 true，禁止将事件传递给上一层次的元素对象
returnValue	指定事件的返回值，默认为 true。若设置为 false，则取消该事件的默认处理动作
keyCode	指示引起键盘事件的按键的 Unicode 键码值
altKey	指示 ALT 键的状态，当 ALT 键按下时为 true
ctrlKey	指示 CTRL 键的状态，当 CTRL 键按下时为 true
shiftKey	指示 SHIFT 键的状态，当 SHIFT 键按下时为 true
repeat	指示 keydown 事件是否正在重复，并且只适用于 keydown 事件
button	指示哪一个鼠标键被按下（0：无键被按下；1：左键被按下；2：右键被按下；4：中键被按下）
x,y	指示鼠标指针相对于页面的 X、Y 坐标，即水平和垂直位置（单位：像素，下同）
clientX,clientY	指示鼠标指针相对于窗口浏览区的 X、Y 坐标
screenX,screenY	指示鼠标指针相对于电脑屏幕的 X、Y 坐标
offsetX,offsetY	指示鼠标指针相对于触发事件的元素的 X、Y 坐标
fromElement	用于 mouseover 和 mouseout 事件，指示鼠标指针从哪个元素移来
toElement	用于 mouseover 和 mouseout 事件，指示鼠标指针移向哪个元素

在 IE 中，通过 window 对象的 event 属性可以访问 Event 对象。但必须注意，只有当事件发生时 Event 对象才有效，因此只能在事件处理程序中访问 Event 对象。

例 9.6　在一个 HTML 文档中，为其一个<p>元素的 onmousedown 和 onmouseup 事件属性指定脚本代码，调用同一个函数 showEventName( )，该函数将事件名显示在状态栏中。本例页面文档 s0906.htm 代码如下。

```
<!DOCTYPE html PUBLIC "-//W3C//DTD XHTML 1.0 Strict//EN"
"http://www.w3.org/TR/xhtml1/DTD/xhtml1-strict.dtd">
<html xmlns="http://www.w3.org/1999/xhtml"><head><title>例 9.6 </title>
<script type="text/javascript">
    function showEventName()
    {
```

```
        window.status = window.event.type; //将事件名显示在状态栏中
    }
</script>
</head><body>
<p onmousedown="showEventName()" onmouseup="showEventName()">
请对本段文字按下鼠标左键,再松开。期间,状态栏将依次显示事件名 mousedown、mouseup。</p>
</body></html>
```

易知,浏览本例页面时,先将鼠标指针移至文本处,然后按下鼠标左键、再松开,浏览器窗口的状态栏将依次显示事件名 mousedown、mouseup。

9.3.2 事件流

事件流是指事件的冒泡传递过程。当一个事件发生时,该事件先由产生事件的元素响应;处理后该事件将沿 HTMLDOM 树向上传递给其父元素响应,处理后再向上传递;直至根对象(即 Document 对象)。

由于存在事件流,因此当一个事件发生时,不仅可以由产生事件的元素响应,也可以由其他元素响应。必须注意的是,有些事件(如 load、unload、blur、focus 等事件)不会传递,只能由产生事件的元素响应处理。

在事件处理程序中,可以使用 event.srcElement 属性访问产生事件的元素对象,而通过将 event.cancelBubble 赋值为 true 则可以阻止事件继续向上传递。

例 9.7 设计一个页面,当单击任何元素时,其标签名将在状态栏中显示。不过,当单击一个 2 级标题"标准 Event 属性"时,其标签名不会出现在状态栏中,只是在一个警示对话框中显示。本例页面文档 s0907.htm 代码如下。

```
<!DOCTYPE html PUBLIC "-//W3C//DTD XHTML 1.0 Strict//EN"
"http://www.w3.org/TR/xhtml1/DTD/xhtml1-strict.dtd">
<html xmlns="http://www.w3.org/1999/xhtml"><head><title>例 9.7 </title>
<script type="text/javascript">
    function showClickTag()
    {
        window.status = event.srcElement.tagName; //显示产生事件的元素标签名
    }
    function alertClickTag()
    {
        alert(event.srcElement.tagName);
        event.cancelBubble = true; //阻止事件冒泡
    }
</script></head>
<body onclick="showClickTag()">
<h1>Event 对象</h1><hr />
<h2 onclick="alertClickTag()">标准 Event 属性</h2>
<p>DOM 为事件对象定义了 bubbles、cancelable、currentTarget、eventPhase、target、timeStamp 和 type 等属性。</p><hr /><h2>标准 Event 方法</h2>
<p>DOM 为事件对象定义了 initEvent()、preventDefault()、stopPropagation()等属性。</p>
</body></html>
```

 (1)由于为 <body>元素的 onclick 事件绑定了 showClickTag()函数,因此当单击任何元素时,其 onclick 事件将冒泡传递给<body>元素,从而触发该事件处理函数的执行。

（2）当单击2级标题"标准 Event 属性"时，将立即执行该元素自己绑定的 onclick 事件处理函数 alertClickTag()。该函数的赋值语句"event.cancelBubble=true"将阻止 onclick 事件向上冒泡传递给<body>元素，因此不会执行 showClickTag()函数。

9.3.3　阻止事件的默认行为

浏览器对很多事件都有一个默认的处理动作，例如单击超链接将显示链接的页面，鼠标右击页面将显示一个快捷菜单，等等。如果没有对事件进行特殊处理，浏览器将保持它的默认行为。

要取消浏览器对事件的默认处理动作，可以使用以下两种方法之一。

（1）在事件处理程序中将 event.returnValue 赋值为 false；

（2）在事件处理程序中使用 return 语句控制事件处理函数的返回值，若返回 false 则阻止浏览器的默认行为。

必须注意的是，通过事件的取消绑定（detachEvent 方法将对象的事件属性赋值为 null）不能阻止事件的默认行为。

例 9.8　设计一个页面，要求当按下 Shift 键时单击超链接不能显示被链接的文档。本例页面文档 s0908.htm 代码如下。

```
<!DOCTYPE html PUBLIC "-//W3C//DTD XHTML 1.0 Strict//EN"
"http://www.w3.org/TR/xhtml1/DTD/xhtml1-strict.dtd">
<html xmlns="http://www.w3.org/1999/xhtml"><head><title>例 9.8 </title>
<script type="text/javascript">
    function preventLink()
    {
        if(event.srcElement.tagName.toUpperCase()=="A" && event.shiftKey)
        {
            event.returnValue = false; //取消事件的默认处理动作
        }
    }
</script></head>
<body onclick="return preventLink()">
<p><a href="http://www.sysu.edu.cn/">中大主页</a></p>
</body></html>
```

（1）本例页面浏览时，有一个超链接文字"中大主页"。单击它将显示相应页面，但是当按下 Shift 键的同时再单击它却没有反应。

（2）在为 <body> 元素绑定的 onclick 事件处理函数 preventLink()中，使用 event.srcElement. tagName.toUpperCase()=="A"判定当前单击的元素是否是一个超链接<a>元素，使用 event.shiftKey 判定是否按下 Shift 键。最后，通过赋值 event.returnValue=false 语句终止浏览器对单击超链接的默认处理动作，也就是不显示被链接的页面。

9.4　处理鼠标事件

9.4.1　鼠标事件

鼠标事件是指用户操作鼠标而触发的事件，分为以下两类。

（1）鼠标点击事件：包括 onclick（单击）、ondblclick（双击）、onmousedown（鼠标按下）和 onmouseup（鼠标弹起）事件。

（2）鼠标移动事件：包括 onmouseover（鼠标悬停）、onmousemove（鼠标移动）和 onmouseout（鼠标离开）事件。

在鼠标事件处理函数中，一般只使用 Event 对象的基本属性（如 type）和鼠标状态属性（如 button、x、y 等）。此外，也可以访问 altKey、ctrlKey 和 shiftKey 属性，从而可以识别用户配合使用 Alt、Ctrl 和 Shift 键的鼠标操作。

9.4.2　鼠标点击

1. 鼠标点击事件顺序

显然，当单击对象时，将触发 onclick 事件；当双击对象时，将触发 ondblclick 事件。不过，在 onclick 事件触发前，会先发生 onmousedown 事件，然后发生 onmouseup 事件。与此类似，在 ondblclick 事件触发前，会依次发生 onmousedown、onmouseup、onclick、onmouseup 事件。

2. 使用 Event 对象的 button 属性

在鼠标事件处理函数中，使用 Event 对象的 button 属性可以识别哪一个鼠标键被按下：若为 1，则左键被按下；若为 2，则右键被按下；若为 4，则中键被按下。

例 9.9　为页面编写脚本，使页面浏览时用户单击鼠标右键不会显示快捷菜单。本例页面文档 s0909.htm 代码如下。

```
<!DOCTYPE html PUBLIC "-//W3C//DTD XHTML 1.0 Strict//EN"
"http://www.w3.org/TR/xhtml1/DTD/xhtml1-strict.dtd">
<html xmlns="http://www.w3.org/1999/xhtml"><head><title>例 9.9 </title>
<script type="text/javascript">
    function preventContextMenu()
    {//当右击鼠标时,禁用其快捷菜单
        if(window.event.button==2) alert("快捷菜单已禁用!");
    }
    document.onmousedown=preventContextMenu;
</script>
</head><body><p>禁止快捷菜单</p></body></html>
```

（1）本例页面浏览时，若单击鼠标右键，则不会出现快捷菜单，只出现一个警示对话框显示"快捷菜单已禁用!"。

（2）若将事件处理函数 preventContextMenu()绑定到<body>元素，则右击页面空白处时不能禁用快捷菜单，因此本例代码将事件处理函数 preventContextMenu()绑定到 document 对象。

3. 使用 oncontextmenu 事件

在浏览页面时，用户右击页面元素将触发 oncontextmenu（上下文菜单）事件，浏览器对 oncontextmenu 事件的默认处理行为是显示一个快捷菜单。显然，若在 oncontextmenu 事件处理函数中将 event.returnValue 赋值为 false，或者 oncontextmenu 事件处理函数返回 false，将取消显示快捷菜单。

例 9.10　为页面编写脚本，使用 oncontextmenu 事件禁止显示快捷菜单。本例页面文档 s0910.htm 代码如下。

```
<!DOCTYPE html PUBLIC "-//W3C//DTD XHTML 1.0 Strict//EN"
"http://www.w3.org/TR/xhtml1/DTD/xhtml1-strict.dtd">
<html xmlns="http://www.w3.org/1999/xhtml"><head><title>例 9.10 </title>
<script type="text/javascript">
    function preventContextMenu()
    {
        return false; //取消事件的默认处理动作
    }
    document.oncontextmenu=preventContextMenu;
</script>
</head><body><p>禁止快捷菜单</p></body></html>
```

易知，本例页面浏览时右击鼠标不会出现快捷菜单。

9.4.3　鼠标移动

当鼠标在同一个元素上连续移动时，该元素将连续触发 onmousemove（鼠标移动）事件。

当将鼠标从一个元素移出到另一个元素时，移出元素将触发 1 次 onmouseout（鼠标离开）事件，而移入元素将触发 1 次 onmouseover（鼠标悬停）事件。在 onmouseout 和 onmouseover 这两个事件处理函数中都可以使用 Event 对象的 fromElement 和 toElement 属性，分别引用移出元素和移入元素。

例 9.11　为页面编写脚本，使页面中的一个图像具有鼠标滑过图像效果。本例页面文档 s0911.htm 代码如下。

```
<!DOCTYPE html PUBLIC "-//W3C//DTD XHTML 1.0 Strict//EN"
"http://www.w3.org/TR/xhtml1/DTD/xhtml1-strict.dtd">
<html xmlns="http://www.w3.org/1999/xhtml"><head><title>例 9.11 </title></head>
<body><p>
<img alt="" src="s0911_1.gif"
onmouseout="this.src='s0911_1.gif'" onmouseover="this.src='s0911_2.gif'"/>
</p></body></html>
```

（1）当将事件处理函数绑定到一个元素对象时，该函数就成为该对象的方法，因此在事件处理函数中可以使用 this 关键字引用被绑定的元素对象。

（2）易知，本例页面浏览时显示一幅图像，当鼠标移至该图像时（即 onmouseover 事件）将显示另一幅图像，移出（即 onmouseout 事件）后又恢复原图像，这就是鼠标滑过图像。

9.4.4　鼠标位置

在鼠标事件处理函数中，使用 Event 对象的 x、y 等位置属性可以获取鼠标指针的当前位置。

例 9.12　为页面编写脚本，使页面浏览时状态栏将显示鼠标坐标。本例页面文档 s0912.htm 代码如下。

```
<!DOCTYPE html PUBLIC "-//W3C//DTD XHTML 1.0 Strict//EN"
"http://www.w3.org/TR/xhtml1/DTD/xhtml1-strict.dtd">
<html xmlns="http://www.w3.org/1999/xhtml"><head><title>例 9.12 </title>
<script type="text/javascript">
    function showMousePosition()
    {
        window.status = "X=" + window.event.x + ",Y=" + window.event.y;
    }
```

```
    document.onmousemove=showMousePosition;
</script>
</head><body></body></html>
```

 　　当浏览本例页面时，不会看到任何东西。但是当鼠标在空白的网页上移动时，浏览器的状态栏将显示鼠标的位置坐标，并且随着鼠标移动而变化。

9.5　处理键盘事件

9.5.1　键盘事件

键盘事件是指用户操作键盘而触发的事件，包括以下 3 种事件。

（1）onkeydown：键按下事件，当用户按下任意一个键盘键时触发。

（2）onkeyup：键弹起事件，当用户释放按下的键盘键时触发。

（3）onkeypress：按键事件，当用户按下字符键时触发。

当用户单击一次字符键时，将依次触发 onkeydown、onkeypress、onkeyup 事件；当用户单击一次非字符键（如 Ctrl 键）时，将只依次触发 onkeydown、onkeyup 事件。

当用户按下一个字符键不释放时，将持续触发 onkeydown 和 onkeypress 事件，直至松开按键；若按下一个非字符键不释放，则只持续触发 onkeydown 事件，直至松开。

9.5.2　识别键盘按键

在键盘事件处理函数中，使用 Event 对象的 keyCode 属性可以识别用户按下哪个键盘键，该属性值等于用户按下的键盘键对应的 Unicode 键码值（注：对于键盘上的双字符键和字母键，则对应两个 Unicode 键码值，由按键状态确定返回哪个键码值）。

例 9.13　为页面编写脚本，使页面可以显示用户键入的字符，但不显示因按下字符键不放而重复键入的字符。本例页面文档 s0913.htm 代码如下。

```
<!DOCTYPE html PUBLIC "-//W3C//DTD XHTML 1.0 Strict//EN"
"http://www.w3.org/TR/xhtml1/DTD/xhtml1-strict.dtd">
<html xmlns="http://www.w3.org/1999/xhtml"><head><title>例 9.13 </title>
<script type="text/javascript">
    var is_repeat=false;
    function showKeyPress()
    {
        if(is_repeat) return; //不显示因按下字符键不放而重复键入的字符
        var ch=String.fromCharCode(window.event.keyCode);//将键码转换为键字符
        inputBlock.innerText += ch;
    }
    function processKeyDown()
    {
        is_repeat=window.event.repeat; //保存 onkeydown 事件是否重复的状态
    }
    document.onkeypress=showKeyPress;
    document.onkeydown=processKeyDown;
</script>
</head><body>
```

```
<div id="inputBlock">按键序列:</div>
</body></html>
```

（1）fromCharCode() 是 String 对象类的方法，用于将字符的 Unicode 码值转换为对应的字符。该方法的调用形式只能是 String.fromCharCode(…)。

（2）由于 event.repeat 属性只适用于 onkeydown 事件，表示该事件是否重复，因此引入全局变量 is_repeat，使 onkeypress 事件处理函数能够判断该事件是否因按下字符键不放而重复触发。

9.5.3　识别组合键

在键盘事件处理函数中，既可以使用 Event 对象的 keyCode 属性，也可以访问 Event 的 altKey、ctrlKey 和 shiftKey 属性，从而可以识别与 Alt、Ctrl 和 Shift 键相关的组合键（如 Ctrl+A）。

例 9.14　为页面编写脚本，使页面浏览时不能使用组合键 Ctrl+A 选中全部页面内容。本例页面文档 s0914.htm 代码如下。

```
<!DOCTYPE html PUBLIC "-//W3C//DTD XHTML 1.0 Strict//EN"
"http://www.w3.org/TR/xhtml1/DTD/xhtml1-strict.dtd">
<html xmlns="http://www.w3.org/1999/xhtml"><head><title>例 9.14 </title>
<script type="text/javascript">
    function processKeyDown()
    {
        var ch=String.fromCharCode(window.event.keyCode);//将键码转换为键字符
        if(ch.toUpperCase()=="A" && window.event.ctrlKey)
        {//识别按下组合键 Ctrl+A
            window.event.returnValue=false; //禁止组合键的默认行为
        }
    }
    document.onkeydown=processKeyDown;
</script>
</head><body><p>本页已禁用组合键 Ctrl+A</p></body></html>
```

脚本中，判定式 "ch.toUpperCase()=="A"&&window.event.ctrlKey" 用于识别是否按下了组合键 Ctrl+A，从而使用赋值语句 window.event.returnValue=false 禁止该组合键的默认行为，即不能选中页面全部内容。

9.6　处理表单事件

9.6.1　访问表单和表单控件

1. 访问表单对象

在 HTMLDOM 中，<form>元素被定义为 Form 对象，具有表 9.3 所示的常用属性、方法和事件。

表 9.3　　　　　　　　　　Form 对象的常用属性、方法和事件

属性/方法/事件	说　　明
id 属性	设置或返回表单的 id 属性

属性/方法/事件	说 明
name 属性	设置或返回表单的 name 属性，即表单名
action 属性	设置或返回表单的 action 属性
method 属性	设置或返回表单的 method 属性
elements 集合	表示表单中所有控件元素的集合，各控件在集合中的顺序依赖于它在 HTML 源文件中的位置
submit()方法	将表单数据提交给 Web 服务器。该方法执行效果与用户单击"提交"按钮类似，但不会触发 onsubmit 事件
reset()方法	该方法等同于用户单击"重置"按钮，也会触发 onreset 事件。其默认效果是将表单各字段重置为它们的默认值
onsubmit 事件	当用户单击"提交"按钮（即<inputtype="submit".../>元素）时触发
onreset 事件	当用户单击"重置"按钮（即<inputtype="reset".../>元素）时触发

在脚本程序中，访问 Form 对象的常用方法有以下 2 种。

方法 1：根据<form>元素的 id 属性。如：

```
var myForm=document.getElementById("myFormId") ; //myFormId 是某个 <form> 元素的 ID
```

方法 2：根据<form>元素的 name 属性。如：

```
var myForm=document.forms["myFormName"] ; //myFormName 是某个 <form> 元素的名称
```

此外，IE 浏览器也允许直接使用表单名访问表单（注：该表单名唯一），即

```
var myForm=document.myFormName ; //myFormName 是某个 <form> 元素的名称
```

或

```
var myForm=myFormName ; //myFormName 是某个 <form> 元素的名称
```

2. 访问表单控件

在 HTML DOM 中，可以放置到表单中的各个表单控件被定义为相应的表单控件对象，包括文本框（Text）、文本区（TextArea）、密码（Password）、按钮（Button）、重置按钮（Reset）、提交按钮（Submit）、单选按钮（Radio）、复选框（Checkbox）、列表（Select）、列表选项（Option）和隐藏（Hidden）等表单控件对象。

由于各种表单控件用于不同的目的，所以拥有的属性和方法也不同。但是，这些对象也拥有一些相同的属性、方法和事件，如表 9.4 所示。

表 9.4　　　　　　　　　　　表单控件的通用属性、方法和事件

属性/方法/事件	说 明
id 属性	设置或获取控件的 id 属性
name 属性	设置或获取控件的 name 属性，即控件名
value 属性	设置或获取控件的 value 属性值，当提交表单时该值将传递给服务器
defaultvalue 属性	设置或获取控件的初始值
disabled 属性	设置或获取控件是否禁用。默认为 false，允许交互；若为 true，则不允许用户输入
form 属性	获取控件所在表单的引用
focus() 方法	使控件获得焦点，从而可以获得键盘输入
blur()方法	使控件失去焦点
onfocus 事件	当控件获得焦点时触发
onblur 事件	当控件失去焦点时触发

在脚本程序中,访问表单控件的常用方法有以下 2 种。

方法 1:使用 Form 对象的 elements 集合属性。如:

```
var firstField = myForm.elements[0] ; //引用第 1 个表单控件
var usernameField = myForm.elements["userName"] ; //引用表单中名为 "userName" 的控件
```

方法 2:直接使用控件名(即将控件视为表单的属性)。如:

```
var usernameField = myForm.userName ; //引用表单中名为 "userName" 的控件
```

例 9.15   为页面设计一个含有 "用户" 和 "密码" 字段的登录表单。当页面显示时, "用户" 字段立即获得焦点。此外,当单击其 "显示提交数据" 按钮时将显示可提交给服务器的各字段值。本例页面文档 s0915.htm 代码如下。

```
<!DOCTYPE html PUBLIC "-//W3C//DTD XHTML 1.0 Strict//EN"
"http://www.w3.org/TR/xhtml1/DTD/xhtml1-strict.dtd">
<html xmlns="http://www.w3.org/1999/xhtml"><head><title>例 9.15 </title>
<script type="text/javascript">
    function showSubmitData()
    {//显示提交数据
        var msg="",n=0;
        for(var i=0;i<loginForm.elements.length;i++)
        {
            var element=loginForm.elements[i];
            if(element.name!="")
            {//若没有为控件指定 name 属性,则该控件值不会提交给服务器
                n++;
                msg += "字段"+n+"  "+element.name + ":" + element.value +"\n";
            }
        }
        alert(msg);
    }
</script>
</head>
<body onload="loginForm.Username.focus()">
<form method="post" action="" name="loginForm">
    <p>用户: <input name="Username" type="text" size="20" />
    密码: <input name="UserPassword" type="password" size="20" />
    <input name="Submit1" type="submit" value="登录" /> 
    <input type="button" value="显示提交数据" onclick="showSubmitData()" /></p>
</form>
</body></html>
```

(1)为 <body> 指定的 onload 事件处理程序 loginForm.Username.focus( )使 Username 文本框在页面载入后获得焦点。

(2)如图 9.2 所示,本例页面显示时,若在 "用户" 字段输入 John,在 "密码" 字段输入 123,则单击 "显示提交数据" 按钮将显示可提交给服务器的各字段值。要注意的是,只有设置了 name 属性的表单字段数据才会传送给服务器。

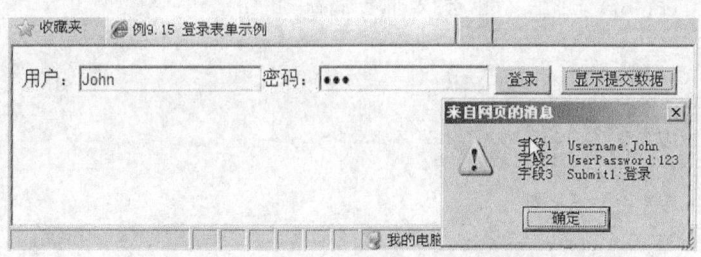

图 9.2　显示待提交的数据

9.6.2　表单提交与验证

1. 表单提交

表单提交是指将用户在表单中填写或选择的内容传送给服务器端的特定程序（由<form>元素的 action 属性指定，通常是 CGI 程序或 ASP 程序），然后由该程序进行具体的处理。

将表单数据提交给服务器的方法有两种。第 1 种方法是单击表单中的"提交"按钮；第 2 种方法是在脚本程序中调用 Form 对象的 submit()方法，如：

```
myForm.submit ( ) ;
```

这两种方法的效果基本相同，不同之处是：调用 submit()方法将直接提交表单数据给服务器，而单击"提交"按钮会触发、执行 onsumbit 事件处理函数，并且可能阻止表单提交。

2. 表单验证

表单验证是指确定用户提交的表单数据是否合法，例如填写的身份证号码是否有意义，年龄和学历是否相符等问题。

表单验证分为服务器端表单验证和客户端表单验证。服务器端表单验证是指在服务器端接收到用户提交的表单数据后进行表单验证工作，而客户端表单验证是指在向服务器提交表单数据之前进行表单验证工作。显然，完整的表单验证工作必须在服务器端完成，但在客户端也有必要进行一些初步的表单验证，其好处在于：可以省却大量错误数据的传送，进而减少网络的流量，以及避免服务器端的表单处理程序去做不必要的无用工作。

实施客户端表单验证的常用方法是使用 onsubmit 事件处理函数。

例 9.16　为页面设计一个表单，该表单有姓名和某种卡号两个文本输入框，其中这种卡号的格式为 XXXX-XXXX-XXXX-XXXX（每个 X 代表一位数字），要求在用户单击提交按钮"发送"时验证这两个输入数据的有效性。本例页面文档 s0916.htm 代码如下。

```
<!DOCTYPE html PUBLIC "-//W3C//DTD XHTML 1.0 Strict//EN"
"http://www.w3.org/TR/xhtml1/DTD/xhtml1-strict.dtd">
<html xmlns="http://www.w3.org/1999/xhtml"><head><title>例 9.16 </title>
<script type="text/javascript">
    function validateForm()
    {//验证表单
        if(!checkName(myForm.myName.value)) return false;
        if(!checkNum(myForm.myNumber.value)) return false;
        return true;
    }
    function checkName(s)
    {//校验姓名:姓名非空
        var ok = (s.length>0);
```

```
        if(!ok) alert("姓名输入有误，请查核！")
        return ok;
    }
    function checkNum(n)
    {//校验卡号:符合格式 XXXX-XXXX-XXXX-XXXX
        var ok,i,ch;
        //校验1:分隔符
        ok = (n.charAt(4)=="-" && n.charAt(9)=="-" && n.charAt(14)=="-");
        if(!ok)  { alert("<"+n+"> 卡号输入有误，请查核！"); return false;}
        //校验2:数字
        for(i=0;i<19;i++)
        {
            ch = n.charAt(i);
            if (ch!="-" && (ch > "9" || ch < "0"))
            {
                alert("<"+n+"> 卡号输入有误，查核！"); return false;
            }
        }
        return true;
    }
</script>
</head><body>
<form name="myForm" onsubmit="return validateForm();" action="javascript:alert('已
发送!')">
    <p>姓名: <input name="myName" type="text" size="20" />
    卡号: <input name="myNumber" type="text" size="20" value="0000-0000-0000-0000"/>
    <input type="submit" value="发送" /></p>
</form>
</body></html>
```

（1）当单击页面的提交按钮"发送"时，将触发执行表单的 onsubmit 事件处理函数 validate Form()。该函数调用两个辅助函数 checkName()和 checkNum()，分别判断姓名 myName 和卡号 myNumber 的有效性。如果 validateForm()函数返回 false，将不向服务器传送表单数据，否则就传送。

（2）本例<form>元素的 action 属性指定的是 URL 伪协议，模拟服务器端程序。当 validateForm()函数返回 true 时，出现一个警示对话框显示"已发送!"。

9.6.3　处理按钮

在表单中，除了"提交"和"重置"这两种按钮之外，也可以放置普通按钮。对于普通按钮，一般要为其编写 onclick 事件处理函数。

例 9.17　为页面设计 3 个按钮，当单击它们时分别使页面的背景色变成红、蓝和绿色。本例页面文档 s0917.htm 代码如下。

```
<!DOCTYPE html PUBLIC "-//W3C//DTD XHTML 1.0 Strict//EN"
"http://www.w3.org/TR/xhtml1/DTD/xhtml1-strict.dtd">
<html xmlns="http://www.w3.org/1999/xhtml"><head><title>例 9.17 </title>
<script type="text/javascript">
    function changeBgColor(new_bgcolor)
```

```
{//更新页面背景色
        document.body.style.backgroundColor = new_bgcolor;
    }
</script>
</head><body><p>
    <input type="button" value="红" onclick="changeBgColor('red')" />
    <input type="button" value="蓝" onclick="changeBgColor('blue')" />
    <input type="button" value="绿" onclick="changeBgColor('green')" />
</p></body></html>
```

（1）表单控件也可以直接放置在页面中，与表单无关，如本例的 3 个按钮。

（2）为本例 3 个按钮配置的事件处理函数 changeBgColor(…)以代表颜色的字符串为参数，从而将指定颜色设置为页面背景色。

9.6.4 处理文本框

文本框包括单行文本输入框（<input type="text">）和多行文本输入框（<textarea>）。除通用属性、方法和事件外，文本框对象还包含表 9.5 所示的常用方法和事件。

表 9.5　　　　　　　　　　　文本框对象的其他常用方法和事件

属性/方法/事件	说　　明
select()方法	选中文本框中的全部文本。在调用该方法时，必须保证文本框已获取焦点
onchange 事件	当用户更改内容，并且文本框失去焦点时触发。若通过为 value 属性赋值，则不会触发
onselect 事件	当选中文本范围发生变化时触发。该事件不会向上传递给父元素

例 9.18　检验在文本框中输入的年龄是否有效，要求年龄在 10～100 之间。本例页面文档 s0918.htm 代码如下。

```
<!DOCTYPE html PUBLIC "-//W3C//DTD XHTML 1.0 Strict//EN"
"http://www.w3.org/TR/xhtml1/DTD/xhtml1-strict.dtd">
<html xmlns="http://www.w3.org/1999/xhtml"><head><title>例9.18 </title>
<script type="text/javascript">
    function isValidAge(s)
    {//判断年龄是否有效?
        var i,ch,age;
        for(i=0;i<s.length;i++)
        {
            ch = s.charAt(i);
            if(ch<"0"||ch>"9") { alert("请输入数字!"); return false; }
        }
        age = parseInt(s);
        if(age<10||age>100) { alert("请输入真实年龄!"); return false; }
        return true;
    }
    function checkAge()
    {//校验年龄
        var f = document.myform;
        if(isValidAge(f.age.value))
            alert("您输入的年龄是:"+f.age.value);
        else{ //如果输入的是无效年龄
```

```
            f.age.focus();        //设置焦点
            f.age.select();       //选中 age 中的已有内容
        }
        return false;
    }
</script>
</head><body>
<form name="myform">
    <p>年龄: <input type="text" name="age" size="4" value="0" onchange="checkAge()" /></p>
</form>
</body></html>
```

（1）在 IE 中浏览这个页面，先在"年龄"文本框中输入一些字符，然后单击浏览区域的其他空白处，就能触发该文本框的 onchange 事件处理函数 checkAge() 的执行。

（2）在 checkAge() 函数中使用了辅助函数 isValidAge()，用于判断一个字符串 s 是否能够转换为一个有效年龄。要求所有字符都是数字，另外转换后的整数要在 10～100 之间。

（3）如果判断出输入不正确，则把输入焦点又转回文本输入框，并选中其所有内容。

9.6.5 处理单选框和复选框

除通用属性、方法和事件外，单选框和复选框对象还包含一个常用属性 checked 表示是否选中，取值为 true 或 false。

例 9.19 设计一个在线调查的表单页面（含有单选、多选项），当用户单击提交按钮时将显示一个对话框显示用户的选择结果。本例页面文档 s0919.htm 代码如下。

```
<!DOCTYPE html PUBLIC "-//W3C//DTD XHTML 1.0 Strict//EN"
"http://www.w3.org/TR/xhtml1/DTD/xhtml1-strict.dtd">
<html xmlns="http://www.w3.org/1999/xhtml"><head><title>例 9.19 </title>
<script type="text/javascript">
    function getSelectedEffect(effects)
    {//获取效果选项
        for(var i=0;i<effects.length;i++)
        {
            if(effects[i].checked) return effects[i].value;
        }
        return "[没有选择]";
    }
    function getSelectedPrograms(programs)
    {//获取栏目选项
        var i,result="";
        for(i=0;i<programs.length;i++)
        {
            if(programs[i].checked) result += "["+programs[i].value+"]";
        }
        return result;
    }
    function showResult()
    {//显示提交结果
        var msg = "您感觉本站:"+getSelectedEffect(document.myform.page_effect);
        msg += "\n 您希望本站出现以下以下栏目:"+getSelectedPrograms(document. myform.
```

```
program);
            alert(msg);
        }
    </script>
    </head><body><h2>在线调查</h2>
    <form name="myform">
        <p>您感觉本站的主页效果如何(单选)：
            <input  type="radio" value="非常好" name="page_effect"  checked="checked" />
非常好
            <input  type="radio" value="好" name="page_effect" />好
            <input  type="radio" value="一般" name="page_effect" />一般</p>
        <p>您希望本站出现以下什么栏目(多选)：
            <input  type="checkbox"  name="program"  value="新闻"/>新闻
            <input  type="checkbox"  name="program"  value="娱乐"/>娱乐
            <input  type="checkbox"  name="program"  value="教育"/>教育
        </p>
        <p><input type="button" name="Button1" value="提交" onclick="showResult()" /></p>
    </form>
    </body></html>
```

（1）对于属于同组的单选框必须指定相同的 name 属性，如本例为 3 个单选框（"非常好"、"好"和"一般"）指定相同的名称 page_effect，使得用户只能选择其中一个。这样表单控件对象 page_effect 就是一个集合，可以通过循环语句遍历它所表示的每个单选框的状态，如函数 getSelectedEffect(effects) 所做的那样。

（2）而对于复选框，其 name 属性既可以相同也可以不同。本例为了编程的方便，也为 3 个复选框（"新闻"、"娱乐"和"教育"）指定相同的名称 program。这样表单控件对象 program 也是一个集合，同样通过循环语句可遍历每个复选框，如函数 getSelectedPrograms(programs) 所做的那样。

浏览本例页面，单击"提交"按钮，其显示效果如图 9.3 所示。

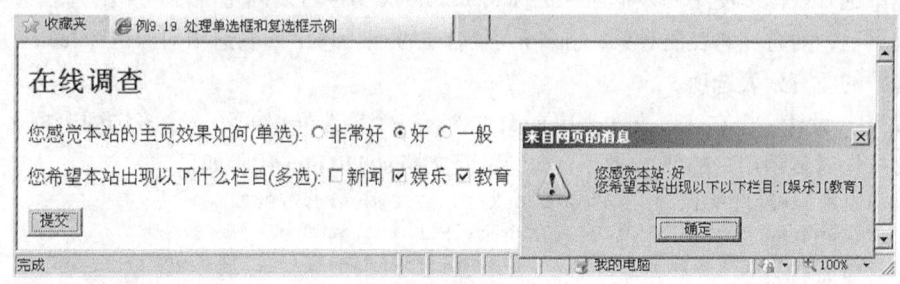

图 9.3　使用单选框和复选框示例

9.6.6　处理列表框

1. 列表框对象

列表框（<select>元素）由多个列表选项组合而成。除通用属性、方法和事件外，列表框对象还包含表 9.6 所示的常用属性和事件。

表 9.6   列表框（Select）对象的其他常用属性、方法和事件

属性/方法/事件	说　明
options 集合	表示列表中所有选项的集合
size 属性	设置或获取列表框中同时可见的选项个数。默认为 1，使列表框显示为下拉列表
selectedIndex 属性	设置或获取被选中的选项索引。若没有选中项，则为−1；若选中多个选项，则为第 1 个选中项的索引
multiple 属性	设置或获取列表是否允许选中多项的布尔值。默认为 false，不允许选中多项
onchange 事件	当用户更改选中项时触发

　　显然，根据列表框对象的 size 属性，可以确定列表框是下拉列表框（size<1）还是普通列表框（size>1）；而根据 multiple 属性，可以确定列表框是单选列表框（multiple=false）还是多选列表框（multiple=true）。

2. 列表选项对象

　　使用列表框对象的 options 集合属性可以访问列表框中的每个列表选项（<option>元素）。列表选项对象含有表 9.7 所示的常用属性。

表 9.7   列表选项对象的常用属性

属　性	说　明
index	设置或获取选项的索引位置
value	设置或获取选项的值。若选项被选中，则其 value 值将赋予列表框的 value 属性
text	设置或获取选项的显示文本
selected	设置或获取选项是否选中，取值为 true 或 false
defaultSelected	设置或获取选项是否选中的默认状态，取值为 true 或 false

　　每个列表选项对象都有 value 和 text 属性，并且这两个属性的值可以不同。属性 text 表示选项的显示文本，而属性 value 表示可被传送给服务器的选项值。

3. 确定选中项

　　对于单选列表框，使用列表框对象的 selectedIndex 属性可以确定当前选中的列表选项；而对于多选列表框，则通过列表框对象的 options 集合属性遍历每个列表选项对象的 selected 属性，确定当前选中的所有列表选项。

　　例 9.20　设计一个在线调查的表单页面（含有一个单选列表框和一个多选列表框），当用户单击提交按钮时显示用户的选择结果。本例页面文档 s0920.htm 代码如下。

```
<!DOCTYPE html PUBLIC "-//W3C//DTD XHTML 1.0 Strict//EN"
"http://www.w3.org/TR/xhtml1/DTD/xhtml1-strict.dtd">
<html xmlns="http://www.w3.org/1999/xhtml"><head><title>例 9.20 </title>
<script type="text/javascript">
    function getEdu_level(edu_level)
    {//获取学历
        if(edu_level.selectedIndex>=0)
            return edu_level.options[edu_level.selectedIndex].text;
        else
            return "[没有选择]";
    }
    function getLikes(likes)
    {//获取爱好
```

```
        var i,result="";
        for(i=0;i<likes.length;i++)
        {
            if(likes.options[i].selected) result += "["+likes.options[i].text+"]";
        }
        return result;
    }
    function showResult()
    {//显示提交结果
        var msg = "您的学历是:"+getEdu_level(document.myform.edu_level);
        msg += "\n您爱好:"+getLikes(document.myform.likes);
        alert(msg);
    }
```

</script>
</head><body><h2>在线调查</h2>
<form name="myform"><p>

```
    学历:<select name="edu_level" >
            <option value="1">小学</option>
            <option value="2">中学</option>
            <option selected="selected" value="3">大学</option>
            <option value="4">大学以上</option>
        </select>
    爱好:<select name="likes" size="6" multiple="multiple">
            <option value="1">游泳</option>
            <option value="2">蓝球</option>
            <option value="3">网球</option>
            <option value="4">登山</option>
            <option value="5">跑步</option>
            <option value="6">健美</option>
        </select>
        <input type="button" name="Button1" value="提交" onclick="showResult()" />
```

</p></form>
</body></html>

辅助函数 getEdu_level(edu_level)根据列表框对象的 selectedIndex 属性确定当前选中项，而辅助函数 getLikes(likes)根据列表框对象的 options 集合遍历每个列表选项对象的 selected 属性，确定所有选中项。

浏览本例页面，单击“提交”按钮，其显示效果如图 9.4 所示。

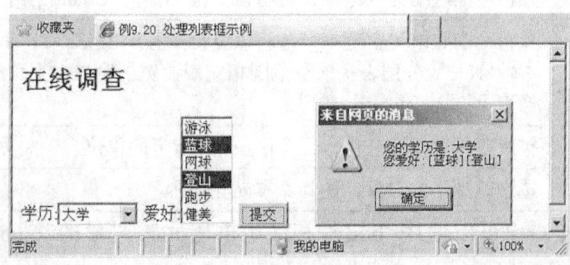

图 9.4　使用列表框示例

9.7 处理编辑事件

当选中页面内容（如文本）时，就可以进行复制、剪切、粘贴和拖放等编辑操作。在脚本程序中，可以使用这类操作的相关事件和对象，控制这类操作的实际效果。

9.7.1 访问选中区

1. Selection 对象（选中区对象）

要访问页面中的当前选中区（如高亮显示的文本块），可以使用 Document 对象的 selection 属性。该属性引用一个 Selection 对象，具有表 9.8 所示的常用属性和方法。

表 9.8　　　　　　　　　　　　Selection 对象的常用属性和方法

属性/方法	说　　明
type	获取选中区的类型，返回字符串值"None"（无）、"Text"（文本）或"Control"（控件）
createRange()	从当前文本选中区中创建 TextRange 对象，或从控件选中区中创建 controlRange 集合
clear()	清除选中区的内容
empty()	取消当前选中区，将选中区类型设置为 None

2. TextRange 对象（文本范围对象）

（1）创建 TextRange 对象

对于类型为"Text"的选中区，可以调用 Selection 对象的 createRange()方法创建一个 TextRange 对象（如表 9.9 所示），从而可以使用其 text 属性访问选中区包含的文本。

表 9.9　　　　　　　　　　　　TextRange 对象的常用属性和方法

属性/方法	说　　明
text	设置或获取文本范围内包含的文本
htmlText	获取表示文本范围的 HTML 代码
pasteHTML(sHTMLText)	将表示范围的 HTML 代码替换为参数 sHTMLText 指定的 HTML 代码
moveStart(sUnit[,iCount])	将范围的开始位置移动 iCount 个由 sUnit 指定的单位。其中，参数 sUnit 可以是"word"（单词）、"sentence"（句子）或"textedit"（整个文本流）；可选参数 iCount 用于指定移动数目，可以为正、负整数值，默认为 1
moveEnd(sUnit[,iCount])	将范围的结束位置移动 iCount 个由 sUnit 指定的单位
move(sUnit[,iCount])	先将范围收缩为空范围，再将该空范围移动 iCount 个由 sUnit 指定的单位
moveToPoint(iX,iY)	先将范围收缩为空范围，再将该空范围移至由 iX、iY 确定的文本流位置。其中，参数 iX、iY 分别表示该空范围相对于浏览器窗口左上角的水平和垂直距离（单位：像素）
expand(sUnit)	扩展范围以便完全包含 1 个由 sUnit 指定的单位
select()	选中范围中的对象，使其文本高亮显示

除 Selection 对象外，也可以使用<body>和文本框等元素对象的 createTextRange()方法创建 TextRange 对象。

（2）使用 TextRange 对象

实际上，TextRange 对象内部管理一个文本流。该文本流来自创建该 TextRange 对象的元素对象（如<body>元素对象），对应于相关 HTML 代码标记的文本。

基于文本流，TextRange 对象内部有一个开始指针和一个结束指针，用于标识文本流中的一个片段的起止位置，该片段称为文本范围。在初始状态下，这两个指针分别指向文本流的起止位置，即文本范围包含整个文本流。不过，通过调用 TextRange 对象的 moveStart、moveEnd、move、moveToPoint 和 expand 等方法可以改变这两个指针的位置，从而改变文本范围的位置和大小。在确定文本范围后，就可以使用 TextRange 对象的 text、htmlText 属性或 pasteHTML 方法读取或改变文本范围中的文本或其对应的 HTML 代码。

例 9.21　设计一个页面，其状态栏会显示鼠标所指的单词。本例页面文档 s0921.htm 代码如下。

```
<!DOCTYPE html PUBLIC "-//W3C//DTD XHTML 1.0 Strict//EN"
"http://www.w3.org/TR/xhtml1/DTD/xhtml1-strict.dtd">
<html xmlns="http://www.w3.org/1999/xhtml"><head><title>例 9.21 </title>
<script type="text/javascript">
    function catchWord()
    {//抓词
        var word = document.body.createTextRange(); //创建一个基于<body>元素的文本范围
        word.moveToPoint(event.clientX, event.clientY);//把文本范围 word 移至鼠标位置
        word.expand("word");//扩展文本范围 word,使之包含一个完整的单词
        window.status = word.text;//取出文本范围 word 中的文本
    }
</script>
</head>
<body  onmousemove="catchWord()">
```

<p>如果想要修改文本范围的延展范围，可以使用 move,moveToElementText 和 findText 移动其起始和终止位置。在文本范围内，你可以获取并修改纯文本或 HTML 文本。这些格式的文本完全相同，只是 HTML 文本包含 HTML 标签，而纯文本不包含。</p>

```
</body></html>
```

易知，在浏览本例页面时移动鼠标，状态栏将显示鼠标所指的单词（如图 9.5 所示）。

图 9.5　抓词示例

3. 将 onselect 事件绑定至<body>元素

与选择操作相关的常用事件是 onselect 事件，当选中区发生变化时触发。该事件通常绑定于文本框控件，此外也可以绑定到<body>元素，以处理用户对页面中任意元素的选择操作。

例 9.22　设计一个页面，其状态栏会实时显示页面的当前选中文本。本例页面文档 s0922.htm 代码如下。

```
<!DOCTYPE html PUBLIC "-//W3C//DTD XHTML 1.0 Strict//EN"
"http://www.w3.org/TR/xhtml1/DTD/xhtml1-strict.dtd">
<html xmlns="http://www.w3.org/1999/xhtml"><head><title>例 9.22 </title>
<script type="text/javascript">
    function showSelectedText()
```

```
{//显示被选中的文本
    var selection=document.selection;//引用 document 对象的 Selection 对象
    if(selection.type.toLowerCase()!="text") return;
    var selected_range=selection.createRange(); //创建基于选中区的 TextRange 对象
    window.status = selected_range.text;
}
</script>
</head>
<body onselect="showSelectedText()">
```
<p>用户和脚本都可以创建选中区。用户创建选中区的办法是拖曳文档的一部分。脚本创建选中区的办法是在文本区域或类似对象上调用 select 方法。</p>
```
</body></html>
```

易知，在浏览本例页面时，状态栏将动态显示当前选中的文本（如图 9.6 所示）。

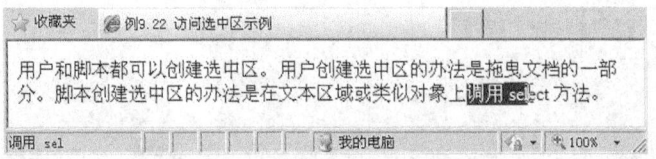

图 9.6　访问选中区文本

9.7.2　处理复制、剪切和粘贴操作

1．复制、剪切和粘贴事件

要处理复制、剪切或粘贴操作，可以使用表 9.10 所示的事件。这些事件可以绑定于页面中的大部分元素。

表 9.10　与复制、剪切和粘贴操作相关的常用事件

事件属性	说　明
oncopy	当用户复制选中区时在源元素上触发。其默认效果是将选中数据复制到系统剪贴板中
oncut	当用户剪切选中区时在源元素上触发。其默认效果是将选中数据从文档中删除，并保存到系统剪贴板中
onpaste	当用户粘贴数据时在目标对象上触发。其默认效果是将系统剪贴板中的数据插入到目标对象的指定位置

2．ClipboardData 对象

在 IE 浏览器中，可以使用 window 对象的 clipboardData 属性访问 ClipboardData 对象。该对象提供了访问系统剪贴板的方法，如表 9.11 所示。

表 9.11　ClipboardData 对象的常用方法

方　法	说　明
getData(sDataFormat)	从系统剪贴板获取指定格式的数据。其中，参数 sDataFormat 指定数据格式，取值为"Text"（文本格式）或"URL"（URL 格式）
setData(sDataFormat,sData)	将指定格式的数据保存到系统剪贴板。其中，参数 sDataFormat 指定数据格式，而参数 sData 是字符串型数据
clearData()	清除系统剪贴板中的数据

例 9.23　设计一个表单页面，该页面不允许以粘贴方式输入密码，并且在用户复制页面的选中内容后只能粘贴出其选中元素的标签名。本例页面文档 s0923.htm 代码如下。

```
<!DOCTYPE html PUBLIC "-//W3C//DTD XHTML 1.0 Strict//EN"
"http://www.w3.org/TR/xhtml1/DTD/xhtml1-strict.dtd">
<html xmlns="http://www.w3.org/1999/xhtml"><head><title>例 9.23 </title>
<script type="text/javascript">
    function preventCopy()
    {//禁止复制
        window.event.returnValue=false; //取消复制操作的默认效果
        //将选中元素的标签名写入剪贴板
        window.clipboardData.setData("Text",event.srcElement.tagName);
    }
</script>
</head>
<body oncopy="preventCopy()">
<form method="post" action="" name="loginForm">
    <p>用户: <input name="Username" type="text" size="20" />
    密码: <input name="UserPassword" type="password" size="20" onpaste="return false;" />
    <input name="Submit1" type="submit" value="登录" /> </p>
</form></body></html>
```

（1）为<body>元素绑定的 oncopy 事件处理函数 preventCopy()用于取消复制操作的默认效果，使用户在复制页面的选中内容后只能粘贴出其选中元素的标签名。

（2）为密码字段绑定的 onpaste 事件处理程序 "return false" 用于取消粘贴操作的默认效果，从而禁止以粘贴方式输入密码。

9.7.3　处理拖放操作

1. 拖放事件

在 IE 中，几乎可以拖曳所有内容，并且可以将拖曳内容放置到几乎所有元素中。不过，在默认情况下，只有文本框才能放置拖曳内容。与拖放操作相关的事件如表 9.12 所示，使用这些事件可以控制拖放操作过程中各个阶段的行为。

表 9.12　　　　　　　　　　　与拖放操作相关的事件

事件属性	说　　明
ondragstart	拖曳开始事件，当用户按下鼠标开始拖动选中对象时在源对象上触发
ondrag	拖曳事件，当用户拖曳对象时在源对象上持续触发
ondragend	拖曳结束事件，当用户释放鼠标时在源对象上触发，结束拖曳操作
ondragenter	拖曳进入事件，当用户拖曳对象到一个目标元素时在目标对象上触发
ondragover	拖曳悬停事件，当用户拖曳对象经过目标元素时在目标对象上持续触发
ondragleave	拖曳离开事件，在拖曳操作过程中当用户将鼠标移出目标元素时在目标对象上触发
ondrop	放下事件，在拖放操作过程中当释放鼠标时在目标对象上触发

根据事件的触发对象，可以将这些拖放事件分为以下两类。

（1）源事件：是指在拖放操作期间由被拖曳对象触发的事件，包括 ondragstart、ondrag 和 ondragend 事件。当开始拖曳对象时先触发 ondragstart 事件；然后触发 ondrag 事件，并且在持续拖曳时该事件会一直触发（类似 ommousemove 事件）；最后，释放鼠标就会触发 ondragend 事件，结束拖曳操作。

（2）目标事件：是指在拖放操作期间由放置目标元素触发的事件，包括 ondragenter、ondragover、ondragleave 和 ondrop 事件。当对象被拖到某个放置目标时先触发 ondragenter 事件（类似 ommouseover 事件），然后当对象在放置目标范围内拖曳时，跟随源事件 ondrag 持续触发 ondragover 事件。当对象被拖出放置目标时，就触发 ondragleave 事件（类似 ommouseout 事件）。不过，如果在放置目标上释放鼠标，就会在触发源事件 ondragend 之前先触发 ondrop 事件。

2. DataTransfer 对象

在拖放事件处理函数中，可以使用 window.event 对象的 dataTransfer 属性访问一个 DataTransfer 对象。该对象表示一个数据传输器，具有表 9.13 所示的常用属性和方法。

表 9.13   DataTransfer 对象的常用属性和方法

属性/方法	说　明
effectAllowed	设置或获取源对象允许的拖放操作类型。其常用取值是"copy"（复制）、"link"（链接）、"move"（移动）、"all"（所有）、"none"（无）和"uninitialized"（未设置，默认）等字符串值
dropEffect	设置或获取目标对象指定的拖放操作类型及相关的光标显示类型。取值为"copy"（复制）、"link"（链接）、"move"（移动）或"none"（无，显示不能放置光标）
getData(sDataFormat)	从数据传输器获取由参数 sDataFormat 指定格式（"Text"或"URL"）的数据
setData(sDataFormat,sData)	将指定格式的数据保存到数据传输器。其中，参数 sDataFormat 指定数据格式，而参数 sData 是字符串型数据
clearData()	清除数据传输器中的数据

使用 DataTransfer 对象可以控制拖放操作的类型和数据，其典型用法如下。

（1）在 ondragstart 事件中，设置 effectAllowed 属性指定允许的拖放操作类型（如 copy、move、all 等），并使用 setData()方法设置要传输的数据。

（2）在 ondragenter（或 ondragover）事件中，设置 dropEffect 属性指定一种可以在目标对象中进行的拖放操作类型，并使鼠标显示为复制、移动或不能放置等光标。

（3）在 ondrop 事件中，使用 getData()方法获取被传输的数据。

例 9.24 设计一个表单页面，该页面不允许以粘贴和拖放方式输入密码，也不允许复制页面内容，并且当拖放选中内容时只能获取其相应元素的标签名。本例页面文档 s0924.htm 代码如下。

```
<!DOCTYPE html PUBLIC "-//W3C//DTD XHTML 1.0 Strict//EN"
"http://www.w3.org/TR/xhtml1/DTD/xhtml1-strict.dtd">
<html xmlns="http://www.w3.org/1999/xhtml"><head><title>例 9.24 </title>
<script type="text/javascript">
        function setDataForDrag()
        {//设置拖曳数据
            //将数据传输器的内容设置为拖曳元素的标签名
            event.dataTransfer.setData("Text",event.srcElement.tagName);
        }
        function setNoDropCursor()
        {//设置不能放置光标
            event.returnValue=false;  //取消拖曳进入动作的默认效果
            event.dataTransfer.dropEffect="none";
```

```
    }
</script>
</head>
<body oncopy="return false;" ondragstart="setDataForDrag()">
<form method="post" action="" name="loginForm">
    <p>用户: <input name="Username" type="text" size="20" />
    密码: <input name="UserPassword" type="password"
size="20"onpaste="return false;" ondrop="return false;" ondragenter="setNoDropCursor()" />
    <input name="Submit1" type="submit" value="登录" /> </p>
</form></body></html>
```

（1）为 <body> 元素绑定的 oncopy 事件处理程序 "return false" 禁止复制页面的任何内容。而 ondragstart 事件处理函数 setDataForDrag( )通过 event.dataTransfer.setData(...)语句将拖曳元素的标签名保存到数据传输器中，从而改变页面的默认拖放效果。

（2）为密码字段绑定的 onpaste 和 ondrop 事件处理程序 "return false" 用于取消粘贴和放置操作的默认效果，从而禁止以粘贴和拖放方式输入密码。而为该字段绑定的 ondragenter 事件处理函数 setNoDropCursor()通过将 event.dataTransfer.dropEffect 赋值为 "none"，使拖曳对象进入密码字段时将鼠标显示为不能放置光标。

9.8　处理异常

9.8.1　运行时错误

对于程序中的错误，除了包括语法错误和语义错误外，也包括运行时错误。运行时错误也称为异常，是指程序代码符合语法规则，但是在某些情况下运行时可能出错。例如，以下语句：

```
window.eval(sExp) ; //可能出错
```

当变量 sExp 包含有效表达式时，语句运行正常。不过，当 sExp 包含无效表达式（如 1++2）时，该语句执行时将出错。

在 IE8.0 中，若网页出现脚本运行时错误，将出现一个显示错误信息的 "网页错误" 对话框。如图 9.7 所示，该对话框也提示是否调试脚本，若单击 "是" 按钮，则自动启动 IE 脚本调试工具。此外，读者也可以控制 IE 不显示 "网页错误" 对话框，方法是打开 IE 的 "Internet 选项" 对话框，然后在其 "高级" 选项卡的 "设置" 列表中勾选 "浏览" 组中的 "禁用脚本调试（InternetExplorer）" 选项。

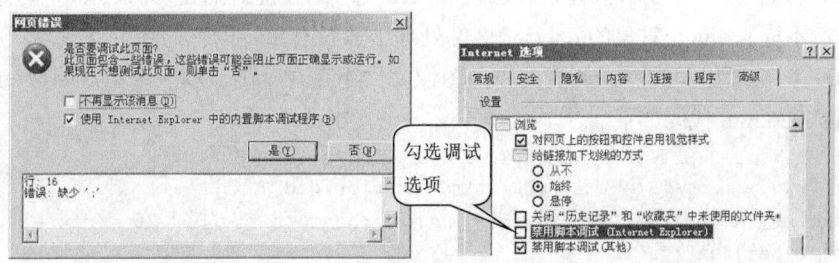

图 9.7　网页错误提示及其控制选项

在网页编程中，处理脚本异常的常用技术是使用 onerror 事件和 try...catch 语句。

9.8.2　onerror 事件

1. 绑定至 window 对象

当页面中的脚本运行异常时，通常会触发 window 对象的 onerror 事件。通过为这个事件编写事件处理函数，读者可以指定自己的异常处理方式。此外，window 对象的 onerror 事件处理函数可以使用 3 个参数，依次是 sMsg（错误信息）、sUrl（出错文档的 URL）和 sLine（出错语句在文档中的行号）。

例 9.25　设计一个页面，含有 1 个文本框和 1 个按钮。当单击该按钮时将计算在文本框中输入的任意表达式的值。本例页面文档 s0925.htm 代码如下。

```
<!DOCTYPE html PUBLIC "-//W3C//DTD XHTML 1.0 Strict//EN"
"http://www.w3.org/TR/xhtml1/DTD/xhtml1-strict.dtd">
<html xmlns="http://www.w3.org/1999/xhtml"><head><title>例 9.25 </title>
<script type="text/javascript">
    window.onerror= function(sMsg,sUrl,sLine)
    {//绑定带参数的事件处理函数
        alert("发生错误: "+sMsg+"\n 文档: "+sUrl+"\n 行号: "+sLine);
    }
    function caculate()
    {//计算任意表达式的值
        alert(window.eval(Text1.value));//可能出错
    }
</script></head><body>
<p>请输入任意常数表达式:<input id="Text1" type="text"/>
<input id="Button1" type="button" value="等于" onclick="caculate()" /></p>
</body></html>
```

当在文本框中输入一个有效表达式（如 1+2）时，单击按钮触发执行的 caculate() 函数将显示该表达式的值。不过，当输入一个无效表达式（如 1++2）时，执行语句"window.eval(Text1.value)"将出现异常，触发执行 window.onerror 事件处理函数，显示该错误的相关信息（如图 9.8 所示）。

图 9.8　自定义出错信息

2. 绑定至<img>图像对象

onerror 事件也可以绑定到<img>图像对象。也就是，当一个<img>元素由于某种原因不能成功载入（如图像文件不存在），该元素将触发 onerror 事件。要注意的是，与 window 对象的 onerror 事件处理函数不同，<img>对象的 onerror 事件处理函数没有出错信息的相关参数。

例 9.26　为页面编写脚本，若页面中的图像文件不存在，则显示一个指定图像 error.gif。本例页面文档 s0926.htm 代码如下。

```
<!DOCTYPE html PUBLIC "-//W3C//DTD XHTML 1.0 Strict//EN"
"http://www.w3.org/TR/xhtml1/DTD/xhtml1-strict.dtd">
<html xmlns="http://www.w3.org/1999/xhtml"><head><title>例 9.26 </title>
<script type="text/javascript">
    window.onload= function()
    {
```

```
        for(var i=0;i<document.images.length;i++)
        {//遍历每个 <img> 元素
            var img=document.images[i];
            img.onerror=function(){this.src="error.gif";} //设置 onerror 事件处理函数
            img.src=img.src;//重置 src 属性,若图像文件不存在,则触发其 onerror 事件
        }
    }
</script>
</head><body><p>随着年末钟声的敲响,我们进入了
<img alt="千禧年" src="Y2k.GIF" width="33" height="36" />。
</p></body></html>
```

（1）window.onload 事件处理函数为页面的所有<img>元素设置了 onerror 事件处理函数。注意，在语句 this.src="error.gif"中，关键字 this 表示当前出错的<img>元素对象。

（2）浏览本例页面时，若图像文件 Y2k.GIF 不存在，则显示为图像 error.gif。注意，对于<img>元素，若图像文件不存在，则其第 1 次触发的 onerror 事件早于 window.onload 事件，而在 window.onload 事件处理函数中的语句 img.src=img.src 将第 2 次触发该<img>元素的 onerror 事件。

9.8.3　try…catch 语句

1. 基本语法

在 JavaScript 程序中，可以使用 try…catch 语句捕获可能出现的异常。try…catch 语句包括 3 部分，分别是 try 子句、catch 子句和可选的 finally 子句，语法格式如下：

```
try {
    tryStatements  //可能异常
}catch(exception){ // exception 是可选项,表示描述错误信息的 Error 对象
    catchStatements
}finally { //finally 子句也是可选项
  finallyStatements
}
```

在运行该语句时，先执行可能出现异常的 tryStatements 语句。若出现异常，就立即从 try 子句退出，进入 catch 子句执行其 catchStatements 语句；若无异常，则正常执行完 tryStatements 语句，不会执行 catchStatements 语句。

若出现 finally 子句，则无论是正常执行 try 子句之后，还是因异常而执行 catch 子句之后，都会执行 finallyStatements 语句。

2. Error 对象

catch 子句用于捕获 try 子句可能出现的异常，该子句可以有参数 exception。该参数引用一个描述错误信息的 Error 对象，如表 9.14 所示。

表 9.14　　　　　　　　　　　　　Error 对象的常用属性

属　　性	说　　明
number	设置或获取表示特定错误的错误编号（数字型）
name	设置或获取错误类型名
description	设置或获取关于错误的描述信息

例 9.27　为页面编写脚本，使用 try...catch 语句处理可能异常的语句。本例页面文档 s0927.htm
代码如下。

```
<!DOCTYPE html PUBLIC "-//W3C//DTD XHTML 1.0 Strict//EN"
"http://www.w3.org/TR/xhtml1/DTD/xhtml1-strict.dtd">
<html xmlns="http://www.w3.org/1999/xhtml"><head><title>例 9.27 </title>
<script type="text/javascript">
    function caculate()
    {//计算任意表达式的值
        try {
            alert(window.eval(Text1.value));//可能出错
        }
        catch(e){
            alert("错误类型:"+e.name+"\n 错误信息:"+e.description);
        }
    }
</script></head><body>
<p>请输入任意常数表达式:<input id="Text1" type="text"/>
<input id="Button1" type="button" value="等于" onclick="caculate()" /></p>
</body></html>
```

 本例将可能出现异常的语句 window.
eval(Text1.value)放入 try 子句，而在 catch 子句中显示
捕获的异常信息。因此，当在文本框中输入一个无效
表达式（如 1++2）时，单击按钮，将显示如图 9.9 所
示的错误信息。

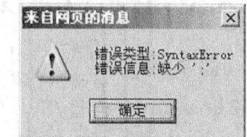

图 9.9　显示捕获的异常信息

3. throw 语句

在 JavaScript 中，throw 语句是与 try...catch 语句密切相关的一条语句，其语法如下：

```
throw exception;
```

其中，exception 参数可以是任意表达式。throw 语句用于产生一个异常，相当于一条出现异常的
语句。例如，以下语句执行时将生成一个异常，其错误信息是"An error occurred"：

```
throw "An error occurred";
```

习　题

一、判断题

（1）在事件驱动执行方式下，程序执行顺序依赖于事件的发生顺序。

（2）在 JavaScript 中，除了属性和方法之外，事件也是对象的重要组成部分。

（3）在动态绑定事件时，可以将字符串形式的 JavaScript 代码直接赋值给对象的事件属性。

（4）在 IE 中，使用 detachEvent()方法可以取消由赋值型绑定建立的事件绑定。

（5）在 IE 中，onload 事件既可以绑定至<body>元素，也可以绑定至 window 对象。

（6）只有在事件处理程序中，才能通过 window.event 属性访问有效的 Event 对象。

（7）在页面中，任何事件发生时都会冒泡传递，如 onload 事件。

（8）在事件处理程序中，不能取消浏览器对事件的默认处理动作。

（9）在触发 onclick 事件之前，会先依次发生 onmousedown、onmouseup 事件。

（10）当用户点击一次字符键时，触发的事件顺序是 onkeydown、onkeyup、onkeypress。

（11）onchange 事件是所有表单控件对象（如文本框、按钮等）的通用事件。

（12）调用 Form 对象的 submit()方法将触发 onsubmit 事件。

（13）调用 document.selection.createRange()方法总是创建一个 TextRange 对象。

（14）属性 window.event.dataTransfer 和 window. clipboardData 引用的对象相同。

（15）在 try…catch 语句中，finally 子句是可选的。

二、单选题

（1）onclick 事件属于以下哪类事件?

    A.页面事件　　　　　B. 鼠标事件　　　　　C. 键盘事件　　　　　D. 表单事件

（2）以下_____语句不能为按钮指定单击（onclick）事件处理程序。

    A. <input type="button"value="问候"onclick="alert('先生,您好!');"/>

    B. <input type="button"value="问候"onclick='alert("先生,您好!")/>

    C. <input type="button"value="问候"onclick="alert("先生,您好!");"/>

    D. 都不能

（3）要为 document 对象绑定事件处理函数，不能使用_____方法。

    A. 静态绑定　　　　　　　　　　　B. 赋值型动态绑定

    C. attachEvent()　　　　　　　　　D. 都不能

（4）以下_____不是 Event 对象的属性。

    A. x　　　　　　　　B. srcElement　　　　C. time　　　　　　　D. keyCode

（5）在事件处理程序中，执行以下_____语句能够阻止事件继续向上冒泡传递。

    A. event.cancelBubble=true;　　　　　B. event.cancelBubble=false;

    C. event.returnValue=true;　　　　　　D. event.returnValue=false;

（6）在事件处理程序中，执行以下_____语句能够取消浏览器对事件的默认处理动作。

    A. event.cancelBubble=true;　　　　　B. event.cancelBubble=false;

    C. event.returnValue=true;　　　　　　D. event.returnValue=false;

（7）在鼠标事件处理函数中，使用以下_____表达式可以识别鼠标右键被按下。

    A. event.button==0　　　　　　　　B. event.button==1

    C. event.button==2　　　　　　　　D. event.button==4

（8）在键盘事件处理函数中，若有语句 varch=String.fromCharCode(event.keyCode)，则使用以下_____表达式可以识别是否按下组合键 Ctrl+C。

    A. event.keyCode=="C"&&event.ctrlKey

    B. event.keyCode=="C".charCodeAt(0)&&event.ctrlKey

    C. ch=="C"&&event.ctrlKey

    D. ch.toUpperCase()=="C"&&event.ctrlKey

（9）如果在页面上有一个表单 form1，并且在这个表单中包含名为 yourname 的文本框，那么通过_____可以引用这个文本框。

    A. yourname　　　　　　　　　　　B. form1.yourname

    C. window.form1.yourname　　　　　D. 无法访问

（10）onsubmit 事件是_____对象上的事件。

A. Window   B. Document   C. Form   D. Link

（11）onchange 事件不是_____对象上的事件。

   A. Select   B. Text   C. TextArea   D. Document

（12）以下关于列表框（<select>元素）和列表选项（<option>元素）对象的论述中，哪个不正确？

   A. 若列表框对象的 size 属性大于 1，则该列表框是多选列表框；

   B. 对于列表选项对象，其 value 和 text 属性值可以不同；

   C. 对于单选列表框，使用列表框对象的 selectedIndex 属性可以确定当前选中项；

   D. 对于多选列表框，可以使用列表框对象的 options 集合属性遍历每个列表选项对象的 selected 属性来确定当前选中的所有列表选项。

（13）onselect 事件不是_____对象上的事件。

   A. Select   B. Text   C. TextArea   D. Body

（14）在以下所列的拖放事件中，_____事件不属于源事件。

   A. ondragstart B. ondrag   C. ondragend D. ondrop

（15）onerror 事件不是_____对象上的事件。

   A. Window   B. Document   C. Body   D. Image

三、综合题

（1）设计一个页面，该页面上有一个"发送"按钮，当单击这个按钮时将显示一个警示对话框显示"发送完毕"。

（2）为页面编写脚本，在 document 对象的 onclick 事件处理程序中判断用户是否同时按下 Shift 键。

（3）为页面编写脚本，当鼠标在超链接上移动时，状态栏显示鼠标指针在窗口中的坐标。

（4）设计一个含有一个表单的页面，并且在表单上放置一个文本框。编写程序，当鼠标在页面上移动时，鼠标坐标将显示在这个文本框中。

（5）设计一个表单，可以让用户输入姓名、年龄、职业，并编写程序对年龄进行有效性检验（即 16<=年龄<=40），数据合格后提交表单。

（6）为页面编写脚本，使浏览该页面的窗口总是出现在所有其他窗口前面（提示：使用 window 对象的 onblur 事件和 focus()方法）。

第10章

JavaScript 网页特效

在掌握 JavaScript 编程、文档对象模型（DOM）和层叠样式表（CSS）这三大动态网页技术的基础上，本章介绍一些实现特殊效果的 JavaScript 动态网页编程实例，以增强本书的趣味性和实用性。按其特性，把这些实例分为文字特效、图片特效、时间特效、窗体特效、鼠标和菜单这 6 类。

10.1 操控元素的大小与位置

在动态网页编程中，要设置元素的大小与位置，必须使用样式对象的长度属性；而要获取元素的大小与位置，通常是使用元素对象的长度属性。

10.1.1 设置元素的大小与位置

根据 CSS 元素框模型，任何一个可显示的页面元素都显示为一个元素框，而每个元素框由里至外依次包括内容区、内边距、边框和外边距 4 个部分。

在 JavaScript 程序中，要设置元素框的大小与位置，可以使用元素对象的 style 属性引用的 Style 对象。该对象表示元素的内嵌样式，含有以下 3 组长度属性。

（1）CSS 长度属性：包括 width、height、left 和 top 属性。其中，width、height 属性分别指定元素内容区的宽度、高度，而 left、top 属性分别指定元素框与其包含块边界之间的水平、垂直偏移。注意，这些属性直接对应于 CSS 属性，其属性值是字符串类型，并且带单位。例如：

```
testBlock.style.width="7cm"; //将内容区宽度设置为 7cm
```

（2）pixel 长度属性：包括 pixelWidth、pixelHeight、pixelLeft 和 pixelTop 属性。这些属性表示的长度与 width、height、left 和 top 属性表示的长度含义相同。但是，这些属性值的类型是整数，单位是 px（像素）。例如：

```
testBlock.style.pixelLeft=15;//将水平偏移设置为 15 个像素
```

（3）pos 长度属性：包括 posWidth、posHeight、posLeft 和 posTop 属性。这些属性值的类型是浮点数，表示 width、height、left 和 top 属性值中的数值部分。例如：

```
testBlock.style.posHeight=0.5; //将内容区高度值设置为 0.5
```

必须注意，以上 3 组长度属性总是保持一致性。也就是，当修改某个长度属性时，其他两组对应的属性将自动转换为相应的长度值。此外，当对 pixel 长度属性或 pos 长度属性进行赋值时，不会改变相应的 CSS 长度属性值的单位。

例10.1 制作一个页面。先在页面上放置一个\<div\>块，并指定内嵌样式 style="width:5cm; height:

1cm; border: 15px solid red;"；然后放置一个按钮，单击时将为该<div>块设置样式属性 "position:absolute; width:7cm; height:0.5cm; left:15px; top:15px;"。本例页面文档 s1001.htm 代码如下。

```
<!DOCTYPE html PUBLIC "-//W3C//DTD XHTML 1.0 Strict//EN"
"http://www.w3.org/TR/xhtml1/DTD/xhtml1-strict.dtd">
<html xmlns="http://www.w3.org/1999/xhtml"><head><title>例 10.1 </title>
<script type="text/javascript">
    function setLocation(){
        testBlock.style.position="absolute"; //使下面设置的 left,top 属性有效
        testBlock.style.pixelLeft=15;//将水平偏移设置为 15 个像素
        testBlock.style.pixelTop=15;
        testBlock.style.width="7cm"; //将内容区宽度设置为 7cm
        testBlock.style.posHeight=0.5; //将内容区高度值设置为 0.5
    }
</script>
</head>
<body style="margin: 0px;">
<p><button name="Abutton1" onclick="setLocation()">设置位置与大小</button></p>
<div id="testBlock" style="width: 5cm; height: 1cm; border: 15px solid red;">
元素框包括内容区、内边距、边框和外边距 4 部分。</div>
</body></html>
```

如图 10.1 所示，左图显示页面初始显示效果。当单击按钮后，如右图所示。

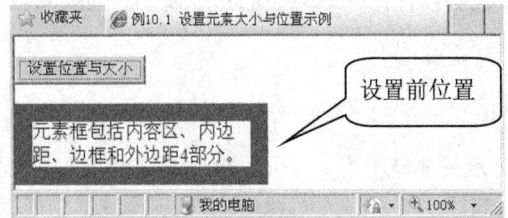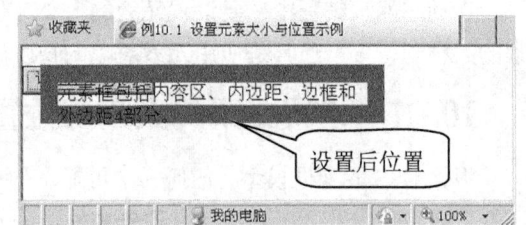

图 10.1　设置元素大小与位置示例

（1）为<body>元素指定样式"margin:0px;"，使页面元素紧贴浏览窗口边缘。

（2）为按钮的 onclick 事件绑定函数 setLocation()，该函数为<div>块设置样式属性 "position: absolute; width:7cm; height:0.5cm; left:15px; top:15px;"。

10.1.2　获取元素的大小与位置

显然，获取元素大小与位置的一种方法是使用 Style 对象访问相应的长度属性。但这种方法有以下两个缺陷：（1）若要访问的长度属性没有设置，则读取的值是空字符串或 0；（2）若元素的定位方式是静态定位（static），则其样式属性 left、top 无效。

不过，几乎所有元素对象都具有表 10.1 所示的长度属性（注：这些属性的值是整数，长度单位是像素 px）。通过访问这些属性，可以获取元素的实际大小与位置。

表 10.1　　　　　　　　　　　　元素对象中的常用长度属性

属　性	说　明
clientWidth	获取元素客户区的宽度，等于内容区宽度+左右两边的内边距，但不包括可能出现的垂直滚动条宽度

属　　性	说　　明
clientHeight	获取元素客户区的高度，等于内容区高度+上下两边的内边距，但不包括可能出现的水平滚动条高度
clientLeft	获取客户区与偏移区的左边界之间的距离，即左边框宽度 style.borderLeftWidth
clientTop	获取客户区与偏移区的上边界之间的距离，即上边框宽度 style.borderTopWidth
offsetWidth	获取偏移区的宽度，等于内容区宽度+左右两边的内边距+左右两边的边框
offsetHeight	获取偏移区的高度，等于内容区高度+上下两边的内边距+上下两边的边框
offsetLeft	获取偏移区与其包含块客户区的左边界之间的距离
offsetTop	获取偏移区与其包含块客户区的上边界之间的距离

要理解这些属性的含义，必须基于 CSS 的框模型，即一个元素框，由里至外，依次包括内容区、内边距、边框和外边距。此外，在一个元素框中，也包括以下两个区域。

（1）客户区：由里至外，依次包括内容区和内边距，但不包括可能出现的滚动条。在元素对象中，clientWidth、clientHeight 属性表示客户区的大小；而 clientLeft、clientTop 属性表示客户区在偏移区中的水平、垂直距离，实际上就是元素的边框宽度。

（2）偏移区：由里至外，依次包括内容区、内边距和边框。在元素对象中，offsetWidth、offsetHeight 属性表示偏移区的大小；而 offsetLeft、offsetTop 属性表示偏移区在其包含块客户区中的水平、垂直距离。

例 10.2 制作一个页面。先为<body>元素设置内嵌样式 style="position:relative; padding:3px; border: 2px solid black; margin:10px;"；然后在页面上放置一个 <div> 块，并设置内嵌样式 style="width:400px; padding:4px; border:10px solid red; margin:0px;"；再放置一个按钮，单击时将显示<div>块的实际大小与位置。本例页面文档 s1002.htm 代码如下。

```
<!DOCTYPE html PUBLIC "-//W3C//DTD XHTML 1.0 Strict//EN"
"http://www.w3.org/TR/xhtml1/DTD/xhtml1-strict.dtd">
<html xmlns="http://www.w3.org/1999/xhtml"><head><title>例 10.2 </title>
<script type="text/javascript">
    function showLocation(){
        var msg = "Style(left,top,width,height):"; //step1:获取 Style 对象中的长度属性
        msg += testBlock.style.left + "," + testBlock.style.top;
        msg += "," + testBlock.style.width + "," + testBlock.style.height;
        msg += "\n 客户区(left,top,width,height):"; //step2::获取客户区的长度属性
        msg += testBlock.clientLeft + "," + testBlock.clientTop;
        msg += "," + testBlock.clientWidth + "," + testBlock.clientHeight;
        msg += "\n 偏移区(left,top,width,height):"; //step3::获取偏移区的长度属性
        msg += testBlock.offsetLeft + "," + testBlock.offsetTop;
        msg += ","+testBlock.offsetWidth + "," + testBlock.offsetHeight;
        alert(msg);
    }
</script></head>
<body style="position:relative; padding:3px; border: 2px solid black; margin:10px;" >
<p><button name="Abutton1" onclick="showLocation()">显示位置与大小</button></p>
<div id="testBlock" style="width:400px; padding:4px; border:10px solid red;
margin:0px;" >
<p>客户区包括内容区和内边距。</p><p>偏移区包括内容区、内边距和边框。</p>
<p>元素框包括内容区、内边距、边框和外边距 4 部分。</p>
```

```
</div></body></html>
```

本例页面浏览时，单击按钮后显示效果如图 10.2 所示。

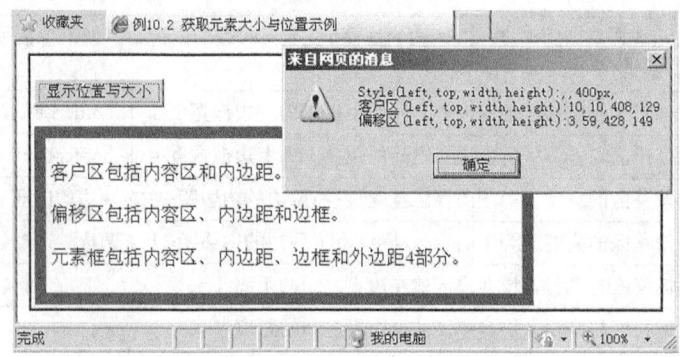

图 10.2　获取元素大小与位置示例

（1）在访问<div>元素的 style 对象中的长度属性时，由于只为<div>设置了 width 长度属性，因此 style.left、style.top、style.height 返回空字符串。

（2）在访问<div>元素的客户区长度属性时，由于设置了样式属性"border:10px"，因此 testBlock.clientLeft 和 testBlock.clientTop 的值都是 10；由于设置了样式属性"width:400px; padding:4px"，因此 testBlock.clientWidth=400+2×4=408；此外，尽管没有设置样式属性 height，但浏览器会根据元素内容自动计算出内容区的高度值。

（3）在访问<div>元素的偏移区长度属性时，由于为<body>设置了样式属性"position:relative; padding:3px"，因此该<div>元素的包含块元素是<body>，即<div>块在<body>元素的客户区紧贴其左内边距显示；又由于<div>元素设置了样式属性"margin:0px"，因此 testBlock.offsetLeft 的值就是 3px。此外，由于<div>元素设置了样式属性"width:400px; padding:4px; border:10px solid red"，不难计算出 testBlock.offsetWidth=400+2×4+2×10=428。

10.1.3　操控滚动区

在元素框中也有一个滚动区，用于表示客户区中的可视内容。要操控滚动区，可以使用元素对象中如表 10.2 所示的有关属性、方法和事件。

表 10.2　　　　　　　　　　与滚动区相关的常用属性、方法和事件

属性/方法/属性	说　　明
scrollWidth 属性	获取滚动区的宽度（单位：px，下同）
scrollHeight 属性	获取滚动区的高度
scrollLeft 属性	设置或获取元素的客户区与滚动区的左边界之间的距离
scrollTop 属性	设置或获取元素的客户区与滚动区的上边界之间的距离
scrollIntoView(alignWithTop)方法	垂直滚动客户区中的可视内容，直到滚动区的上边界或下边界与客户区对齐为止。若参数 alignWithTop 为 true，则对齐上边界；若为 false，则对齐下边界
doScroll([sAction])方法	模拟一个单击滚动条动作。可选字符串参数 sAction 可以取值为"scrollbarDown"（默认）、"scrollbarUp"、"scrollbarLeft"、"scrollbarRight"等值
onscroll 事件	滚动事件，当滚动元素的滚动条时触发

元素的滚动区大小主要依赖于该元素包含的所有子元素的大小：对于滚动区的宽度，先计算滚动区的基本宽度（即等于元素的左内边距+子元素的左外边距+子元素偏移区宽度），据此计算滚动区的宽度=Max(滚动区的基本宽度,元素客户区的宽度)；对于滚动区的高度，有类似的计算方法。

当客户区右侧或底部出现滚动条（即元素的样式属性 overflow 设置为 scroll 或 auto）时，客户区相当于滚动区的视窗。当滚动区比客户区大时，通过客户区只能看到滚动区的部分内容，需要移动滚动条才能看到滚动区的其他内容。也就是，开始时客户区与滚动区的左、上边界对齐，即 scrollLeft、scrollTop 属性为 0；当移动滚动条时，将改变客户区在滚动区中的偏移位置，其中，scrollLeft 属性表示左边界偏移距离，而 scrollTop 属性表示上边界偏移距离。

例 10.3　制作一个页面。先放置一个\<div\>，并设置内嵌样式 style="position:relative; overflow:auto; width:400px;height:100px; padding:3px; border: 2px solid black;"；然后在该 \<div\> 内再放置一个内部的\<div\>块，并设置内嵌样式 style="width:550px; padding:4px; border:10px solid red; margin:10px;"；再为外层的\<div\>元素绑定 onscroll 事件处理函数 showScrollInfo()，显示其滚动区的大小与其视窗位置。本例页面文档 s1003.htm 代码如下。

```
<!DOCTYPE html PUBLIC "-//W3C//DTD XHTML 1.0 Strict//EN"
"http://www.w3.org/TR/xhtml1/DTD/xhtml1-strict.dtd">
<html xmlns="http://www.w3.org/1999/xhtml"><head><title>例10.3 </title>
<script type="text/javascript">
    function showScrollInfo(){//显示外层 div 元素的滚动区大小与其视窗位置
        msg.innerText = "滚动区(left,top,width,height):";
        msg.innerText += outBlock.scrollLeft + "," + outBlock.scrollTop;
        msg.innerText += "," + outBlock.scrollWidth + "," + outBlock.scrollHeight;
    }
</script>
</head><body>
<div id="outBlock" style="position:relative; overflow:auto; width:400px;height:100px;
padding:3px; border: 2px solid black;" onscroll="showScrollInfo()" >
    <div id="inBlock"  style="width:550px;  padding:4px;  border:10px  solid  red;
margin:10px;" >
        <p>滚动区的基本宽度 = 元素的左内边距+子元素的左外边距+子元素偏移区宽度</p>
        <p>滚动区的宽度 = Max(滚动区的基本宽度,元素客户区的宽度)</p>
    </div>
</div><pre id="msg"></pre>
</body></html>
```

本例页面浏览时，移动外层\<div\>元素的滚动条后，显示效果如图 10.3 所示。

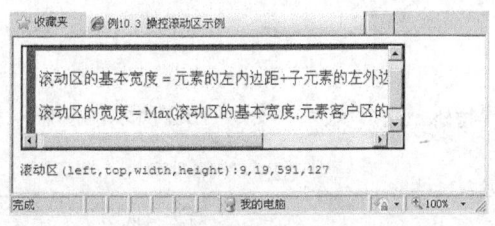

图 10.3　获取滚动区的大小与其视窗位置

（1）外层\<div\>元素的滚动区宽度=3+10+(550+2×4+2×10)=591px，与显示结果相符。

（2）当移动外层\<div\>元素的滚动条时，其 scrollLeft、scrollTop 属性值跟随变化。

10.1.4 获取浏览器窗口的浏览区和页面大小

<html>元素框是一种特殊的元素框，其客户区等同于浏览器窗口的浏览区，其滚动区是在浏览区中显示的页面。因此，使用<html>元素对象可以获取浏览器窗口的浏览区和页面大小。

例 10.4 为页面编写脚本，当鼠标在浏览区中移动时，将显示浏览区与页面的大小及其鼠标位置。本例页面文档 s1004.htm 代码如下。

```
<!DOCTYPE html PUBLIC "-//W3C//DTD XHTML 1.0 Strict//EN"
"http://www.w3.org/TR/xhtml1/DTD/xhtml1-strict.dtd">
<html xmlns="http://www.w3.org/1999/xhtml"><head><title>例10.4 </title>
<script type="text/javascript">
    document.onmousemove=function(){
        var html=document.documentElement;//获取 <html> 元素对象
        winPos.innerText = "浏览区大小:"+html.clientWidth+"*"+html.clientHeight;
        winPos.innerText += ";鼠标("+event.clientX+","+event.clientY+")"; //浏览区中的鼠标位置
        pagePos.innerText = "页面大小:"+html.scrollWidth+"*"+html.scrollHeight;
        pagePos.innerText += ";鼠标("+event.x+","+event.y+")"; //页面中的鼠标位置
    }
</script>
</head><body>
<pre id="winPos">浏览区大小</pre><pre id="pagePos">页面大小</pre>
</body></html>
```

（1）本例页面浏览时，先调整浏览器窗口的大小并移动滚动条，然后在浏览区中移动鼠标，将显示浏览区与页面大小及其鼠标位置（如图 10.4 所示）。

（2）当浏览器窗口出现滚动条时，浏览区与页面的大小不一样，其鼠标相对位置也不同。

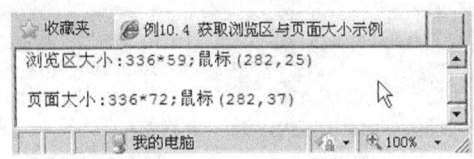

图 10.4 获取浏览区与页面大小及其鼠标位置

10.2 CSS 滤镜

1. 什么是滤镜

滤镜是指页面元素呈现特殊的显示效果，如表 10.3 所示的阴影、模糊、翻转等特效。

表 10.3　　　　　　　　　　　　　常用 CSS 滤镜效果

滤镜名	语法及说明
Alpha	设置透明度效果，其语法为：filter:Alpha(opacity=..., finishOpacity=..., style=..., startX=..., startY=..., finishX=..., finishY=...) 其中，参数 opacity 指定透明度，取值为 0～100（注：0 代表完全透明，100 代表完全不透明）；finishOpacity 设置渐变透明度效果的结束透明度；style 指定透明区域的形状特征（0 代表统一形状，1 代表线形，2 代表放射状，3 代表长方形）；startX 和 startY 指定渐变效果的开始坐标；finishX 和 finishY 代表渐变透明效果的结束坐标

滤镜名	语法及说明
BlendTrans	创建淡入或淡出效果，其语法为：filter:BlendTrans(duration=…) 其中，参数 duration 指定效果持续的时间
Blur	设置模糊效果，其语法为：filter:Blur(add=true|false, direction=…, strength=…) 其中，参数 add 指定图片是否被改变成模糊效果，取值为布尔值；direction 用于设置模糊效果的方向，按顺时针取值从 0 度开始递增 45 度的 8 个方向；strength 设置模糊效果所影响的像素数，值为整数
Chroma	将指定颜色设置为透明，其语法为：filter:Chroma(color=…) 其中，参数 color 用于指定要作为透明色的特定颜色，取值可以是任意颜色值
DropShadow	设置阴影效果（注：看上去就像页面元素在页面不同位置显示两次，而产生投影效果），其语法为：filter:DropShadow(color=…,offX=…,offY=…,positive=true|false) 其中，参数 color 表示阴影的颜色；offX 和 offY 表示阴影的偏移量，取值为像素数；positive 有两个值：true 为任何非透明像素建立可见的投影，false 为透明的像素部分建立可见的投影
FlipH	设置水平翻转效果，其语法为：filter:FlipH
FlipV	设置垂直翻转效果，其语法为：filter:FlipV
Glow	设置发光效果，其语法为：filter:Glow(color=…,strength=…) 其中，参数 color 用于指定发光效果的颜色；strength 指定发光效果的强度，取值为 0～255
Gray	去除可视对象的颜色信息，使其变为灰度显示，其语法为：filter:Gray
Invert	反转可视对象的色调、饱和度和亮度，创建底片效果，其语法为：filter:Invert
Light	通过使用滤镜的各种方法模拟光源在可视对象上的投影，其语法为：filter:Light
Mask	设置透明膜效果，其语法为：filter:Mask(color=…) 其中，参数 color 表示透明膜的颜色
RevealTrans	设置转换效果，显示或隐藏可视对象，其语法为：filter:RevealTrans(duration=…,transition=…) 其中，参数 duration 指定转换时间，单位为秒；transition 指定转换类型，取值为 0～23
Shadow	设置立体式阴影效果，其语法为：filter:Shadow(color=…,direction=…) 其中，参数 color 指定阴影色；direction 表示阴影方向，取值与 blur 滤镜相同
Wave	设置波纹效果，其语法为：filter:Wave(add=…,freq=…,lightStrength=…,phase=…,strength=…) 其中，参数 add 指定是否按正弦波形显示，取值为 true 或 false；freq 指定波形频率；lightStrength 指定光影效果，取值为 0～100 的整数；phase 指定波形开始时的偏移量，取值为 0～100 的整数；strength 指定波形振幅
Xray	设置 X 光效果，其语法为：filter:Xray

2. 滤镜的使用方法

在 IE 中，为页面元素应用滤镜的基本方法是使用 CSS 样式的 filter 属性，并且滤镜属性常用于 body、div、span、img、button、input、textarea、table、td、th 等元素。

在 CSS 样式定义中，filter 属性声明的基本格式是

```
filter: 滤镜名(参数)
```

其中，参数用于控制滤镜效果。例如，如果要为 img 元素设置透明度效果，可以使用样式定义：img{filter:Alpha(opacity=80)}。其中，opacity=80 是参数，用于控制透明度。

也可以为元素同时指定多个滤镜效果，此时只需将不同的滤镜用空格分隔即可。例如，以下样式定义为 img 元素同时应用透明度和垂直翻转效果：

```
img{filter: Alpha(opacity=80) FlipV()}
```

3. 示例

例 10.5 设计一个页面，为图片设置 Alpha、Chroma、FlipH、FlipV、Gray、Invert、Wave 和 Xray 等滤镜效果。本例页面文档 s1005.htm 代码如下。

```
<!DOCTYPE html PUBLIC "-//W3C//DTD XHTML 1.0 Strict//EN"
"http://www.w3.org/TR/xhtml1/DTD/xhtml1-strict.dtd">
<html xmlns="http://www.w3.org/1999/xhtml"><head><title>例10.5 </title>
<style type="text/css">
    img { width:90px; height:68px;} /* 使图像显示区域大小为 90*68 */
</style>
<script type="text/javascript">
    window.onload=function(){
        invert_image.style.filter = "Invert";
        wave_image.filters.Wave.strength=5;
    }
</script></head>
<body><table style="text-align:center">
    <tr><td colspan="8"> <img src="animal.gif" /></td></tr><tr> <td colspan="8">原图
</td> </tr>
    <tr><td> <img src="animal.gif" style="filter: Alpha(Opacity=80,Style=2)" /></td>
        <td> <img src="animal.gif" style="filter: Chroma(color=black)" /></td>
        <td> <img src="animal.gif" style="filter: FlipH" /></td>
        <td> <img src="animal.gif" style="filter: FlipV" /></td>
        <td> <img src="animal.gif" style="filter: Gray" /></td>
        <td> <img src="animal.gif" id="invert_image" /></td>
        <td> <img src="animal.gif" id="wave_image" style="filter: Wave(freq=3,light
Strength=20, phase=25)" /></td>
        <td> <img src="animal.gif" style="filter: Xray" /></td>
    </tr>
    <tr><td>Alpha 效果</td><td>Chroma 效果</td><td>FlipH 效果</td><td>FlipV 效果</td>
        <td>Gray 效果</td><td>Invert 效果</td><td>Wave 效果</td><td>Xray 效果</td></tr>
</table></body></html>
```

本例页面显示效果如图 10.5 所示。

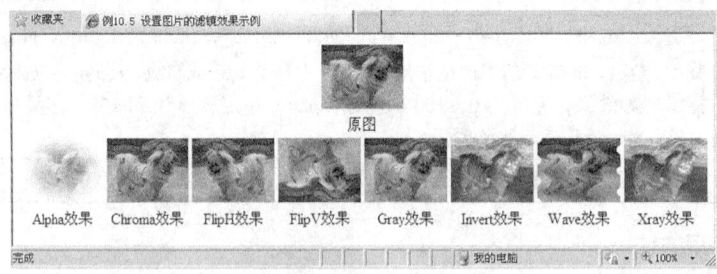

图 10.5 设置图片的滤镜效果

（1）类似于其他 CSS 属性，可以使用脚本为 Sytle 对象的 filter 属性设置有效的字符串值。如本例脚本中的第 1 条语句。

（2）在脚本中，使用元素对象的 filters 集合对象属性可以访问已经为元素指定的所有滤镜效果（即每种滤镜效果用相应的对象来表示）。如本例脚本中的第 2 条语句所示，若已为元素 wave_image 设置 Wave 滤镜，则可以直接使用 wave_image.filters.Wave 引用 Wave 滤镜对象。

例 10.6　设计一个页面，为文本设置一些滤镜效果。本例页面文档 s1006.htm 代码如下。

```
<!DOCTYPE html PUBLIC "-//W3C//DTD XHTML 1.0 Strict//EN"
"http://www.w3.org/TR/xhtml1/DTD/xhtml1-strict.dtd">
<html xmlns="http://www.w3.org/1999/xhtml"><head><title>例 10.6 </title>
<script type="text/javascript">
    window.onload=function(){
        glow_text.style.filter = "Glow(color=red,strength=10)";
        mask_text.filters.Mask.Color = "black";//修改已有滤镜效果的属性
    }
</script></head>
<body><table border="0">
  <tr><th align="left">类型</th><th align="left">效果</th></tr>
  <tr><td>Blur</td> <td style="filter:Blur(strength=6,direction=135)">设置模糊效果
</td></tr>
  <tr><td>DdropShadow</td><td style="filter:DropShadow(color=gray,offX=3,offY=3);">
设置阴影效果</td></tr>
  <tr><td>Glow</td><td id="glow_text"> 设置发光效果  </td></tr>
  <tr><td >Mask</td><td id="mask_text" style="filter:Mask(color=red);">设置透明膜效果
</td></tr>
  <tr><td>Shadow</td><td style="filter:Shadow(color=gray,direction=135);">设置（立体
式）阴影效果</td></tr>
</table></body></html>
```

本例页面显示效果如图 10.6 所示。

图 10.6　设置文本的滤镜效果

10.3　文　字　特　效

例 10.7　设计一个页面，页面中有一段跳动的文字，如图 10.7 所示。

图 10.7　不断跳动的文字

设计思路：定时显示一段文字，每次显示这段文字时每个字符的字体大小不同，其大小变化

可以使用正弦曲率变化，从而使这段文字看起来像不断跳动的文字。本例页面文档 s1007.htm 代码如下。

```
<!DOCTYPE html PUBLIC "-//W3C//DTD XHTML 1.0 Strict//EN"
"http://www.w3.org/TR/xhtml1/DTD/xhtml1-strict.dtd">
<html xmlns="http://www.w3.org/1999/xhtml"><head><title>例 10.7 </title>
<script type="text/javascript">
    function GetFontSize(i,textLength)
    {//按正弦曲线求字符的字体大小
        return Math.floor(72 * Math.abs(Math.sin(i/textLength * Math.PI)));
    }
    function ShowLikeWave(text,wave_start)
    {//通过把文本 text 中的每个字符显示为不同大小,使其外形像波浪
        var i,size,output="";
        for (i = 0; i < text.length; i++)
        {
            size = GetFontSize(i + wave_start,text.length);
            output += "<span style='font-size: "+ size +"pt'>" + text.substring
(i,i+1)+ "</span>";
        }
        theWavedText.innerHTML = output;
    }
    function WaveText(wave_start)
    {// 以 wave_start 为起点,波浪式显示文本
        var theText = "JavaScript";
        ShowLikeWave(theText,wave_start);
        if (wave_start > theText.length) wave_start=0;
        setTimeout("WaveText(" + (wave_start+1) + ")", 50);
    }
    window.onload=function() {WaveText(0) ; }
</script>
</head><body>
<div id="theWavedText" style="text-align: center"></div>
</body></html>
```

例 10.8 设计一个页面，页面中有一段循环显示的文字，如图 10.8 所示。

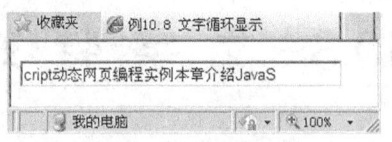

图 10.8　文字循环显示

设计思路：定时显示一段文字，每次显示这段文字时把第 1 个字符转移到最后，从而产生循环显示的效果。本例页面文档 s1008.htm 代码如下。

```
<!DOCTYPE html PUBLIC "-//W3C//DTD XHTML 1.0 Strict//EN"
"http://www.w3.org/TR/xhtml1/DTD/xhtml1-strict.dtd">
<html xmlns="http://www.w3.org/1999/xhtml"><head><title>例 10.8 </title>
<script type="text/javascript">
    var loop_text="本章介绍 JavaScript 动态网页编程实例";
    function LoopShow()    {//循环显示文本
```

```
        panel.value = loop_text;
        loop_text   =   loop_text.substring(1,loop_text.length)+loop_text.substring
(0,1);
        setTimeout("LoopShow()",300);
    }
    window.onload=function(){ LoopShow(); }
</script>
</head><body>
<p><input id="panel" type="text" size="40" /> </p>
</body></html>
```

例 10.9　设计一个页面，页面中有一段上下跳动的文字，如图 10.9 所示。

图 10.9　上下跳动的文字

设计思路：定时显示一段文字，每次显示这段文字时修改其 top 样式属性，每次向上或向下移动一点，从而产生文字上下跳动的效果。本例页面文档 s1009.htm 代码如下。

```
<!DOCTYPE html PUBLIC "-//W3C//DTD XHTML 1.0 Strict//EN"
"http://www.w3.org/TR/xhtml1/DTD/xhtml1-strict.dtd">
<html xmlns="http://www.w3.org/1999/xhtml"><head><title>例 10.9 文字上下跳动</title>
<script type="text/javascript">
    var direction = "down"; //确定移动方向
    function PulseTo(top)
    {//跳至位置 top
        pulse_text.style.pixelTop = top;
        if(top<=0)
            direction = "down"; //向下
    else if(pulse_text.offsetTop+pulse_text.offsetHeight+4>=document.documentElement.
scrollHeight)
            direction = "up"; //向上
        if(direction =="down")
            step = 4;
        else
            step = -4;
        setTimeout('PulseTo('+(top+step)+')', 100);
    }
    window.onload=function(){ PulseTo(0); }
</script>
</head><body>
<p id="pulse_text"  style="position:absolute;  left:  100px;  font-weight:bold;">
JavaScript 网页特效</p>
</body></html>
```

10.4 图 片 特 效

例 10.10　设计一个页面，为一个图片配置一个水中倒影，如图 10.10 所示。

图 10.10　水中倒影

设计思路：使用垂直翻转滤镜（即 FlipV）使图片产生倒影效果；使用 Wave 滤镜使倒影产生静态波纹效果；再通过定时器不断改变波纹的偏移量 phase，使倒影产生动态波纹，有如水波在不断变化。本例页面文档 s1010.htm 代码如下。

```
<!DOCTYPE html PUBLIC "-//W3C//DTD XHTML 1.0 Strict//EN"
"http://www.w3.org/TR/xhtml1/DTD/xhtml1-strict.dtd">
<html xmlns="http://www.w3.org/1999/xhtml"><head><title>例10.10 </title>
<script type="text/javascript">
    function make_wave()  {//改变波纹的偏移量 phase
        setInterval("reflection.filters.Wave.phase+=10",100);
    }
    window.onload=function(){ make_wave(); }
</script>
</head><body>
<p style="line-height: 0px;"><img src="mountain.jpg"/><br/><img id="reflection"
src="mountain.jpg" style="filter:Wave(strength=3,freq=3,phase=0,lightstrength=30) Blur()
Flipv()"/></p>
</body></html>
```

例 10.11　设计一个页面，它含有一个闪烁的图片，如图 10.11 所示。

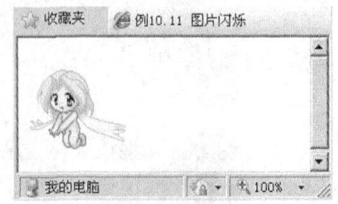

图 10.11　图片闪烁

设计思路：通过定时改变<img>元素的 visibility 样式属性，使图片一会显示，一会隐藏，从而产生图片闪烁的效果。本例页面文档 s1011.htm 代码如下。

```
<!DOCTYPE html PUBLIC "-//W3C//DTD XHTML 1.0 Strict//EN"
"http://www.w3.org/TR/xhtml1/DTD/xhtml1-strict.dtd">
<html xmlns="http://www.w3.org/1999/xhtml"><head><title>例 10.11 </title>
<script type="text/javascript">
    function blink() {
        angel.style.visibility =(angel.style.visibility == "visible") ? "hidden" :
"visible";
        setTimeout("blink()", 500);
    }
    window.onload=function(){ blink(); }
</script>
</head><body>
<p><img id="angel" src="angel.gif" /></p>
</body></html>
```

10.5　时　间　特　效

例 10.12　设计一个页面，显示一个数字时钟，如图 10.12 所示。

图 10.12　数字时钟

设计思路：通过 "new Date()" 可以取得当前时间的日期对象，而通过定时器可以实时地把当前时间显示在特定位置。本例页面文档 s1012.htm 代码如下。

```
<!DOCTYPE html PUBLIC "-//W3C//DTD XHTML 1.0 Strict//EN"
"http://www.w3.org/TR/xhtml1/DTD/xhtml1-strict.dtd">
<html xmlns="http://www.w3.org/1999/xhtml"><head><title>例 10.12 </title>
<script type="text/javascript">
    function display() {//显示时间
        var now=new Date();
        var hours=now.getHours();
        var minutes=now.getMinutes();
        var seconds=now.getSeconds();
        var mark = "AM";
        if(hours>12){ mark = "PM"; hours -= 12;}
        if(hours==0) hours=12;
        if(hours<10) hours="0"+hours;  //保持 2 个字符位置
        if(minutes<10) minutes="0"+minutes;//保持 2 个字符位置
        if(seconds<10) seconds="0"+seconds;//保持 2 个字符位置
        digit_clock.innerText = hours+":"+minutes+":"+seconds+" "+mark;
        setTimeout("display()",100) ;//设置定时器
    }
    window.onload=function(){ display(); }
```

```
</script>
</head><body>
<div id="digit_clock" style="font-size: 36pt; color: #800080; font-weight: bold">clock</div>
</body></html>
```

例 10.13 设计一个页面，它可以通过一个按钮控制显示或不显示数字时钟。本例页面文档 s1013.htm 代码如下。

```
<!DOCTYPE html PUBLIC "-//W3C//DTD XHTML 1.0 Strict//EN"
"http://www.w3.org/TR/xhtml1/DTD/xhtml1-strict.dtd">
<html xmlns="http://www.w3.org/1999/xhtml"><head><title>例 10.13 </title>
<script type="text/javascript">
    var TM; //保存定时器句柄
    function Time_Set()    { //显示时间
        TM = window.setTimeout( "Time_Set()", 1000 );
        var today = new Date();
        digit_clock.innerText = today.toLocaleString();
    }
    function btnControl_onclick() { //控制时间显示
        if(btnControl.value=="打开时钟")      {
            btnControl.value="关闭时钟";
            Time_Set();//打开定时器
        }
        else {
            window.clearTimeout( TM );//关闭定时器
            btnControl.value="打开时钟";
            digit_clock.innerText="";
        }
    }
</script>
</head><body>
<p><input type="button" id="btnControl" value=" 打 开 时 钟 " onclick="return btnControl_onclick()" /></p>
<p id="digit_clock" style="font-size: 36pt; color: #800080; font-weight: bold"></p>
</body></html>
```

本例页面显示效果如图 10.13 所示。

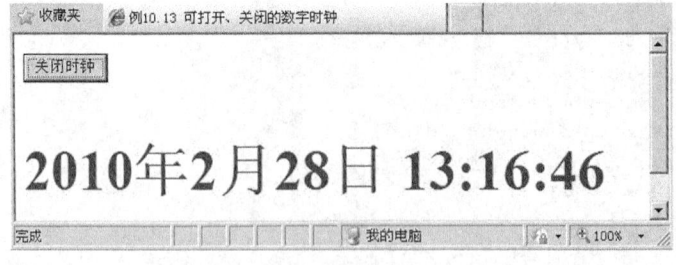

图 10.13　可打开、关闭的数字时钟

通过按钮的 value 属性值（即按钮上的显示文本）区分当前数字时钟是否显示。

例 10.14　设计一个页面，它含有一个总是显示在可视区左上角的指针式时钟，如图 10.14 所示。

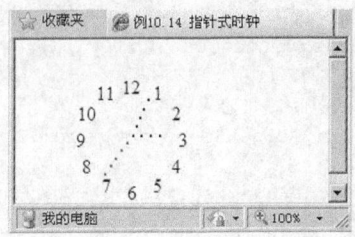

图 10.14　在页面上显示指针式时钟

设计思路：（1）根据 document.body 对象的 scrollTop 和 scrollLeft 属性把时钟中心设置在页面可视区的左上角；（2）通过显示连续的几个小圆点"."来模拟显示秒针、分针和时针，而对于各个点的显示位置，可以根据各个指针的长度和角度计算得出；（3）为了便于重新定位，可将表示时钟的所有元素（即小时刻度值和小圆点"."）放入<div>标签，并且设置为绝对定位；（4）此外，可以将有关脚本封装在 PointerClock 对象类中。本例页面文档 s1014.htm 代码如下。

```
<!DOCTYPE html PUBLIC "-//W3C//DTD XHTML 1.0 Strict//EN"
"http://www.w3.org/TR/xhtml1/DTD/xhtml1-strict.dtd">
<html xmlns="http://www.w3.org/1999/xhtml"><head><title>例 10.14 </title>
<script type="text/javascript">
        function PointerClock()
        {//定义指针式时钟对象类型
            var i,new_div;
            for (i = 1; i <= 12; i++) //小时刻度
            {//将小时刻度值(即 1,2,3,...,12)分别放入各自的 <div> 块中,且其 id 属性相同,即
dot_Digits
                new_div=document.createElement("div"); new_div.id="dot_Digits";
                new_div.style.cssText="position:absolute;width:30px;height:30px;
font-size: 10px;";
    new_div.style.cssText+="color:000000;text-align:center;padding-top:10px";
                new_div.innerText=i;
                document.body.appendChild(new_div);
            }
            for (i = 0; i < 6; i++) //秒针
            {//将构成秒针的圆点显示为 2*2px 的 <div> 块,且其 id 属性相同,即 s_dots
                new_div=document.createElement("div"); new_div.id="s_dots";
                new_div.style.cssText="position:absolute;width:2px;height:2px;
background:red";
                document.body.appendChild(new_div);
            }
            for (i = 0; i < 5; i++) //分针
            {//将构成分针的圆点显示为 2*2px 的 <div> 块,且其 id 属性相同,即 m_dots
                new_div=document.createElement("div"); new_div.id="m_dots";
                new_div.style.cssText="position:absolute;width:2px;height:2px;
background:black";
                document.body.appendChild(new_div);
            }
            for (i = 0; i < 4; i++) //时针
            {//将构成时针的圆点显示为 2*2px 的 <div> 块,且其 id 属性相同,即 h_dots
                new_div=document.createElement("div"); new_div.id="h_dots";
                new_div.style.cssText="position:absolute;width:2px;height:2px;
background:black";
                document.body.appendChild(new_div);
```

```
            }
        this.Ybase = 8;    //构成秒、分和时针的圆点之间的间隔距离(Y轴)
        this.Xbase = 8;    //构成秒、分和时针的圆点之间的间隔距离(X轴)
        this.showClockPointer=function ()
        {//显示指针式时钟
            var time = new Date ();
            var secs = time.getSeconds(), mins = time.getMinutes(), hrs =
time.getHours();
            var Ypos=document.body.scrollTop +80;   //把时钟中心设置为距可视区顶边 80px
            var Xpos=document.body.scrollLeft+100;  //把时钟中心设置为距可视区左边界
100px
            for (var i=0; i < dot_Digits.length; ++i)
            {//根据新的时钟中心和各个小时刻度值的角度值,设置其新坐标
                var angle=-Math.PI/2+2*Math.PI*(i+1)/12;
                dot_Digits[i].style.pixelTop = Ypos -15 + 44 * Math.sin(angle);
                dot_Digits[i].style.pixelLeft = Xpos -15 + 44 * Math.cos(angle);
            }
            var sec = -Math.PI/2 + 2*Math.PI * secs/60;   //秒针角度
            for (i=0; i < s_dots.length; i++)
            {//根据新的时钟中心和秒针角度,设置秒针上各个圆点的坐标值
                s_dots[i].style.pixelTop = Ypos + i * this.Ybase * Math.sin(sec);
                s_dots[i].style.pixelLeft = Xpos + i * this.Xbase * Math.cos(sec);
            }
            var min = -Math.PI/2 + 2*Math.PI * mins/60;   //分针角度
            for (i=0; i < m_dots.length; i++)
            {//根据新的时钟中心和分针角度,设置分针上各个圆点的坐标值
                m_dots[i].style.pixelTop = Ypos + i * this.Ybase * Math.sin(min);
                m_dots[i].style.pixelLeft = Xpos + i * this.Xbase * Math.cos(min);
            }
            var hr = -Math.PI/2 + 2*Math.PI * (hrs+mins/60)/12;   //时针角度
            for (i=0; i < h_dots.length; i++)
            {//根据新的时钟中心和时针角度,设置时针上各个圆点的坐标值
                h_dots[i].style.pixelTop = Ypos + i * this.Ybase*Math.sin(hr);
                h_dots[i].style.pixelLeft = Xpos + i * this.Xbase*Math.cos(hr);
            }
        }
    }
    var pointerClock;   //全局变量,引用 PointerClock 对象
    window.onload=function(){
        pointerClock = new PointerClock();
        window.setInterval("pointerClock.showClockPointer()",50);
    }
</script>
</head><body></body></html>
```

10.6 窗 体 特 效

例 10.15　设计一个页面，其状态栏逐字显示"欢迎访问广州大学城"。

设计思路：为 window.status 属性赋予字符串值，可以控制状态栏中的显示文字。通过定时器逐次增多地显示这段文字的前几个字符，并且在最后一个字符前添加逐次减少的空格，可产生在状态栏逐字显示文字的效果。本例页面文档 s1015.htm 代码如下。

```
<!DOCTYPE html PUBLIC "-//W3C//DTD XHTML 1.0 Strict//EN"
"http://www.w3.org/TR/xhtml1/DTD/xhtml1-strict.dtd">
<html xmlns="http://www.w3.org/1999/xhtml"><head><title>例 10.15 </title>
<script type="text/javascript">
    var phrase = "欢迎访问广州大学城";
    var split_point=0; //每次显示前多少个字符
    var nb_of_space=20; //最后一个显示字符之前显示的空格数
    function step_show()
    {//逐字显示
        var phraseOut = phrase.substring(0,split_point);    // 显示前段文字
        for (var i=0; i<nb_of_space; i++) phraseOut += " ";// 显示最后一个字符之前的空格
        phraseOut += phrase.charAt(split_point);          // 显示最后一个字符
        window.status = phraseOut;
        if (nb_of_space <= 0) {//没有空格后,则显示下一个字符
            nb_of_space=20;;
            split_point++;
        }
        else {//少显示一个空格
            nb_of_space--;
        }
        if (split_point < phrase.length) {//若没有显示全部文字,则继续
            setTimeout("step_show()",20);
        }
    }
    window.onload=function(){ step_show(); }
</script>
</head><body></body></html>
```

例 10.16　设计一个页面，页面显示时具有雪花飘落的效果。本例页面文档 s1016.htm 代码
如下。

```
<!DOCTYPE html PUBLIC "-//W3C//DTD XHTML 1.0 Strict//EN"
"http://www.w3.org/TR/xhtml1/DTD/xhtml1-strict.dtd">
<html xmlns="http://www.w3.org/1999/xhtml"><head><title>例 10.16 </title>
<script type="text/javascript">
    function snowStart(dot_number)
    {//启动雪花飘落过程(参数 dot_number:雪花点数目)
        for(var i=0;i<dot_number;i++)
        {//为当前文档添加多个表示雪花的 <img> 元素,并给出相同 id
            var snow_dot_obj=document.createElement("img");
            snow_dot_obj.id="snow_dot";
            snow_dot_obj.src="snow_dot.GIF";
            snow_dot_obj.style.cssText="position: fixed; left: -1px; top: -1px;";
            document.body.appendChild(snow_dot_obj);
        }
        snowing();
    }
    function snowing()
    {//移动雪花点的位置,以模拟雪花飘落
        var client_width,client_height,i,dot;
        client_width = document.documentElement.scrollWidth;//浏览区宽度
        client_height = document.documentElement.scrollHeight;//浏览区高度
        for(i=0;i<snow_dot.length;i++)
```

```
        {//移动每个雪花
            dot = snow_dot[i];//某个雪花对象
            if(dot.style.pixelTop<0 || dot.style.pixelTop >= client_height)
            {//如果雪花点落在浏览区之外，则重新设置其初始位置
                dot.own_Y = 0; //Y坐标值
                dot.own_offsetY = 0.6 + Math.random();//Y轴方向的偏移量
                dot.own_am = Math.random()*20;//(左右)摆动幅度
                dot.own_X = dot.own_am +
                            Math.random()*(client_width-dot.width-dot.own_am-20);
                dot.own_dx = 0;
                dot.own_dx_offset = 0.05 + Math.random()/10;
            }
            dot.own_dx += dot.own_dx_offset;
            dot.own_Y += dot.own_offsetY;
            dot.style.pixelTop = dot.own_Y;
            dot.style.pixelLeft = dot.own_X + dot.own_am * Math.sin(dot.own_dx);
        }
        self.setTimeout("snowing()",10);
    }
    window.onload=function(){ snowStart(10); }
</script>
</head><body></body></html>
```

本例页面显示效果如图 10.15 所示。

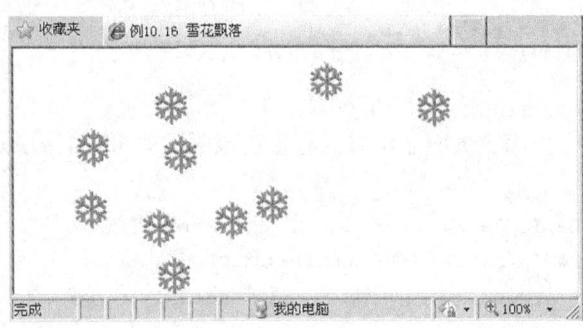

图 10.15 雪花飘落效果

（1）设计思路：定时改变雪花图像的样式属性 top 和 left 值，使 top 值每次增加一点，产生雪花落下的效果；而对于 left 值，基本不变，但每次有很小幅度的增大或减少，产生雪花摆动效果，使用 sin()函数可使这种摆动在方向上是连续的，从而产生雪花飘落的效果。

（2）函数 snowing()用于移动一次雪花点，以模拟雪花飘落效果。<img>对象的自定义属性 own_Y 和 own_offsetY 用于控制雪花点与顶边的距离，而 own_am、own_X、own_dx 和 own_dx_offset 控制雪花点与左边的距离。

例 10.17 设计一个页面，该页面含有一个公告栏，它循环显示每条公告消息并且具有转换特效。本例页面文档 s1017.htm 代码如下。

```
<!DOCTYPE html PUBLIC "-//W3C//DTD XHTML 1.0 Strict//EN"
"http://www.w3.org/TR/xhtml1/DTD/xhtml1-strict.dtd">
<html xmlns="http://www.w3.org/1999/xhtml"><head><title>例 10.17 </title>
<script type="text/javascript">
```

```
function randomNumber(range)    {//生成一个 0～range 之间的随机整数
    return Math.floor(range*Math.random())
}
function showPromptBar()    {//显示一条公告
    var used_filter;//使用哪一个滤镜?
    used_filter = promptBar.own_current_message%promptBar.filters.length;
    promptBar.filters[used_filter].apply(); // 启用滤镜
    promptContent.innerText= promptBar.own_messages[promptBar.own_current_mes sage];
    promptContent.style.fontFamily =

        promptBar.own_TextFonts[randomNumber(promptBar.own_TextFonts.length)];
    promptContent.style.color =

        promptBar.own_ForeColors[randomNumber(promptBar.own_ForeColors.length)];
    promptContent.style.backgroundColor =
        promptBar.own_bgColors[randomNumber(promptBar.own_bgColors.length)];
    promptBar.filters[used_filter].play();  // 执行滤镜
    promptBar.own_current_message++;
    promptBar.own_current_message %= promptBar.own_messages.length;
    timer = setTimeout("showPromptBar()",3000);   //3 秒后显示下 1 条公告
}
function setPromptBar()    {//设置公告栏
    var i,filter;
    //步 1: 设置多种转换效果滤镜
    filter = "filter:";
    for(i=0;i<24;i++){
        filter += " RevealTrans(transition=" + i + ", duration=" + (1+randomNumber
(2)) + ")";
    }
    promptBar.style.filter = filter;
    //步 2: 设置一些公告栏内容
    promptBar.own_messages = new Array();
    for(i=0;i<30;i++) { promptBar.own_messages[i] = "公告栏内容" + (i+1);   }
    //步 3: 设置一些显示公告的字体
    promptBar.own_TextFonts = new Array();  promptBar.own_TextFonts[0] = "Verd ana";
    promptBar.own_TextFonts[1] = "Times"; promptBar.own_TextFonts[2] = "Aria l";
    //步 4: 设置一些公告栏前景色
    promptBar.own_ForeColors = new Array(); promptBar.own_ForeColors[0]="000000";
    promptBar.own_ForeColors[1] = "FF0000"; promptBar.own_ForeColors[2] = "226 622";
    promptBar.own_ForeColors[3] = "0000FF";    promptBar.own_ForeColors[4]="FFF F00";
    //步 5: 设置一些公告栏背景色
    promptBar.own_bgColors = new Array(); promptBar.own_bgColors[0]="CCCC CC";
    promptBar.own_bgColors[1] = "Yellow"; promptBar.own_bgColors[2] = "CCFF FF";
    promptBar.own_bgColors[3] = "AAEEFF"; promptBar.own_bgColors[4] = "CCFF 88";
    promptBar.own_bgColors[5] = "orange"; promptBar.own_bgColors[6] = "99AA FF";
    //步 6: 从第 1 条公告开始
    promptBar.own_current_message = 0;
    showPromptBar();
}
window.onload=function(){ setPromptBar(); }
</script>
</head><body>
<div id="promptBar" style="width: 100%; height: 116px; text-align: center">
```

```
    <table border="2" style="width: 100%; height: 100%;">
      <tr><td id="promptContent" style="font-size:30px" align="center" valign="middle">
</td></tr>
    </table>
  </div>
</body></html>
```

本例页面显示效果如图 10.16 所示。

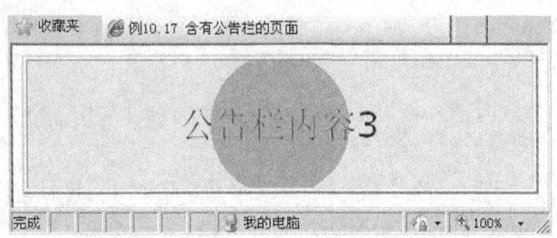

图 10.16　公告栏循环显示消息

（1）设计思路：使用数组存放多条公告消息，通过定时器不断切换显示。为使每次公告消息的切换显示具有特殊的转换效果，可以使用转换滤镜 RevealTrans。

（2）在页面体中，使用<div>定义了一个公告栏区域（其 id 为"promptBar"），使用的滤镜效果将用于这个<div>块，而公告消息将显示在其嵌入的单元格 promptContent 内。

（3）函数 setPromptBar()设置公告栏的特性数据，即转换滤镜、公告栏内容、公告字体、公告栏前景色、公告栏背景色。

（4）函数 showPromptBar()使用转换滤镜显示一条公告，其中 apply()方法在设置新公告消息之前应用一个转换滤镜，而 play()方法在设置新公告消息之后运行这个转换滤镜。

10.7　鼠　　标

例 10.18　设计一个页面，当鼠标移动时，一段文字将以蛇形方式跟随移动，如图 10.17 所示。

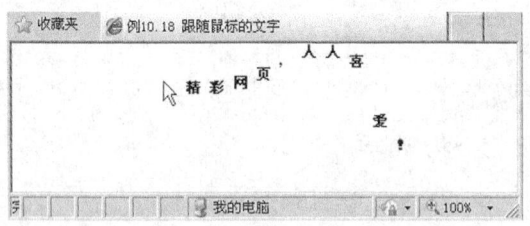

图 10.17　当鼠标移动时，其后文字将紧紧跟随

设计思路：通过 document.onmousemove 事件处理过程，可以实时跟踪鼠标的当前位置；为使一段文字以蛇形方式跟随鼠标，可以把这段文字的每个字符分别放入可以独立定位的<span>块中，以定时器方式定时改变每个字符的位置，并逐渐向鼠标靠拢，从而产生蛇形跟随的效果。本例页面文档 s1018.htm 代码如下。

```
<!DOCTYPE html PUBLIC "-//W3C//DTD XHTML 1.0 Strict//EN"
"http://www.w3.org/TR/xhtml1/DTD/xhtml1-strict.dtd">
```

```
<html xmlns="http://www.w3.org/1999/xhtml"><head><title>例10.18 </title>
<style type="text/css">
 #letter {position:fixed;top:-50px;font-size:9pt;font-weight:bold;}
</style>
<script type="text/javascript">
    var follow_mouse = false; //是否跟随鼠标
    var mouse_x,mouse_y;    //鼠标点相对于浏览区的位置
    var message="精彩网页,人人喜爱! "; //指定跟随鼠标的字符串
    message=message.split("");  //将跟随鼠标的各个字符放入数组中
    var xpos=new Array(),ypos=new Array(); // 存放各个字符的 X 轴,Y 轴坐标值
    for (var i=0;i<message.length;i++) { xpos[i] = -50; ypos[i]=-50;}
    var letter_spacing=20; // 字符间距
    function onMouseMove()
    {//在鼠标移动事件处理过程中读取鼠标点的位置
        mouse_x = event.clientX
        mouse_y = event.clientY
        follow_mouse = true;
    }
    function makesnake()
    {//蛇形显示跟随鼠标的字符串
        if (follow_mouse) {
            for (var i=message.length-1; i>=1; i--)
            {//使后续字符紧随前面的字符的位置,以产生蛇尾效果
                xpos[i]=xpos[i-1]+letter_spacing;//在移动中,字符间距逐渐增大
                ypos[i]=ypos[i-1];
            }
            xpos[0] = mouse_x+letter_spacing;//使第1个字符紧随鼠标,而后续字符将紧随其后
            ypos[0] = mouse_y;
            for (i=0; i<message.length; i++){
                letter[i].style.posLeft = xpos[i];
                letter[i].style.posTop = ypos[i];
            }
        }
        setTimeout("makesnake()",30);
    }
    document.onmousemove = onMouseMove;
    window.onload=function(){
        for (var i=0;i<message.length;i++)
        {//将每个字符放入各自可以独立定位的 <span> 块中
            var new_span=document.createElement("span"); new_span.id="letter";
            new_span.innerText=message[i];
            document.body.appendChild(new_span);
        }
        makesnake();
    }
</script>
</head><body></body></html>
```

例 10.19　设计一个页面，它有一个追随鼠标的带超链接的图片，如图 10.18 所示。

图 10.18　当鼠标移动时，一个图片逐渐移近它

设计思路：通过定时器使图片匀速向鼠标移动，从而产生图片追随鼠标的效果。本例页面文档 s1019.htm 代码如下。

```
<!DOCTYPE html PUBLIC "-//W3C//DTD XHTML 1.0 Strict//EN"
"http://www.w3.org/TR/xhtml1/DTD/xhtml1-strict.dtd">
<html xmlns="http://www.w3.org/1999/xhtml"><head><title>例 10.19 </title>
<script type="text/javascript">
    var mouse_x=0,mouse_y=0;//鼠标位置
    var image_x=0,image_y=0;//图片位置(其值可能含有小数部分)
    var to_move=false;    //是否移动图片
    function onMouseMove() {//在鼠标移动事件中,获取鼠标的最新位置
        mouse_x = event.clientX;  mouse_y = event.clientY;
        if(!to_move){to_move=true;moveImage(3);}
    }
    function moveImage(distance) {//把图片向鼠标移近 distance 个像素
        var dx = mouse_x-followed_image.style.pixelLeft-followed_image.style.pixel
Width/2;
        var dy = mouse_y - followed_image.style.pixelTop - followed_image.style.pixel
Height/2;
        var r = Math.sqrt(dx * dx + dy * dy);  // 图片中心与鼠标的距离
        to_move = (r>5);
        if (to_move){
            image_x = image_x + distance*dx/r;        image_y = image_y + distance
*dy/r;
            followed_image.style.pixelLeft = image_x;    followed_image.style.
pixelTop = image_y;
            setTimeout("moveImage("+distance+")", 100);    //启动定时器,使图片逐步移近鼠标
        }
    }
    document.onmousemove=onMouseMove;
</script>
</head><body>
    <div id="followed_image" style="position: fixed; top: 0; left: 0; width: 80px; height:
60px">
    <a href="http://www.sysu.edu.cn"> <img src="angel.gif" style="border: 0" /></a> </div>
</body></html>
```

10.8　菜　　单

例 10.20　设计一个页面，它有一个普通的一级菜单，当鼠标移向菜单项时会自动出现一个

说明菜单命令的提示框，并且当单击菜单项时能够产生对应的操作，如图 10.19 所示。

图 10.19　当鼠标指向某个菜单项时，显示相应的菜单命令提示

本例页面文档 s1020.htm 代码如下。

```
<!DOCTYPE html PUBLIC "-//W3C//DTD XHTML 1.0 Strict//EN"
"http://www.w3.org/TR/xhtml1/DTD/xhtml1-strict.dtd">
<html xmlns="http://www.w3.org/1999/xhtml"><head><title>例10.20 </title>
<style type="text/css">
    #menuItem {font-family: 隶书; font-size: 12pt; font-weight: bold; color:#0000FF;
            background-color:#CDF0FE;cursor:hand}
</style>
<script type="text/javascript">
    function menuItem_onmousemove(item_index)
    {//鼠标在菜单项上移动时,显示相应的提示信息
        tip.innerText = menuItem[item_index].tip;
        tip.style.pixelTop = event.clientY + document.body.scrollTop-10;
        tip.style.visibility="visible";
    }
    function menuItem_onmouseout()
    {//当鼠标离开菜单项时,不显示提示条
        tip.style.visibility="hidden";
    }
    function doMenuItem(action)
    {//参数 action 标识当前所单击的菜单项,据此编写特殊的应用代码...
        alert(action);
    }
</script>
</head><body>
    <p id="tip" style="position:absolute; left:114px; top:43px; width:400px; height:1em;
z-index:5;
    font-size:12px;color:white;background-color:gray;visibility:hidden">菜单项提示</p>
    <table id="menu" style="border: 2px #008080 solid" cellpadding="0" cellspacing="0">
     <tr><td id="menuItem" tip="创建 HTML 类型的文件" onclick="doMenuItem(0)" onmousemove=
"menuItem_onmousemove(0)" onmouseout="menuItem_onmouseout()">创建文件...</td> </tr>
     <tr><td id="menuItem" tip="打开 HTML 类型的文件" onclick="doMenuItem(1)" onmousemove=
"menuItem_onmousemove(1)" onmouseout="menuItem_onmouseout()">打开文件...</td></tr>
     <tr><td id="menuItem" tip="把 当 前 文 档 保 存 为 HTML 文 档" onclick="doMenuItem(2)"
onmousemove="menuItem_onmousemove(2)" onmouseout="menuItem_onmouseout()">另存为...</td>
</tr></table>
    </body></html>
```

设计思路：

（1）在页面中建立一级菜单的常用方法是把每个菜单项放入表格中。

（2）为了使鼠标指向某个菜单项时显示相应的提示框，为每个菜单项指定 onmouseover 和

onmouseout 事件处理过程。

（3）为每个菜单项的 onclick 事件指定带参数的 doMenuItem(menu_index)过程，可以为每个菜单项编写相应的操作代码。

例 10.21　设计一个页面，当用鼠标单击一段文字时，将弹出一个下拉菜单，如图 10.20 所示。

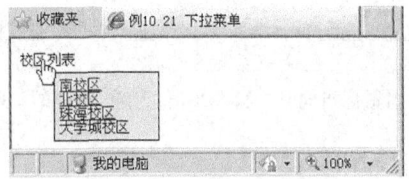

图 10.20　当鼠标单击一段文字时，弹出一个下拉菜单

本例页面文档 s1021.htm 代码如下。

```
<!DOCTYPE html PUBLIC "-//W3C//DTD XHTML 1.0 Strict//EN"
"http://www.w3.org/TR/xhtml1/DTD/xhtml1-strict.dtd">
<html xmlns="http://www.w3.org/1999/xhtml"><head><title>例 10.21 </title>
<style type="text/css">
     .menu_bar {font-family: "宋体" ; font-size: 9pt}
     #menu {visibility:hidden;z-index:100;font-family: "宋体" ; font-size: 9pt}
</style>
<script type="text/javascript">
     var menuItems=new Array();//指定下拉菜单的内容。
     menuItems[0]='<a href="http://www.sysu.edu.cn/">南校区</a>';
     menuItems[1]='<a href="http://www.gzsums.edu.cn/">北校区</a>';
     menuItems[2]='<a href="http://home.sysu.edu.cn/zhuhai">珠海校区</a>';
     menuItems[3]='大学城校区';
     var current_menu;//保存当前菜单
     function showMenu(oneMenu)
     {//显示 oneMenu 指定的菜单(即:调整位置和设为可视)
          current_menu = oneMenu;
          current_menu.style.pixelLeft=event.x+10;current_menu.style.pixelTop=event.y+10;
          current_menu.style.visibility="visible";current_menu.style.zIndex=10;
     }
     function hideMenu()     {//隐藏当前菜单
          if(current_menu!=null) current_menu.style.visibility="hidden";
     }
     function fillMenu()     {//为菜单填充菜单项
          var html="",i;
          for (i=0;i<menuItems.length;i++) html+=menuItems[i]+"<br />";
          menu.innerHTML = html;
     }
     document.onclick=hideMenu;
     window.onload=fillMenu;
</script>
</head><body>
     <p class="menu_bar" onclick="showMenu(menu);event.cancelBubble=true" style="cursor:
hand">
     校区列表</p>
     <div id="menu" style="position:absolute;left:0;top:0;background-color: #CDECF5;wid
```

```
th:80px;
     visibility:hidden; border:1px solid black;padding:4px"></div>
    </body></html>
```

设计思路：

（1）定义一个可存放菜单项的<div>块，并把这个菜单块设置为绝对定位。

（2）当鼠标单击某段文字时，显示这个菜单，并且根据当前鼠标的坐标调整菜单的位置，使之产生"下拉"效果。

（3）当鼠标单击页面中其他地方时，就隐藏这个菜单。

例 10.22 设计一个页面，它有一个动态菜单卷缩在浏览区的左边界。当鼠标进入这个菜单时，菜单就完全展开；而当鼠标离开菜单时，这个菜单又卷缩起来，如图 10.21 所示。

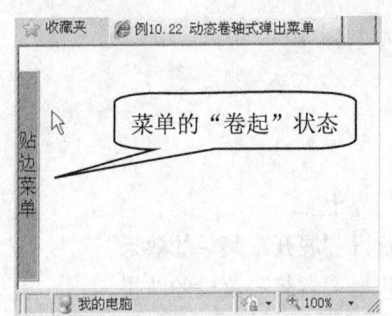 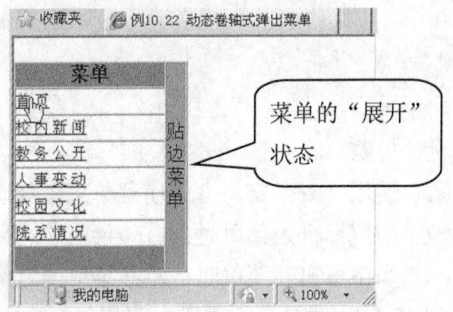

图 10.21　卷轴菜单的"卷起"、"展开"状态

本例页面文档 s1022.htm 代码如下。

```
<!DOCTYPE html PUBLIC "-//W3C//DTD XHTML 1.0 Strict//EN"
"http://www.w3.org/TR/xhtml1/DTD/xhtml1-strict.dtd">
<html xmlns="http://www.w3.org/1999/xhtml"><head><title>例10.22 </title>
<script type="text/javascript">
    function moveX(x) {//贴边菜单左移 x 个象数(>0:展开菜单;<0:卷起菜单)
        sideMenu.style.pixelLeft += x;
    }
    function locateMenu() {//使贴边菜单处于卷起状态
        moveX(-132);
    }
    window.onload=function()  {
        locateMenu();
    }
</script>
</head><body>
<div id="sideMenu" onmouseover="moveX(132)" onmouseout="moveX(-132)"
style= "position:fixed;left:-0px;top:20px;Z-Index:20;cursor:hand">
  <table border="1" cellpadding="0" cellspacing="0" width="150">
    <tr>
      <th style="background-color: #0099FF; text-align:center">菜单</th>
      <td style="text-align:center; width:16px; background-color:#FF6666" rowspan=
"10">贴边菜单</td>
    </tr>
    <script type="text/javascript">
     var link_text = new Array(),link_url = new Array();
     link_text[0]="首 页";       link_url[0]="http://url1";
```

```
        link_text[1]="校 内 新 闻"; link_url[1]="http://url2";
        link_text[2]="教 务 公 开"; link_url[2]="http://url3";
        link_text[3]="人 事 变 动"; link_url[3]="http://url4";
        link_text[4]="校 园 文 化"; link_url[4]="http://url5";
        link_text[5]="院 系 情 况"; link_url[5]="http://url6";
        for (var i=0;i<=link_text.length-1;i++){
            var style="height:20px; background-color:white; font-size:13px; text-
decoration: none";
            document.write('<tr><td style="'+style+'"><a href="'+link_url[i]+'">' +
link_text[i] +
                    '</a></td></tr>') ;
        }
    </script>
    <tr><td style="background-color:#0099FF;"> </td></tr>
  </table>
 </div>
</body></html>
```

设计思路：

（1）使用 fixed 定位方式使菜单总是处于浏览区的左边界上。

（2）当鼠标进入菜单时，右移菜单使之完全显示，而获得"展开"菜单的效果。

（3）当鼠标离开菜单时，左移菜单使之部分显示，而获得"卷起"菜单的效果。

例 10.23 设计一个页面，当用鼠标右击某段文字时将弹出一个菜单，如图 10.22 所示。

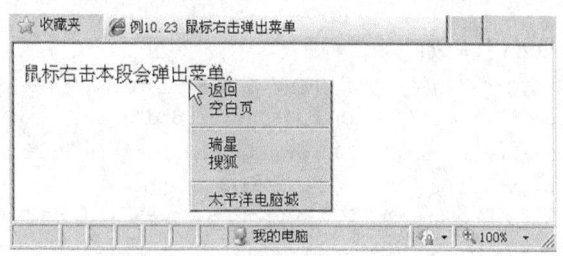

图 10.22 鼠标右击一段文字可弹出菜单

本例页面文档 s1023.htm 代码如下。

```
<!DOCTYPE html PUBLIC "-//W3C//DTD XHTML 1.0 Strict//EN"
"http://www.w3.org/TR/xhtml1/DTD/xhtml1-strict.dtd">
<html xmlns="http://www.w3.org/1999/xhtml"><head><title>例 10.23 </title>
<style type="text/css">
        #menu_div {position:absolute;width:120px;border:2px outset buttonhighlight;font
-size: 10pt;
                cursor:default; background-color:menu;visibility:hidden;}
        .menuitem {padding-left:15px;padding-right:10px;}
</style>
<script type="text/javascript">
        var display_url = 0;
        function showMenu()    {//显示菜单,调整菜单位置
            var html=document.documentElement;
            var rightedge = html.clientWidth - event.clientX;
            var bottomedge = html.clientHeight - event.clientY;
            if (rightedge < menu_div.offsetWidth)
                menu_div.style.left = html.scrollLeft + event.clientX - menu_div.offset
Width;
```

```
            else
                menu_div.style.left = html.scrollLeft + event.clientX;
            if (bottomedge < menu_div.offsetHeight)
                menu_div.style.top = html.scrollTop + event.clientY - menu_div.offsetHeight;
            else
                menu_div.style.top = html.scrollTop + event.clientY;
            menu_div.style.visibility = "visible";
        }
    function hideMenu()    {//隐藏菜单
        menu_div.style.visibility = "hidden";
    }
    function highLightMenuItem()    {//高亮显示当前菜单项
        if (event.srcElement.className != "menuitem") return;
        event.srcElement.style.backgroundColor = "highlight";
        event.srcElement.style.color = "white";
        display_url = event.srcElement.url;
        window.status = display_url;
    }
    function lowlightMenuItem()    {//非当前菜单项显示为普通格式
        if (event.srcElement.className != "menuitem") return;
        event.srcElement.style.backgroundColor = "menu";
        event.srcElement.style.color = "black";
        window.status = "";
    }
    function jumpTo() {//当选中某个菜单项时,则打开对应的页面
        if (event.srcElement.className != "menuitem") return;
        if (event.srcElement.getAttribute("target") != null)
        window.open(event.srcElement.url, event.srcElement.getAttribute("target"));
        else
            window.location = event.srcElement.url;
    }
    document.onclick=function() { hideMenu(); }
</script>
</head><body>
<p oncontextmenu="showMenu();return false;">鼠标右击本段会弹出菜单。</p>
<div id="menu_div" onmouseover="highLightMenuItem()" onmouseout="lowlightMenuItem()"
onclick="jumpTo();">
  <div class="menuitem" url="javascript:history.back();">返回</div>
  <div class="menuitem" url="about:blank">空白页</div>
  <hr/>
  <div class="menuitem" url="http://www.rising.com.cn/">瑞星</div>
  <div class="menuitem" url="http://www.sohu.com">搜狐</div>
  <hr/>
  <div class="menuitem" url="http://www.pconline.com.cn/">太平洋电脑城</div>
</div>
</body></html>
```

设计思路:

（1）使用<div>元素设计一个标准弹出菜单。

（2）当鼠标右击某段文字时，显示菜单；而当单击其他位置时，则隐藏菜单。

（3）当鼠标在菜单上移动时，高亮显示当前菜单项。

习　　题

（1）设计一个页面，页面中有一个垂直滚动显示的文字条。

（2）设计一个页面，页面中有一段文字"JavaScript"在可视区域内左右摆动。

（3）设计一个页面，它有一区域用于垂直滚动展示一些带超链接的图片。

（4）设计一个页面，它在一个文本框中显示一个数字时钟。

（5）设计一个页面，该页面含有一个公告栏，它循环显示每条公告消息且具有转换特效，并且该公告栏总是出现在可视区域的顶端。

（6）设计一个页面，当用鼠标右击文字或图片时将出现不同的菜单。

参考文献

[1] 郝兴伟. Web 技术导论. 第 2 版. 北京：清华大学出版社，2009.4.

[2] Terry Felke-Morris. XHTML 网页开发与设计基础. 陈小彬，译. 第 3 版. 北京：清华大学出版社，2007.8.

[3] 李烨. 别具光芒 CSS 属性、浏览器兼容与网页布局. 北京：人民邮电出版社，2008.1.

[4] Charles Wyke-Smith. 写给大家看的 CSS 书. 李松峰，等译. 第 2 版. 北京：人民邮电出版社，2009.2

[5] Tom Negrino，Dori Smith. JavaScript 基础教程. 陈剑瓯，等译. 第 7 版. 北京：人民邮电出版社，2009.5.

[6] Nicholas C.Zakas. JavaScript 高级程序设计. 曹力，等译. 北京：人民邮电出版社，2006.11.

[7] 月影. JavaScript 王者归来. 北京：清华大学出版社，2008.7.

[8] 魏江江，等. JavaScript 网页特效编程百例通. 北京：科学出版社，2003.3.

[9] 马健兵，等. 突破 JavaScript 编程实例五十讲. 北京：中国水利水电出版社，2003.1.